Chemie und Science Fiction

Karsten Müller

Chemie und Science Fiction

Was wir von der Zukunft lernen können

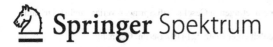 Springer Spektrum

Karsten Müller
Lehrstuhl für Technische
Thermodynamik
Universität Rostock
Rostock, Deutschland

ISBN 978-3-662-64384-6   ISBN 978-3-662-64385-3   (eBook)
https://doi.org/10.1007/978-3-662-64385-3

Die Deutsche Nationalbibliothek verzeichnet diese Publikation in der Deutschen Nationalbiblio-
grafie; detaillierte bibliografische Daten sind im Internet über http://dnb.d-nb.de abrufbar.

Planung/Lektorat: Désirée Claus
Springer Spektrum ist ein Imprint der eingetragenen Gesellschaft Springer-Verlag GmbH, DE und
ist ein Teil von Springer Nature.
Die Anschrift der Gesellschaft ist: Heidelberger Platz 3, 14197 Berlin, Germany

Vorwort

Science-Fiction ist nicht nur spannende Unterhaltung. Gute Science-Fiction bietet nämlich nicht nur Fiktion, sondern auch Science (Wissenschaft). Ein besonders gutes Beispiel dafür sind die Serien und Filme des Star-Trek-Universums. Seit mehr als einem halben Jahrhundert fasziniert Star Trek die Menschen. In der Begegnung mit außerirdischen Kulturen reflektieren wir unsere Gesellschaft. Die Geschichten aus fernen Welten regen zu einem neuen Blick auf unsere eigene Welt an. Fragen des menschlichen Lebens, über die wir sonst kaum nachdenken würden, rücken in den Fokus. Seit Mitte der 1960er-Jahre hat Star Trek immer wieder gesellschaftliche Entwicklungen begleitet und selbst vorangebracht. Die vielfältigen, bis heute neu entstehenden Serien und Filme sind ein Abbild unserer Zeit und zugleich ein Wegweiser, wie es weitergehen kann. Deshalb ist Star Trek vielleicht die großartigste Science-Fiction-Reihe, die es jemals gab.

Begonnen hat alles vor fast 60 Jahren als die, im deutschen als *Raumschiff Enterprise* bekannte, Originalserie anlief (englisch: *The Original Series,* woher auch die – nicht nur – in diesem Buch verwendete Abkürzung TOS stammt). Captain Kirk, Mr. Spock und Dr. McCoy reisten mit der Crew der Enterprise zu fernen Planeten und erlebten fantastische Abenteuer. Dann trat erst einmal eine Lücke ein. Nach dem kurzlebigen Versuch einer ersten Star-Trek-Zeichentrickserie gab es anderthalb Jahrzehnte lang keine neuen Abenteuer mehr. Zumindest nicht in Serienform. Etwa zehn Jahre nach dem Ende der Originalserie kehrte Captain Kirk zurück. Dieses Mal nicht ins Fernsehen, sondern auf die Kinoleinwand. Es folgte eine ganze Reihe von Kinofilmen, bevor es Ende der 1980er-Jahre endlich wieder richtig weiterging. Captain Picard stand auf der Brücke einer neuen Enterprise. Ein Jahrhundert später, im 24. Jahrhundert angesiedelt, reiste diese wieder zu Welten, die nie ein Mensch zuvor gesehen hat. Bevor *Star Trek: The Next Generation* (TNG), im Deutschen bekannt als *Das nächste Jahrhundert,* auslief, folgte Anfang der 1990er-Jahre mit *Star Trek: Deep Space Nine* (DS9) schon die dritte Realfilmserie. Eine Serie mit einem gewagten, neuen Konzept. Statt auf einem Raumschiff spielte die Handlung auf einer Raumstation. Was erstmal nur nach einem marginalen Unterschied klingt, ist erzähltechnisch für eine Science-Fiction-Serie eine echte Herausforderung. Denn jetzt konnten die Protagonisten nicht mehr so einfach selbst zu den Außerirdischen fliegen. Diese mussten zu ihnen kommen. Das Konzept ging erstaunlich gut auf und das Star-Trek-Universum wurde durch eine ganz neue Art von Geschichten bereichert. Die nächste Serie, *Star Trek: Voyager* (VOY), lief nur zwei Jahre später an und basierte wieder auf einem Raumschiff. Dieses hatte es allerdings ans andere Ende der Galaxie verschlagen und die Heimreise dauerte ganze sieben Jahre. Als die Voyager Anfang des 21. Jahrhunderts zur Erde zurückgekehrt war (sie kehrte natürlich erst in der zweiten Hälfte des 24. Jahrhunderts zurück, aber im Fernsehen sah man es schon Anfang des 21. Jahrhunderts), ging es mit der fünften Serie wieder zwei Jahrhunderte zurück. *Star Trek: Enterprise* (ENT) zeigte die Zeit unmittelbar vor der Gründung der Vereinigten Föderation der Planeten. Als deren Reise über die Bildschirme nach nur vier Jahren zu Ende ging, schien es fast so, als wäre auch die Geschichte von Star Trek ebenfalls zu Ende gegangen. Es kamen noch einige Kinofilme, aber die Zeit der Serien war vorbei. Wieder gab es eine dunkele Zeit, die über ein Jahrzehnt währte. Doch 2017 lief schließlich mit *Star Trek: Discovery* (DSC) die sechste Serie an und nicht lange danach kehrte auch Captain Picard zurück – in einer Serie, die nach ihm selbst benannt ist (*Star Trek: Picard,* PIC). Die Reise geht also weiter.

Anders als bei manchen anderen bekannten Science-Fiction-Reihen spielte das *„Science"* für Star Trek immer eine große Rolle. Woran die meisten Menschen in diesem Zusammenhang denken, das ist die Physik. Viele spannende Fragen gibt es in diesem Zusammenhang: Kann es einen Warp-Antrieb wirklich geben? Und was sagt Einstein dazu? Wie kann das Beamen funktionieren? Und was sagt Heisenberg dazu? Kann man aus dem Ereignishorizont einer Singularität entkommen? Und was sagt Schwarzschild dazu? Eine ganze Reihe von Büchern wurde schon über Star Trek und die Physik geschrieben. Auch die Technik von Star Trek ist mehr als spannend. Captain Kirk mochte auf der Brücke stehen. Aber auf gewisse Weise war dann doch Scotty der heimliche Held. Ingenieure spielten bei Star Trek schon immer eine wesentliche Rolle.

Dazu Ingenieur zu werden, hat mich Star Trek zugegebenermaßen nicht gebracht. Das wäre wohl auch sonst passiert. Nur hätte ich ohne Star Trek wahrscheinlich Elektrotechnik studiert statt Chemieingenieurwesen. Wie bringt einen Star Trek dazu, sich ausgerechnet auf die Chemie zu spezialisieren?

In den Jahren bevor ich Abitur machte, lief gerade die vierte Realfilmserie – *Star Trek: Voyager*. Voyager war von allen Star-Trek-Serien wahrscheinlich am meisten in futuristische Technik verliebt. Ein Detail der Technik der Voyager hat mich schließlich dazu bewegt, mich für die Chemie zu entscheiden: Ihr Computer. Die Computersysteme der Voyager basierten nicht auf konventionellen Chips, sondern auf sogenannten bioneuralen Gelpacks. Biochemische Komponenten bildeten das Herz des technologisch weitest fortgeschrittenen Raumschiffs im Star-Trek-Universum. Das war der entscheidende Anstoß: Die Einsicht, dass Chemie nicht nur ein Randthema ist, bei dem es vielleicht um Lacke und Schmiermittel geht. Chemie ist der Schlüssel. Und Star Trek kann einen ganz neuen Blick auf die Chemie eröffnen.

Nachdem ich mich nun seit vielen Jahren auch wissenschaftlich damit auseinandergesetzt habe, kann ich sagen: Star Trek hatte Recht. Chemie ist der Schlüssel zu unglaublich vielen Dingen. Zur Energietechnik, zur Medizin, zu moderner Elektrotechnik, zum Verständnis von Natur und Klima und zu vielem mehr. Mit diesem Buch will ich versuchen, etwas davon weiterzugeben. Die Chemie, wie wir sie bei Star Trek erleben, soll als Brücke dienen, um uns in den folgenden Kapiteln ausgewählten chemischen Fragestellungen zu nähern und dabei hoffentlich den einen oder anderen neuen und interessanten Einblick zu gewinnen.

Prof. Dr. Karsten Müller

Danksagung

Verschiedene Leute haben mich zu diesem Buch inspiriert und auf unterschiedliche Weise dazu beigetragen, dass es überhaupt zustande kommt. Angefangen bei Magdalena Mikulaschek, die mir *Die Star Trek Physik* von Metin Tolan geschenkt und mich damit erst auf die Idee hierzu gebracht hat, bis zu meiner Lektorin Désirée Claus, die den Publikationsprozess begleitet hat, haben viele Leute auf den Stufen dazwischen wertvolle Beiträge geliefert.

Nicht zu vergessen seien an dieser Stelle die fleißigen Aktiven, die dazu beitragen, das Wiki auf der Internetplattform Memory Alpha zu erstellen. Beim Schreiben war diese Datenbank als Gedächtnisstütze sehr hilfreich. Als Wikipedianer weiß ich diese Arbeit zu schätzen.

Besonders danken möchte ich aber vor allem allen, die durch fleißiges Korrekturlesen verschiedener Kapitel dazu beigetragen, dieses Buch von vielen Fehlern und Unverständlichkeiten zu bereinigen. Genannt seien in diesem Zusammenhang Patrick Adametz, Alexander Fendt, Dr. Christoph Krieger, Christof Müller, Dr. Peter Schulz, Dr. Susanne Spörler und Raphael Wittenburg. Alle eventuell verbliebenen Fehler gehen allein auf mein Konto.

Inhaltsverzeichnis

Die Chemie außerirdischer Lebensformen

1

1.1   Horta oder Leben aus Silizium

Im Jahr 1967 begann die Ausstrahlung der ersten Star-Trek-Serie (oft als „The Original Series" bezeichnet, TOS). Zu dieser gehörte die sehr bekannte 26. Episode der 1. Staffel, *„Horta rettet ihre Kinder"*. Dort geht es darum, wie das Raumschiff Enterprise im Jahr 2267 zum Planeten Janus VI reist. In der dortigen Bergbaukolonie kommt es immer wieder zu Todesfällen. Die Kolonisten werden von einer unbekannten Lebensform angegriffen und getötet. Wie es bei Kolonialherren oft der Fall ist, fehlt es auch in dieser Situation an grundlegendem Verständnis für die Eigenheiten der einheimischen Urbevölkerung. Die Kugeln, die sich überall in den Höhlen finden, sind keine geologischen Kuriositäten, die man völlig sorglos behandeln könnte. Sie sind die Eier einer intelligenten, einheimischen Lebensform namens Horta. Horta ist natürlich wenig begeistert davon, dass die Bergleute ihre Nachkommen (wenn auch unwissend) umbringen oder als Dekoration im Regal aufstellen. Entsprechend wehrt sich Horta, was zu besagten Todesfällen bei den Bewohnern der Kolonie führt. Das wissenschaftlich Besondere an diesem Ereignis ist, dass Horta der erste Fall einer auf Silizium basierenden Lebensform ist, der der Föderation bekannt wird.

Lebewesen auf Siliziumbasis sind ein beliebtes Objekt sowohl im Rahmen wissenschaftlicher Spekulationen als auch vielfältiger Science-Fiction-Literatur. Das Leben, wie wir es von der Erde kennen, basiert bekanntlich auf dem Element Kohlenstoff. Chemisch gesehen etwas genauer ausgedrückt: Auf funktionalisierten Kohlenwasserstoffen. Was bedeutet das? Um Leben auf Basis von Silizium zu verstehen, müssen wir uns erst einmal das Leben auf Kohlenstoffbasis ansehen.

Zunächst einmal bestehen irdische Lebewesen aber nicht in erster Linie aus Kohlenstoff. Die meisten Lebewesen bestehen zu etwa neun Zehnteln aus Wasser,

K. Müller, *Chemie und Science Fiction*, https://doi.org/10.1007/978-3-662-64385-3_1

einer Verbindung aus den Elementen Wasserstoff und Sauerstoff. Wasser ist zwingend erforderlich für das Leben – im Grunde genommen nicht nur auf der Erde, sondern eigentlich überall. Für die eigentliche Biochemie, die dafür sorgt, dass wir nicht einfach nur Wassersäcke sind, sondern richtige, komplexe Lebewesen, braucht es dann schließlich die Kohlenstoffverbindungen. Wasser ist trotzdem essenziell für jedes Lebewesen. Das hat zunächst einen ganz simplen Grund: Es ist flüssig. Das klingt trivial, ist aber von zentraler Bedeutung. Die komplexeren, auf einem Kohlenstoffgerüst basierenden Verbindungen, aus denen Lebewesen aufgebaut sind, sind zunächst einmal fast alles Feststoffe. Sie können in Wasser gelöst sein und damit dann wie Flüssigkeiten gehandhabt werden. In ihrer Reinform sind sie aber fest. Wenn Lebewesen nicht zum Großteil aus Wasser bestünden, sondern einzig aus diesen Feststoffen, dann wäre keinerlei Bewegung möglich. Das würde nicht nur höhere Lebensformen wie die meisten Tiere unmöglich machen. Selbst unbewegliche Lebensformen wie die meisten Pflanzen sind auf Bewegung angewiesen. Es gibt nicht nur die äußere Bewegung, die Tieren dazu dient, sich zu ihrer Nahrung hinzubewegen oder um zu verhindern, zur Nahrung anderer Tiere zu werden.

Zunächst einmal (und das ist zuerst mal das allerwichtigste) gibt es innere Bewegungsvorgänge. Ohne diese wäre Leben überhaupt nicht denkbar. Alle möglichen Stoffe müssen sich im Inneren der Zelle von einem Ort zum anderen bewegen. Moleküle, die als Nahrung dienen und von außen aufgenommen werden, müssen ins Innere transportiert werden. Umgekehrt müssen Abfallprodukte aus der Zelle heraustransportiert werden. Proteine, die im Inneren an den sogenannten Ribosomen gebildet wurden, müssen dahin gelangen, wo sie gebraucht werden. Zur Fortpflanzung muss sich eine Zelle teilen. Dazu muss sich die Zellmembran verformen, einschnüren und zu zwei unabhängigen Zellen wieder verschließen. All diese Vorgänge setzen voraus, dass sich Moleküle und zumindest kleinere Partikel bewegen können. Wäre eine Zelle nicht mit einer Flüssigkeit gefüllt, dann wäre das schlichtweg nicht möglich. Wenn sie stattdessen mit einem Gas gefüllt wäre, dann wäre das Gas (anders als ein Feststoff) zwar kein Hindernis für den Stofftransport. Andererseits würde es den Transport aber auch nicht unterstützen, was Flüssigkeiten durchaus können. Sehr viele Stoffe sind in Wasser löslich. Und selbst nichtwasserlösliche Partikel können in einer Flüssigkeit zumindest noch schweben, sofern ihre Dichte in etwa der Dichte von Wasser entspricht. Durch den großen Dichteunterschied ist das bei einem Gas kaum möglich. Alle Lebewesen sind darum letztlich darauf angewiesen, mit einer Flüssigkeit gefüllt zu sein.

Theoretisch könnte man sich natürlich denken, dass hierfür genauso gut jede andere Flüssigkeit infrage kommen könnte. Denkbar wäre das. Wasser bietet, neben dem Umstand, bei den zumeist auf der Erde herrschenden Temperaturen flüssig zu sein, und seiner großen Verfügbarkeit, allerdings noch andere Vorteile. Seine besonderen chemischen Eigenschaften machen es hervorragend für die Unterstützung des Lebens geeignet. Zum einen ist das Wassermolekül sehr polar. Das bedeutet, dass das Molekül zwar elektrisch neutral ist. Molekülintern gibt es allerdings eine Ladungsverteilung. Das Wassermolekül hat eine positiv geladene Seite (bei den beiden Wasserstoffatomen) und eine negativ geladene Seite (beim Sauerstoffatom). Dadurch ist es sehr gut in der Lage, Stoffe wie Zucker und andere polare Moleküle zu lösen. Daneben ist es ein sogenannter Ampholyt. Das heißt, dass es sowohl dazu dienen kann, Wasserstoffionen (auch Protonen genannt) aufzunehmen als auch abzugeben. Dadurch kann es viele wichtige chemische Reaktionen unterstützen. Insgesamt hat Wasser eine ganze Reihe von besonderen, teilweise durchaus ungewöhnlichen Eigenschaften. Wären die Naturgesetze nicht genau so beschaffen, dass Wasser die besondere Kombination an Eigenschaften besäße, die es hat, dann wäre das fatal für das Leben.

Soviel zum Wasser. Was hat es jetzt mit dem Kohlenstoff auf sich? Warum sprechen wir überhaupt davon, dass das irdische Leben auf Kohlenstoff basiert? Es geht doch um Kohlenwasserstoffe, die obendrein noch sehr viele Sauerstoffatome enthalten (und in kleinerem Umfang außerdem noch Stickstoff und Schwefel). Warum sagen wir dann immer, dass das Leben auf Kohlenstoff basiert?

Das hat einen einfachen Grund. Kohlenstoff ist eines der wenigen vierbindigen Elemente. Ein Kohlenstoffatom kann gleichzeitig mit bis zu vier anderen Atomen chemisch verknüpft sein. Wasserstoff ist dagegen nur einbindig. Jedes Wasserstoffatom kann nur mit einem einzigen anderen Atom verknüpft sein. Dementsprechend wäre es völlig unmöglich, mit Wasserstoff als Grundlage komplexere Verbindungen aufzubauen. Wasserstoffatome können durchaus Bestandteil komplexer Moleküle sein. Aber überall, wo sich ein Wasserstoffatom befindet, geht es nicht weiter. Ist das Wasserstoffatom an einem Molekül gebunden, dann ist seine eine Bindung damit bereits verbraucht. Es kann keine weitere, echte chemische Bindung mehr eingehen, ohne sich vom Hauptmolekül zu trennen.

Noch ein paar Details

Wasserstoffatome, die z. B. an Sauerstoffatome gebunden sind, können auf gewisse Weise tatsächlich noch eine Art zweiter Bindung eingehen. Man spricht von der sogenannten Wasserstoffbrückenbindung. Die Wasserstoffbrücken entstehen dadurch, dass sich am Wasserstoffatom eine positive

Ladung konzentriert. Diese positive Teilladung wird von negativen Ladungen, an z. B. Sauerstoffatomen, in anderen Molekülen angezogen. Diese Wasserstoffbrücken stellen eine sehr starke Wechselwirkung zwischen Molekülen dar. Sie sind aber trotzdem nicht so stark, dass sie die beiden Moleküle so stark verbinden würden, dass sie zu einem großen Molekül werden würden. Die Aussage, dass Wasserstoff einbindig sei, ist daher durchaus gerechtfertigt.◄

Wasserstoff (oder andere einbindige Elemente wie Chlor oder Brom) kann daher zwar in komplexen Molekülen eine wichtige Rolle spielen. Er kann aber nicht das Grundgerüst komplexer Moleküle bilden. Dazu bedarf es eines Elements, das mehrere Bindungen zugleich eingehen kann. Sauerstoff zum Beispiel ist zweibindig und ist damit in der Lage, mit bis zu zwei anderen Atomen gleichzeitig verknüpft zu sein. Damit stellt ein Sauerstoffatom nicht mehr zwingend das Ende eines größeren Moleküls dar. Die Kette aus Atomen kann sich nach einem Sauerstoffatom durchaus fortsetzen. Das war es dann allerdings auch schon. Zweibindige Atome könnten nur lange Ketten binden.[1] Komplexere Moleküle, die es braucht, um Leben zu ermöglichen, brauchen aber Verzweigungen oder zumindest die Möglichkeit, an der Kette etwas anderes anzubringen (eine sogenannte *funktionelle Gruppe*). Eine lange Reihe, die nur aus den gleichen Atomen besteht, bietet wenig Spielraum, um damit komplexe Biomoleküle zu bilden. Dafür muss das entsprechende Atom zumindest eine dritte Bindung eingehen können.

Ein Beispiel für ein dreibindiges Element wäre Stickstoff. Dessen chemische Eigenschaften sind unter dem Strich aber nicht wirklich gut geeignet, um das Grundgerüst komplexer, biochemischer Moleküle zu bilden. Zum einen wäre eine lange Kette aus Stickstoffatomen instabil. Ein Molekül, das auf einer langen Kette von Stickstoffatomen basiert, würde schnell zerfallen. Zum anderen neigt Stickstoff in chemischen Verbindungen zu basischem Verhalten[2]. Ammoniak ist ein

---

[1] Im Fall von Sauerstoff wäre selbst das nur eingeschränkt möglich. Knüpft man Sauerstoffatom an Sauerstoffatom, so erhält man ein Peroxid. Diese Peroxide sind chronisch instabil und neigen sogar dazu zu explodieren.

[2] Basisch (oder auch oft alkalisch genannt) ist in der Chemie das Gegenstück von sauer. Es gibt verschiedene Definitionen von Basen und Säuren. Die wahrscheinlich bekannteste Definition ist die nach Brønsted. Eine Brønsted-Base ist ein Stoff, der positiv geladene Wasserstoffionen aufnehmen kann. Im Gegensatz dazu nimmt eine Brønsted-Säure sie auf. Solche Säure-Base-Reaktionen können mitunter sehr heftig ablaufen, spielen aber auch in der Biochemie eine große Rolle. Es wäre indes wenig hilfreich, wenn das Grundgerüst aller Moleküle basisch wäre. Dadurch würde der pH-Wert im Inneren der Lebewesen enorm steigen (sprich: das Wasser wird auch basisch) und alle Säuren würden neutralisiert. In der Folge fielen alle Säure-Base-Reaktionen damit für eine Nutzung durch die Biochemie faktisch aus, weil alle Brønsted-Säuren bereits ihre Protonen abgegeben hätten.

bekanntes Beispiel für eine basische Verbindung auf Stickstoffbasis. In gewissem Umfang mögen die Eigenschaften von Stickstoff durchaus für die Biochemie interessant sein. Deshalb verwendet die Biologie Stickstoff schließlich in den sehr wichtigen Aminosäuren. Diese sind die Bausteine der Proteine. Die Aufgabe, das Grundgerüst der biochemischen Moleküle zu bilden, übersteigt die Fähigkeiten des Stickstoffs trotzdem. In Aminosäuren beziehungsweise daraus aufgebauten Proteinen wird Stickstoff zwar eingesetzt. Allerdings nur als eines von mehreren Elementen.

Kohlenstoff dagegen hat weder die basischen Eigenschaften des Stickstoffs noch sind lange Ketten aus Kohlenstoffatomen chemisch instabil. Zum anderen ist die Vierbindigkeit des Kohlenstoffs ein großer Vorteil. Selbst wenn sich mit dreibindigen Molekülen bereits vom Grundsatz her komplexe Moleküle aufbauen ließen: Mit der Möglichkeit mit bis zu vier anderen Atomen gleichzeitig verknüpft zu sein, bietet Kohlenstoff viel mehr Möglichkeiten zum Bau komplexer Moleküle. Darum sagen wir, dass das irdische Leben auf Kohlenstoff basiert. Und aus diesem Grunde wird immer wieder spekuliert, dass Leben genauso auf Silizium basieren könnte.

Silizium steht im Periodensystem der Elemente direkt unter Kohlenstoff. Im Periodensystem gilt der Grundsatz, dass Elemente, die untereinanderstehen, eine Gruppe bilden. Die Elemente einer Gruppe haben in der Regel ähnliche chemische Eigenschaften. Entsprechend ähneln sich Kohlenstoff und Silizium in einigen wesentlichen Punkten. Dazu gehört unter anderem die Zahl der Bindungen, die sie gleichzeitig eingehen können. Silizium ist ebenfalls vierbindig und kann analog zu den Kohlenwasserstoffen die sogenannten Silane bilden. Silane sind Ketten von Siliziumatomen, an denen seitlich Wasserstoffatome hängen. Sie entsprechen damit den Alkanen als einfachste Form der Kohlenwasserstoffe. Die Kohlenstoffatome sind dabei einfach durch Siliziumatome ersetzt. Würde man eines dieser Wasserstoffatome durch ein Siliziumatom ersetzen, dann könnte man die Kette verzweigen. Würde man ein Wasserstoffatom durch ein ganz anderes Atom (oder eine Gruppe von Atomen) ersetzen, dann könnte man das Molekül funktionalisieren. Das heißt man könnte ihm verschiedene chemische Eigenschaften geben, was eine wesentliche Voraussetzung für eine funktionierende Biochemie ist. Das ist der Grund, weswegen die Spekulation über siliziumbasiertes Leben erstmal durchaus Sinn ergibt.

Doch welchen Herausforderungen sähen sich siliziumbasierte Lebewesen eigentlich ausgesetzt? Einer der Gründe, weswegen sich Kohlenstoff so gut als Grundstoff der Biochemie eignet, ist die hohe Stabilität der Bindung zwischen zwei Kohlenstoffatomen. Kohlenstoffverbindungen gehen einfach nicht so leicht kaputt. Die Bindung zwischen zwei Siliziumatomen ist hingegen deutlich schwächer. Entsprechend wäre es für ein Siliziumlebewesen noch wichtiger als für uns Kohlenstofflebewesen, Bedingungen zu haben, die ihre Biochemie nicht zerstören. Ein wichtiger Punkt in diesem Zusammenhang ist die Temperatur. Vereinfacht gesagt: Je höher die Temperatur ist, desto instabiler sind Silane und von ihnen abgeleitete Verbindungen. Siliziumlebewesen dürften sich daher entsprechend vor allem in einer kalten Umwelt entwickeln. Horta oder die etwas später entdeckten Excalbianer, mit denen wir uns im nächsten Kapitel noch befassen werden und die glühend heiß sind, dürften daher mit enormen Problemen zu kämpfen haben. Siliziumbasiertes Leben schätzt keine hohen Temperaturen.

Tiefe Temperaturen haben für das Leben allerdings gewisse Nachteile. Ein chemisches Problem in einer kalten Umgebung stellt die sogenannte Reaktionskinetik dar. Diese beschreibt, wie schnell eine chemische Reaktion abläuft. Je höher die Temperatur ist, desto schneller laufen Reaktionen ab. Um ein bestimmtes Temperaturniveau zu erreichen (und zu halten), verbrennen Säugetiere permanent Fette und Kohlenhydrate, ihre Energieträger, obwohl sie die entsprechende Energie im jeweiligen Moment eigentlich gar nicht wirklich brauchen. Das ist eine ungeheure Verschwendung. Es ergibt aber trotzdem Sinn, denn dadurch können sie ihre Körpertemperatur auf einem konstant hohen Niveau halten. Dadurch, dass chemische Reaktionen bei hohen Temperaturen schneller ablaufen, können warmblütige Tiere bei Bedarf chemische Reaktionen sehr schnell ablaufen lassen. Warum das wichtig ist, wird deutlich, wenn man sich überlegt, dass die Bereitstellung von Energie zur Jagd, zur Flucht oder für andere körperliche Anstrengungen durch chemische Reaktionen bereitgestellt wird. Ist die Temperatur dagegen niedrig, kann das Lebewesen nur wenig Leistung erbringen. Darum versuchen Tiere in der Regel, ihre Körpertemperatur hoch zu halten. Nur nicht so hoch, dass die Moleküle ihrer Biochemie anfangen sich zu zersetzen. Deswegen liegt die Körpertemperatur des Menschen bei 37 °C. Das ist die höchstmögliche Temperatur, bei der noch keine Schäden durch zu hohe Temperatur auftreten. Bei etwas höheren Temperaturen zersetzen sich die meisten organischen Moleküle noch nicht. Trotzdem verändern sich einzelne (biochemisch wichtige) Stoffklassen wie die Enzyme bereits und beginnen, ihre Funktion deshalb zu verlieren. Für siliziumbasierte Lebensformen wäre die maximale Körpertemperatur deutlich niedriger. Entsprechend könnte ihre Biochemie schon funktionieren. Allerdings aufgrund niedriger Temperaturen nur sehr langsam. Große körperliche Leistungen, wie die Schnelligkeit, mit der sich Horta bewegt, wären für sie erheblich schwieriger als für uns. Deshalb dürften sich siliziumbasierte Lebensformen wahrscheinlich kaum über den Stand von Einzellern hinaus entwickeln.

Die chemische Stabilität siliziumbasierter Biomoleküle wäre nicht nur mit Blick auf die Temperatur ein Problem. Zwar überstehen Silane, die oben bereits erwähnten Siliziumentsprechungen zu den Kohlenwasserstoffen, den Kontakt mit Wasser und leichten Säuren in der Regel ohne Probleme. Sobald das Wasser jedoch basisch wird, reagieren sie heftig und wandeln sich in feste Silikate und Wasserstoff um. Außerdem dürften sich siliziumbasierte Lebewesen nicht einfach mit uns in der gleichen Atmosphäre aufhalten. Silane weisen nämlich eine weitere Eigenschaft im Zusammenhang mit ihrer Stabilität auf: Sie sind pyrophor. Das bedeutet, dass sie bei Raumtemperatur heftig mit dem Sauerstoff der Luft reagieren. Reine Silane würden tatsächlich anfangen zu brennen. Wie wir oben gesehen haben, sind alle Lebewesen so aufgebaut, dass sie aus kleinen Beuteln (den Zellmembranen) bestehen, in denen sich eine Flüssigkeit (bei uns Wasser) befindet. Diese Flüssigkeit dürfte siliziumbasierte Lebensformen davor bewahren, beim Kontakt mit Luft sofort in Flammen aufzugehen. Nichtsdestotrotz hätte ein außerirdisches Leben mit massiven Nachteilen zu kämpfen, wenn es den Kohlenstoff durch Silizium ersetzen würde.

Was wäre, wenn außerirdische Lebensformen hingegen nicht nur auf Silizium basieren, sondern auch sonst eine völlig anders geartete Biochemie hätten? Hier wird es jetzt sehr spekulativ. Die Chemie, die wir im Folgenden diskutieren, unterscheidet sich nämlich nochmal stärker von jeder Chemie in bekannten Lebewesen. Aber spekulieren wir einfach mal.

Der Schwachpunkt bei den Silanen und den von ihnen abgeleiteten Molekülen war, dass die Bindung zwischen zwei Siliziumatomen zu schwach ist. Deshalb sind die Moleküle tendenziell instabil. An dieser Stelle könnte ein weitverbreiteter Übersetzungsfehler weiterhelfen. Wenn es in englischsprachigen Werken um Lebewesen geht, die auf Silizium basieren, dann ist in deutschen Übersetzungen oft von Silikon die Rede. Der deutsche Begriff Silikon bezeichnet nicht das chemische Element Silizium, sondern eine Gruppe von Kunststoffen, in deren chemischer Struktur unter anderem Silizium auftaucht. Der Übersetzungsfehler wird verständlich, wenn man weiß, dass Silizium im englischen „silicon" heißt. Der Kunststoff Silikon heißt auf Englisch „silicone". Ein kleiner, aber durchaus nicht irrelevanter Unterschied.[3] Unbeabsichtigt könnte dieser Übersetzungsfehler auf eine mögliche Lösung des Stabilitätsproblems hinweisen.

Sehen wir uns Silikone mal etwas genauer an. Deren Grundgerüst basiert auf der Stoffklasse der Siloxane. Diese bestehen nicht einfach, wie bei Silanen, aus einer Reihe miteinander verknüpfter Siliziumatome, sondern immer im Wechsel

---

[3] Dieser Übersetzungsfehler tritt mitunter auch in der deutschen Synchronisation von Star Trek auf. In der 18. Episode der 1. TNG-Staffel, „Ein Planet wehrt sich", ist in der deutschen Synchronisation ebenfalls die Rede davon, dass die Lebewesen auf dem Planeten Velara III auf Silikon basieren würden.

aus einem Sauerstoff- und einem Siliziumatom. Da die Bindung zwischen Sauerstoff und Silizium sehr viel stabiler ist als zwischen Silizium und Silizium, sind die Siloxane erheblich stabiler als Silane. Silikone bestehen nun wiederum aus Siloxanen und an denen hängen seitlich außerdem noch Alkylgruppen. Alkylgruppen sind nichts anderes als Teile von Kohlenwasserstoffmolekülen. Auf diese Art erhält man ein stabiles Molekül, das sich verzweigen lässt und an dem sich alle möglichen funktionellen Gruppen anbringen lassen. In anderen Worten: Man kann basierend auf einer Silikonstruktur im Grunde alles aufbauen, was eine Biochemie braucht. Auf Silikon basierende Lebewesen wären strenggenommen allerdings keine reinen, auf Silizium basierten Lebewesen, sondern eine Mischform aus silizium- und kohlenstoffbasiert.

Ein letztes, großes Problem gäbe es noch für siliziumbasierte Lebewesen. Das betrifft die Atmung. Atmung ist für Lebewesen wichtig, um Energie bereitzustellen. Es gibt zwar auch andere chemische Möglichkeiten, wie die Gärung, um als Lebewesen Energie zu gewinnen. Wirklich effektiv ist jedoch nur die Atmung. Beim Atmen wandeln kohlenstoffbasierte Lebewesen organische Verbindungen mit Luftsauerstoff in Wasser und Kohlenstoffdioxid um. Kohlenstoffdioxid ist neben Wasser ein zweiter Stoff, dessen spezielle Eigenschaften essenziell für das Leben sind. Wären die Naturkonstanten des Universums nur ein bisschen anders beschaffen, dann ergäben sich beträchtliche Probleme für das Leben. Genannt seien hier nur zwei davon: Da wäre zum einen die ungewöhnlich hohe Löslichkeit von Kohlenstoffdioxid in Wasser. Dadurch lässt sich Kohlenstoffdioxid aus dem Körperinneren heraustransportieren, ohne dass sich Gasblasen in den Zellen bilden, die beträchtliche Schäden anrichten würden. Zum anderen ist es zwar gut in Wasser löslich, letztlich aber doch ein Gas. Es lässt sich dadurch für einen Organismus sehr einfach an die Umwelt abgeben.

Insbesondere letztere Eigenschaft ist ein wesentlicher Unterschied zu dem, was bei der Atmung von siliziumbasierten Lebewesen geschehen würde. Analog zur Kohlenstoffbiochemie würden Silane oder Siloxane mit Sauerstoff zu Wasser und Siliziumdioxid umgesetzt. Kohlenstoffdioxid und Siliziumdioxid mögen erst einmal sehr ähnlich klingen. Es besteht aber ein gewaltiger Unterschied: Kohlenstoffdioxid ist ein Gas. Siliziumdioxid ist im wahrsten Sinne des Wortes steinhart. Geologen nennen Siliziumdioxid meistens Quarz. Die schönen, glasartigen Bergkristalle, die man manchmal sieht, sind Quarze: Nichts anderes als Siliziumdioxid. Ein auf Silizium basierendes Lebewesen sollte also tunlichst die Finger von der Atmung lassen. Andernfalls muss es damit rechnen, sich selbst in kürzester Zeit in einen Stein zu verwandeln.

Eine Lösung könnten hierbei wieder die Silikone sein. Die bestehen, wie besprochen, aus einer Siloxankette, an der Kohlenwasserstoffreste hängen. Wenn es den Siliziumorganismen gelänge, bei der Atmung gezielt nur diese Kohlenwasserstoffe zu Kohlenstoffdioxid umzusetzen und das siliziumhaltige Grundgerüst unangetastet zu lassen, dann wäre Atmung möglich, ohne sich selbst zu versteinern.

Neben echtem siliziumbasierten Leben, was hier Lebensformen meint, deren komplette Biochemie auf Silizium basiert, könnte man sich durchaus auch Lebewesen vorstellen, die zwar auf Kohlenstoff basieren, aber außerdem Silizium nutzen. Wenn wir an unsere eigenen Körper denken, dann sind diese, wie es die bereits erwähnte anorganische, auf Silizium basierende Lebensform aus *Star Trek: Das nächste Jahrhundert* ausdrückt, im Wesentlichen „hässliche große Beutel, hauptsächlich mit Wasser gefüllt" (die Bezeichnung „hässlich" liegt im Auge des Betrachters; nach den Schönheitsidealen der kristallinen Bewohner von Velara III mag es für Menschen durchaus stimmen). Wenn diese Beschreibung komplett wäre, dann wären Menschen allerdings überhaupt nicht in der Lage zu stehen. Um das tun zu können, verfügt die menschliche (oder sonstige humanoide) Leserschaft dieses Buchs über Knochen. Die Knochen haben zwar ebenfalls einen erheblichen organischen, d. h. kohlenstoffbasierten Anteil. Zum großen Teil bestehen sie jedoch aus Kalziumphosphat. Dieser anorganische Anteil macht die Knochen erst wirklich hart. Doch es gibt keine Zwangsläufigkeit, dass Lebewesen dafür Kalziumphosphat verwenden müssten. In den unendlichen Weiten des Weltraums könnten sich durchaus höhere Lebewesen entwickelt haben, deren Knochen aus Silikaten bestehen. Vom Grundsatz her gibt es das sogar auf der Erde, wenn auch nur bei deutlich simpleren Lebewesen. Die sogenannten Kieselalgen sind winzige Einzeller, die eine Hülle aus Siliziumdioxid besitzen. Ihre eigentliche Biochemie basiert zwar (wie bei Menschen) auf Kohlenstoff. Daneben verwenden sie jedoch zumindest für einen Teil ihrer biologischen Funktionen Silizium. Es scheint dementsprechend also nicht ganz abwegig, dass Silizium irgendwo im Weltall eine Rolle in der Biochemie spielt. An Horta mag durchaus etwas dran sein.

Noch ein paar Details

Wir sind ja gerade beim Spekulieren darüber, ob die Biochemie außerirdischer Lebewesen auf anderen Elementen als Kohlenstoff basieren könnte. Dann sollten wir jetzt wenigstens so gründlich sein und uns überlegen, ob es neben dem oft diskutierten Silizium nicht noch weitere Kandidaten gäbe. Weiter oben im Text hatte ich darauf hingewiesen, dass Elemente, die im Periodensystem der Elemente untereinanderstehen, in der Regel chemisch sehr ähnlich sind. Das ist der Hauptgrund, weswegen Silizium immer wieder als Kandidat ins Spiel gebracht wird. Unterhalb von Silizium geht es im Periodensystem aber natürlich noch weiter. Zumindest theoretisch vorstellen könnte man sich so etwas wie eine Biochemie mit dem nächsten Element schon. Direkt unter Silizium kommt das Element Germanium.

Die Existenz dieses Elements hatte der russische Chemiker Dmitri Mendelejew bereits 1871 aus der Struktur des Periodensystems vorhergesagt, ohne dass es zu dieser Zeit schon jemand isoliert hätte. Im Jahr 1885 fand der deutsche Chemiker Clemens Winkler es dann tatsächlich in einem neuentdeckten Mineral. Benannt wurde es schließlich nach Winklers Heimatland: Deutschland. Da Elemente allerdings in aller Regel nach lateinischen Worten benannt werden, erhielt es schließlich seinen Namen vom lateinischen Wort für Deutschland: Germania.

Dieses Germanium bildet analog zu den Kohlenwasserstoffen oder den Silanen eine Stoffgruppe namens Germane. Ein Germanmolekül ist eine Kette von Germaniumatomen an denen seitlich jeweils zwei Wasserstoffatome hängen (beziehungsweise an den endständigen Germaniumatomen drei Wasserstoffatome). Vom Grundsatz her könnte man sich wieder eine Biochemie vorstellen, die darauf basiert. Es bestehen allerdings wieder die gleichen Schwierigkeiten wie bei der siliziumbasierten Biochemie. Nur nochmal deutlich stärker ausgeprägt. Germane sind chronisch instabil und bei Kontakt mit Luft entstehen Feststoffe, die selbst bei 1000 °C noch nicht schmelzen. Ein ernsthafter Kandidat für nicht kohlenstoffbasiertes Leben ist Germanium daher vermutlich leider nicht.◄

1.2   Sehr heiße Außerirdische

Die Excalbianer sind eine in verschiedener Hinsicht bemerkenswerte Spezies. Das fängt schon auf einer kulturellen Ebene an. Das Konzept von Gut und Böse ist ihnen völlig unbekannt. Beim ersten Kontakt mit der Föderation sind sie offenbar sehr davon fasziniert. Deshalb unternehmen sie ein Experiment, das wir in der 22. Episode der 3. TOS-Staffel, *„Seit es Menschen gibt"*, beobachten können. Ihr Ansatz basiert darauf, zwei Teams aufzustellen. Insgesamt acht Personen, bestehend aus Mitgliedern der Enterprise-Crew und Abbildungen historischer Persönlichkeiten, treten im Kampf gegeneinander an. Eines der Teams repräsentiert das Gute. Diesem Team gehören neben Captain Kirk und Mr. Spock noch Abraham Lincoln und der vulkanische Philosoph Surak an. Das zweite Team repräsentiert das Böse. Ihm gehören vier entsprechend zwielichtige Charaktere der irdischen und außerirdischen Geschichte an. Zu diesem Team gehören Massenmörder wie Colonel Green aus der irdischen Geschichte des (aus Sicht des damaligen Drehbuchautors noch weit in der Zukunft liegenden) 21. Jahrhunderts. Daneben aber auch Persönlichkeiten wie Dschingis Khan, der zumindest in der Mongolei doch eher als Held, denn als Ausgeburt des Bösen betrachtet wird, oder Khaless, der (wie man in späteren Star-Trek-Serien noch lernen kann) für die Klingonen geradezu der Inbegriff des Guten ist. Man beginnt zu ahnen, wie sehr die Einschätzung von Gut und Böse im Auge des Betrachters liegen. Mithilfe dieser beiden Teams wollen die Excalbianer klären, was tatsächlich besser ist: Das Gute oder das Böse.

Wirklich schlau werden die Excalbianer aus ihrem Experiment nicht. Das liegt höchstwahrscheinlich daran, dass ihr Versuch grundsätzliche wissenschaftliche Schwächen aufweist. Zum einen ist die Messmethodik wahrscheinlich nur eingeschränkt zur Beantwortung der eigentlichen Frage geeignet. Denn was sagt das Ergebnis eines Kampfes auf Leben und Tod aus? Mit hoher Wahrscheinlichkeit siegt doch einfach diejenige Seite, der man die stärkeren und schlaueren Kämpfer zugeteilt hat. Die Überlegenheit von Gut oder Böse hat auf den Ausgang des Kampfes höchstens zweitrangig Einfluss. Zum anderen sind die Excalbianer mit dem Ergebnis aus einem weiteren Grund unzufrieden. Die Guten bedienen sich im Kampf ähnlicher Methoden wie die Bösen. So richtig können sie den Unterschied nicht erkennen und müssen die Enterprise schließlich wieder in die Freiheit entlassen, ohne mit ihrer Frage wirklich weitergekommen zu sein.

Neben ihrem ungewöhnlichen Unverstehen des Konzepts von Gut und Böse sind die Excalbianer auch aus chemischer Sicht äußerst bemerkenswert. Zum einen basieren sie chemisch auf Silizium. Deswegen hat Scotty beim Hochbeamen des von ihnen geschaffenen Abbilds Abraham Lincolns das Gefühl einen Felsen zu beamen. Die Schwierigkeiten von Silizium als Basis von Leben und die Notwendigkeit tiefer Temperaturen für siliziumbasiertes Leben haben wir bereits diskutiert. Das soll hier nicht nochmal Thema sein. Zum anderen sind die Excalbianer sehr heiß. Beim Versuch sie anzufassen, verbrennt sich Captain Kirk erst einmal ordentlich die Hände.

Silane können, wie wir bereits festgestellt haben, ganz offensichtlich nicht die Grundlage ihrer Biochemie bilden. Bei mehreren Hundert Grad Celsius würden diese sich in kürzester Zeit zerlegen. In einer sauerstoffhaltigen Atmosphäre würde das Silizium bei diesen Temperaturen unweigerlich Siliziumdioxid bilden. Da Scotty beim Beamen den Eindruck hatte, dass er einen Felsen in seine Atome zerlegt und transportiert, scheint Siliziumdioxid wohl wirklich einen beträchtlichen Anteil des excalbianischen Organismus auszumachen. Als Hauptbestandteil kommt Siliziumdioxid trotzdem nicht infrage. Mineralogen nennen es schließlich Quarz. Wenn man im Wesentlichen aus Quarz besteht, dann ist man nun mal recht fest und in seinen Bewegungen ziemlich eingeschränkt. Einen übertrieben agilen Eindruck machen die Excalbianer tatsächlich nicht. Das würde irgendwie zu Siliziumdioxid passen. Selbst wenn die Excalbianer mehrere hundert Grad heiß sein mögen, so schmilzt Quarz doch erst bei 1713 °C. Ganz so heiß sind nicht mal die Außerirdischen vom Planeten Excalbia. Da das Siliziumdioxid in ihrem Körper sowohl fest als auch chemisch ziemlich reaktionsträge ist, kommt es als Träger ihrer Biochemie nicht wirklich infrage. Möglicherweise stellt es den Grundstoff ihrer Knochen dar. Sollten ihre Knochen ausschließlich aus Siliziumdioxid bestehen, dann dürfte das ihre langsamen Bewegungen erklären.

Knochen aus Quarz wären zwar sehr hart. Sie wären gleichzeitig aber auch recht brüchig. Siliziumdioxid besitzt so gut wie keine Elastizität. Deswegen brechen Gegenstände aus Siliziumdioxid sehr leicht. Man denke nur an Glas. Der Hauptbestandteil der meisten Gläser ist Siliziumdioxid. Wenn man ein Trinkglas auf den Boden fallen lässt, dann ist die Wahrscheinlichkeit recht hoch, dass es dabei zerbricht. Lässt man einen Kunststoffbecher auf den Boden fallen, dann übersteht er das im Normalfall unbeschadet. Härte ist also nicht alles. Eine gewisse Flexibilität ist oft durchaus hilfreich. Das anorganische Siliziumdioxid, egal ob in Form von Glas, Quarz oder einem anderen Mineral, ist sehr hart. An Flexibilität fehlt es ihm indes fast völlig. Organische Kunststoffe hingegen sind verhältnismäßig weich. Dafür lassen sie sich durchaus etwas verbiegen, ohne deswegen gleich zu zerbrechen.

Die Verformbarkeit von Kunststoff lässt sich chemisch dadurch erklären, dass Kunststoff aus sehr vielen Molekülen besteht. Diese sind zwar recht groß. Zwischen den Atomen im Molekül besteht eine starke chemische Bindung. Zwischen den Molekülen hingegen gibt es nur eine recht schwache Anziehung. Man spricht von van-der-Waals-Kräften. Verschiebt man zwei Moleküle des Kunststoffs gegeneinander, dann muss man dabei nur diese recht schwachen Bindungen überwinden. Deswegen ist der Kunststoff recht weich. Anschließend bestehen in der neuen Position jedoch wieder die gleichen van-der-Waals-Kräfte zwischen den Molekülen. Beim Siliziumdioxid besteht der ganze Festkörper (stark vereinfacht ausgedrückt) aus einem einzigen Molekül. Man kann ihn nicht verformen, ohne verhältnismäßig starke chemische Bindungen zu brechen. Deswegen ist Quarz so hart. Hat man die Atome jedoch einmal gegeneinander verschoben, dann sind die chemischen Bindungen gebrochen und neue chemische Bindungen bilden sich nicht so einfach neu. Deswegen bricht beim Bruch der chemischen

Bindungen der ganze Festkörper.[4] Siliziumdioxid ist darum recht brüchig. Sollten die Knochen der Excalbianer tatsächlich aus Siliziumdioxid bestehen, dann sollten sie sich sehr vorsichtig bewegen, weil ihre Knochen zwar sehr hart wären, gleichzeitig aber zum Sprödbruch neigen. Außerdem wachsen sie wahrscheinlich nicht besonders gut wieder zusammen, wenn sie einmal gebrochen sind.

Aus diesem Grund bestehen unsere Knochen nicht einfach nur aus Kalk. Anorganische Kalziumsalze verleihen dem Knochen zwar seine Härte, daneben befindet sich aber sehr viel organisches Gewebe in den Knochen. Dadurch gewinnt der Knochen eine gewisse Flexibilität. Er ist deshalb nicht ganz so anfällig für Brüche. Und wenn es doch einmal zum Bruch kommt, dann kann das durchblutete, organische Gewebe zum Zusammenwachsen des gebrochenen Knochens beitragen. Durch das Blut wird beispielsweise Kalziumphosphat in den Knochen transportiert. Dadurch härten sie nicht nur im Kindesalter aus. Es erlaubt auch den Heilungsprozess im Fall eines Knochenbruchs. Siliziumdioxid hingegen ist nahezu unlöslich in Wasser (und damit in Blut). Excalbianer hätten dementsprechend ein Problem, wenn sie einen Knochenbruch heilen wollen. Es ist daher sehr vernünftig von ihnen, dass sie sich nur sehr vorsichtig bewegen.

Der Transport von Siliziumdioxid durch das Blut der Excalbianer ist allerdings wahrscheinlich nur eines ihrer vielen Probleme. Wenn ihre Körper tatsächlich einige hundert Grad heiß sind, dann haben sie noch mit ganz anderen Herausforderungen zu kämpfen. Die Schwierigkeiten fangen schon viel grundsätzlicher an. Nämlich beim Aggregatszustand des Bluts. Das Blut (oder eine andere Körperflüssigkeit, die seine Funktion übernimmt) muss flüssig sein. Ein Feststoff kann die Aufgabe naturgemäß nicht erfüllen. Doch was ist mit einem Gas?

Ein Gas könnte von einem außerirdischen Herz grundsätzlich erst einmal durch die Adern gepumpt werden. Wenn das Blut der Excalbianer auf Wasser basiert, dann dürfte das nötig werden, denn Wasser verdampft nun einmal (bei einem Druck von 1 bar) bei 100 °C. Dämpfe mögen sich zwar durch excalbianische Adern leiten lassen, die Funktion des Bluts kann Dampf aber nicht wirklich übernehmen. Denn Blut soll in erster Linie chemische Stoffe durch den Körper transportieren. Im Fall von Sauerstoff, der von den Lungen zu den Zellen gelangen soll, wäre das noch recht einfach. Im Fall von Kohlenstoffdioxid, das vom Blut aus den Zellen zur Lunge transportiert wird, ist das ebenfalls kein Problem.

---

[4] Die Moleküle organischer Kunststoffe lassen sich durch chemische Bindungen ebenfalls verknüpfen und die Härte dadurch deutlich erhöhen. Man spricht dann von Duromeren statt von Thermoplasten. Duromere sind erheblich härter und schmelzen nicht (irgendwann zersetzen sie sich chemisch, wenn die Temperatur zu hoch wird). Die höhere Härte wird jedoch nicht nur durch schlechtere Verarbeitbarkeit, sondern auch durch eine gewisse Neigung zum Sprödbruch erkauft.

Schwierig wird es indes bei so ziemlich allem anderen. Energieträger, Vitamine, Proteine (oder was bei den siliziumbasierten Excalbianer diese Funktion übernehmen mag) lösen sich mehr oder minder gut in Wasser. Zumindest solange es flüssig ist. Wenn es verdampft ist, wird das schwieriger. Wie die excalbianische Version von Proteinen von gasförmigem Blut transportiert werden soll, ist völlig unklar. Ähnlich schwierig würde es mit Energieträgern wie Zucker. Zucker sind durch die zahlreichen Hydroxylgruppen in den Molekülen zwar gut wasserlöslich. Es ist jedoch kaum möglich sie zu verdampfen ohne sie dabei zu zersetzen. Lässt man bei den Zuckermolekülen die Hydroxylgruppen hingegen einfach weg, dann funktioniert das mit dem Verdampfen deutlich besser. Zuckermoleküle ohne Hydroxylgruppen wären einfach nur Kohlenwasserstoffketten. Man nennt solche Stoffe Alkane. Diese Alkane sind kaum wasserlöslich. Aus diesem Grund kann unser Organismus mit Alkanen sehr wenig anfangen. Wenn man kein flüssiges Blut hat, ist das aber eigentlich egal. Alkandämpfe könnten dann durch die Adern der Excalbianer strömen.

Warum lässt sich Zucker so schlecht verdampfen? Und warum verdampft das korrespondierende Alkan (also das Zuckermolekül ohne Hydroxylgruppen) so viel leichter? Wenn wir Traubenzucker mit Hexan vergleichen, dann stelle wir fest, dass es vom Grundsatz her erst einmal die gleiche Verbindung ist. In beiden Fällen handelt es sich um sechs Kohlenstoffatome in einer Reihe (Abb. 1.1).[5] Der Unterschied besteht darin, dass beim Hexan (wie bei allen Alkanen) an jedem Kohlenstoffatom zwei Wasserstoffatome hängen (beziehungsweise drei an den Letzten der Kohlenstoffkette). Beim Traubenzucker hingegen ist ein Teil der Wasserstoffatome durch Hydroxylgruppen ausgetauscht. Eine Hydroxylgruppe besteht aus einem Sauerstoff- und einem Wasserstoffatom. Da das Sauerstoffatom Elektronen deutlich stärker anzieht als das Wasserstoffatom, ergibt sich am Sauerstoffatom eine leicht negative Ladung. Da die Elektronenkonzentration am Wasserstoffatom etwas erniedrigt ist, ergibt sich dort eine positive Ladung. Das Gesamtmolekül ist elektrisch neutral. Die Ladung ist aber ungleichmäßig im Molekül verteilt. Entgegengesetzte Ladungen ziehen sich bekanntlich an. Deshalb ziehen die negativen Sauerstoffatome die positiven Wasserstoffatome in den Hydroxylgruppen anderer Zuckermoleküle an. Den Effekt bezeichnet man als Wasserstoffbrückenbindung. Beim Hexan gibt es diesen Effekt nicht. Deshalb

---

[5] Beim Traubenzucker sind die Kohlenstoffatome in der Regel strenggenommen nicht in einer langen Reihe angeordnet, sondern bilden einen Ring. Cyclohexan beziehungsweise Methylcyclopentan wären deshalb etwas treffendere Analoge zum Traubenzucker. Aus Gründen der Einfachheit tun wir hier mal so, als wäre es einfach eine lange, gerade Kette. Für den Effekt um den es hier geht, spielt es keine Rolle, ob die Kohlenstoffatome einen Ring oder eine lineare Kette bilden.

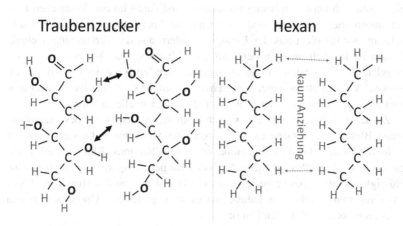

Abb. 1.1 Je zwei Moleküle Traubenzucker beziehungsweise Hexan und Visualisierung der Anziehungskräfte zwischen den Molekülen; zwischen den Hydroxylgruppen im Traubenzucker kommt es zu starken Wasserstoffbrückenbindungen, zwischen den Hexanmolekülen gibt es nur vergleichsweise schwache van-der-Waals-Bindungen (In der Realität ist die Atomkette des Traubenzuckers meistens zu einem Ring geschlossen; der Einfachheit halber soll hier aber nur die offenkettige Form betrachtet werden)

sind die Anziehungskräfte zwischen Hexanmolekülen deutlich schwächer. Wenn sich die Moleküle schwächer gegenseitig anziehen, dann sind sie leichter voneinander zu trennen. Genau das passiert beim Verdampfen. Deshalb verdampft ein Alkan wie Hexan sehr viel leichter als der Zucker mit der gleichen Anzahl von Kohlenstoffatomen im Molekül.[6]

Warum haben wir uns diesen Aspekt hier so genau angesehen? Es soll doch eigentlich um Lebewesen wie die Excalbianer gehen, die eine sehr hohe Körpertemperatur haben. Die Hydroxylgruppen in Zuckern stellen jedoch genau den entscheidenden Punkt dar. Deswegen können die Excalbianer keine Zucker (oder andere Kohlenhydrate) als Energieträger nutzen. Das Blut in ihren Adern wäre schließlich gasförmig. Alkane wie Hexan kämen andererseits durchaus infrage.

---

[6] Wasserstoffbrückenbindungen können nicht nur zu Hydroxylgruppen in anderen Zuckermolekülen gebildet werden. Sie werden genauso zu den (chemisch ähnlichen) Wassermolekülen gebildet. Dadurch wird Wasser von Zucker quasi angezogen, weswegen die Löslichkeit in Wasser sehr gut ist. Hexan hingegen bildet keine Wasserstoffbrücken zu Wasser und löst sich entsprechend schlecht darin.

Sie lassen sich ohne Zersetzung verdampfen und damit im excalbianischen Körper transportieren. Alkane sind als chemische Energieträger heute schon sehr bekannt. Jedoch nicht aus der Biologie, sondern aus der Verbrennungstechnik. Benzin ist letztlich nichts anderes als eine Mischung aus Alkanen. Der Energiegehalt pro Kilogramm Alkan ist sogar deutlich höher als der pro Kilogramm Zucker.[7] Wie wir etwas später noch sehen werden, ist es für die Excalbianer sehr wichtig, einen energiereichen Brennstoff als Energiequelle zu haben.

Zunächst wollen wir allerdings noch beim Aggregatszustand des excalbianischen Bluts bleiben. Gäbe es nicht doch eine Möglichkeit, flüssiges Blut bei mehreren Hundert Grad Celsius zu haben? Schließlich muss Blut nicht nur Energieträger, sondern alles Mögliche durch den Körper transportieren. Dafür ist eine Flüssigkeit einfach besser geeignet als ein Gas. Um eine Flüssigkeit bei höheren Temperaturen flüssig zu halten, gibt es sogar gleich drei Optionen (die man zusätzlich noch kombinieren kann):

1. Man kann den Druck erhöhen.
2. Man kann das Wasser salzen.
3. Man kann Wasser durch etwas anderes ersetzen.

Variante eins kommt in der Natur tatsächlich vor. Auf der Erde gibt es Lebewesen, die bei sehr hohen Temperaturen leben. Man spricht von thermophilen Organismen. Vieler dieser Mikroorganismen leben bei Temperaturen oberhalb von 40 °C. Einige Leben bei mehr als 70 °C. Und manche sogar bei über 100 °C. Letztere gibt es indes nur in der Tiefsee. Denn nur dort ist der Druck hoch genug, um die Verdampfung des Wassers zu verhindern. Bei normalem Atmosphärendruck würden die Zellen einfach von der Verdampfung zerrissen werden. In der Nähe von Tiefseevulkanen liegen die Temperaturen teilweise über 100 °C und das Wasser ist trotzdem flüssig. Hier leben hyperthermophile Organismen. Es ist also möglich, selbst bei hoher Temperatur Wasser in Lebewesen flüssig zu halten. Wie hoch muss der Druck dafür eigentlich sein?

Je höher die Temperatur ist, desto höher muss der Druck sein. Mit steigender Temperatur steigt der benötigte Druck näherungsweise exponentiell an. Bei 150 °C wäre ein Druck von etwa 5 bar nötig. In 40 m Wassertiefe hat man so einen Druck auf der Erde erreicht. Bei 250 °C braucht man bereits mindestens

---

[7] Ein Problem mit Blick auf die Energie würde das Volumen darstellen. Ein Liter flüssiges Benzin enthält sehr viel Energie. Beim Verdampfen dehnt es sich jedoch stark aus. Der Brennwert des Benzins ändert sich nicht. Der Raumbedarf hingegen steigt stark an. Da Hexan bei 69°C schon siedet, müssten die Excalbianer ständig neue Alkane aufnehmen, da sie aus Platzgründen kaum Vorräte im Körper haben können.

38 bar. Das entspricht etwa 370 m Tauchtiefe. Da Captain Kirk und Mr. Spock auf Excalbia nicht zerquetscht wurden, scheint der Druck dort allerdings nicht ganz so hoch zu sein. Andererseits kann der Druck im Körperinneren der Excalbianer nicht viel höher sein als der Umgebungsdruck. Andernfalls würden sie einfach explodieren. Ein erhöhter Druck ist deshalb wohl nicht die Erklärung dafür, wie die Excalbianer so heiß sein können.

Außerdem gibt es eine Obergrenze für das Flüssig-Halten durch erhöhten Druck. Jede chemische Substanz besitzt einen sogenannten kritischen Punkt. Oberhalb dieses Punktes kann man mit Druckerhöhung keine Kondensation mehr erreichen. Im Fall von Wasser liegt dieser kritische Punkt bei 374 °C und 221 bar. Am kritischen Punkt hat man den Dampf so stark zusammengepresst, dass er sich von der Flüssigkeit nicht mehr unterscheidet. Kondensation, wie wir sie kennen, ist deshalb dann nicht mehr möglich. Jenseits von 374 °C ist darum auf jeden Fall Schluss mit flüssigem Wasser, egal wie hoch der Druck ist.

Variante zwei bestünde darin, Salz in das Wasser zu geben. Unser Blut enthält eine gewisse Menge an Salz. Doch das heißt nicht, dass das Blut der Excalbianer nicht eine viel höhere Salzkonzentration aufweisen könnte. Gibt man Salz ins Wasser, dann steigt die Siedetemperatur. Chemisch lässt sich das durch zwei Effekte erklären. Zum einen ziehen die Ionen des Salzes die Moleküle des Wassers an. Dadurch behindern sie deren Übergang in die Dampfphase. Zum anderen senkt das Salz die Konzentration des Wassers. Grob vereinfacht gesagt, sind dadurch weniger Wassermoleküle an der Oberfläche und damit können auch weniger Wassermoleküle über die Oberfläche in die Dampfphase übergehen. Der scheinbare Siedepunkt steigt deshalb und das Blut bliebe bei etwas höheren Temperaturen noch flüssig.

Variante drei bestünde darin, ein Blut zu verwenden, welches überhaupt nicht auf Wasser basiert. Wasser ist nicht nur deshalb gut geeignet, als Hauptbestandteil des Bluts und aller Zellen zu fungieren, weil es bei den auf der Erde herrschenden Bedingungen flüssig ist. Wasser besitzt daneben verschiedene Eigenschaften, die für die Biochemie sehr wichtig sind. Doch wer weiß schon, wie die excalbianische Biochemie genau funktioniert. Deshalb können wir uns zumindest grundsätzlich viele Stoffe überlegen, die die Rolle des Wassers übernehmen. Schwefel bleibt beispielsweise bis weit über 400 °C flüssig. Vielleicht transportiert ja flüssiger Schwefel die Nährstoffe durch die Adern der Excalbianer? Alternativ würde die Chemie noch eine Unmenge anderer Stoffe bieten, die bei der entsprechenden Temperatur flüssig wären. Allerdings bietet weder Schwefel noch irgendein anderer dieser Stoffe die chemischen Eigenschaften, die Wasser so hervorragend zum Unterhalten von Leben geeignet macht.

Das Flüssig-Halten des Bluts ist jedoch nicht die einzige Herausforderung, die die hohe Temperatur für die Excalbianer darstellt. Ein weiteres Problem ist die Temperaturdifferenz zur Umgebung. Sofern die Umgebung nicht ebenfalls sehr heiß ist, geben sie sehr viel Wärme an die Umgebung ab. Wir wissen nicht genau, wie die Excalbianer normalerweise leben. Während sie auf Captain Kirk und Mr. Spock treffen, scheint die Umgebungstemperatur aber nicht weit über 20 °C zu liegen. Um nicht sehr schnell auszukühlen, müssen sie Unmengen an Energieträgern umsetzen. Was nach einem hervorragenden Diätprogramm klingt, würde in der Praxis sehr schnell zum Verhungern führen. Das könnte einer der Gründe sein, dass die Excalbianer ziemlich unförmige, runde Körper besitzen. Die Kugel ist diejenige Form, die bei gegebenem Volumen die geringste Oberfläche aufweist. Darum verliert ein kugelförmiger Organismus weniger Wärme an die Umgebung als ein gleich großer Organismus mit einer anderen Form. Je näher sich der Körper der Kugelform annähert, desto weniger Wärme gibt er an die Umgebung ab. Die Körperform der Excalbianer scheint dieses Problem also zu berücksichtigen. Trotzdem müssten sie sehr große Mengen an Energieträgern chemisch umsetzen, um ihre Körpertemperatur zu halten. Sie wären deshalb auf einen sehr energiereichen Energieträger wie Alkane angewiesen.

Ein letztes Problem stellt die Stabilität der biochemischen Moleküle dar. Wir haben bereits gesehen, dass Silane sich bei hohen Temperaturen zersetzen. Für siliziumbasierte Lebewesen ist das ein Problem. Letztlich hätten kohlenstoffbasierte Lebewesen wie wir aber das gleiche Problem. Oberhalb von 40°C fangen unsere Proteine an zu denaturieren. Man kennt das vom Eierkochen. Dabei gerinnen Proteine, auch Eiweiße genannt, was besagter Denaturierung entspricht. Ihre biologische Funktion können sie nicht mehr erfüllen. Die Enzyme stellen die Arbeit ein und werden schließlich sogar irreparabel geschädigt. Als Katalysatoren der Biologie sollen die Enzyme eigentlich erwünschte Reaktionen möglich machen und gegenüber unerwünschten einen Vorteil verschaffen. Ohne funktionierende Enzyme laufen im Organismus vielleicht immer noch viele Reaktionen ab. Es sind nur leider nicht diejenigen, die der Körper eigentlich braucht. Deshalb gilt: Eine erhöhte Körpertemperatur hat ihre Vorzüge. Doch nur bis zu einem gewissen Punkt. Dann fängt die Biochemie an sich zu zersetzen.

Oben hatten wir schon einmal die thermophilen Organismen angesprochen. Es gibt offenbar Möglichkeiten, Proteine so zu stabilisieren, dass sie bei höheren Temperaturen stabil sind. Wie das genau funktioniert, führt hier etwas zu weit. Allein schon deshalb, weil die Biochemie der siliziumbasierten Excalbianer sowieso eine völlig andere ist. Auf jeden Fall müssen sie biochemisch einen erheblichen Aufwand treiben, um zu verhindern, dass wesentliche Moleküle in ihren Körpern den Geist aufgeben.

Hohe Temperaturen sind indes nicht nur von Nachteil. Außerirdische Lebewesen, die über hundert Grad heiß sind, hätten eine Reihe von Vorteilen. Eine Sache, die mir dazu einfiel, ist die Desinfektion. Bakterien sollten den Excalbianern kaum zu schaffen machen, da diese binnen Sekunden gebraten würden. Als ich eine Weile darüber nachgedacht habe, ist mir allerdings gekommen, dass sie dieser Umstand nur davor bewahrt, sich beim Kontakt mit Captain Kirk mit einer ansteckenden Krankheit zu infizieren. Krankheitserreger, die sich in derselben Umwelt entwickelt haben wie die Excalbianer, dürften eine ähnliche Biochemie besitzen und deshalb mit der hohen Temperatur ganz gut zurechtkommen.

Eine hohe Temperatur hat indes noch andere Vorteile. Ein Vorteil wäre, dass die Diffusion stark beschleunigt ist. In Organismen werden viele Stoffe einfach dadurch transportiert, dass sie diffundieren. Das bedeutet, dass sich die Moleküle ohne äußere Einwirkung durch einen anderen Stoff bewegen. Man kann sich das so vorstellen, dass alle Moleküle sich bewegen. Im Festkörper schwingen sie nur um einen vorgegebenen Platz. In Gasen und Flüssigkeiten bewegen sie sich recht chaotisch. Die Moleküle eines in Wasser gelösten Stoffs werden deswegen ständig von Wassermolekülen gerammt. Dadurch setzen sich die gelösten Moleküle selbst in Bewegung. Diese Bewegung ist zunächst chaotisch und ändert ständig die Richtung (nämlich immer dann, wenn es zur nächsten Kollision kommt). Unter dem Strich kommt es aber öfter vor, dass sich ein Molekül aus einem Bereich hoher Konzentration in einen Bereich niedriger Konzentration bewegt. Wie sollte es letztlich auch anders sein: In einem Bereich mit niedriger Konzentration sind schließlich kaum Moleküle, die diesen verlassen können. Infolgedessen wird die Diffusion von Konzentrationsunterschieden angetrieben. Stoffe diffundieren also aus Bereichen hoher Konzentration in Bereiche niedriger Konzentration.

Die Geschwindigkeit der Diffusion hängt von drei Faktoren ab: der Distanz, dem Konzentrationsunterschied und dem Diffusionskoeffizienten.

1. Je kürzer die durch Diffusion zurückzulegende Distanz ist, desto schneller geht es.
2. Je höher der Unterschied in der Konzentration ist, desto effektiver werden die Moleküle transportiert.
3. Je höher der Diffusionskoeffizient ist, desto besser funktioniert die Diffusion.

Und je höher die Temperatur ist, desto höher ist der Diffusionskoeffizient. Vereinfacht kann man sich das so vorstellen, dass sich mit steigender Temperatur die Moleküle schneller bewegen. Die Wassermoleküle stoßen dadurch öfter und heftiger mit den gelösten Molekülen zusammen. Dementsprechend werden andere

Moleküle schneller mittels Diffusion durch den Stoff transportiert. Ein schneller Transport von benötigten Stoffen im Körper ist aus vielen Gründen sehr hilfreich. Das werden wir später noch näher beleuchten. Der wichtigste Vorteil ist jedoch die Reaktionsgeschwindigkeit. Chemische Reaktionen laufen umso schneller ab, je höher die Temperatur ist. Deswegen halten Säugetiere ihre Körpertemperatur bei etwa 37 °C. Das ist nämlich die höchstmögliche Temperatur, bei der es noch keine Probleme durch Zersetzung von Enzymen und anderen Biomolekülen gibt. Schafft es ein Organismus allerdings, diese Zersetzung zu unterbinden, dann kann er seine Körpertemperatur weiter steigern. Dadurch laufen die chemischen Reaktionen in seinem Inneren deutlich schneller ab. Selbst wenn sich das eine oder andere Enzym zersetzen würde, wäre das dann eventuell verkraftbar. Enzyme dienen schließlich dazu, chemische Reaktionen im Organismus zu beschleunigen. Möglicherweise haben die Excalbianer also aufgrund ihrer hohen Körpertemperatur Enzyme gar nicht nötig.[8]

1.3   Leben ohne Körper

Körper können eine sehr lästige Angelegenheit sein. Man muss ständig aufpassen, dass man sich nirgends stößt und verletzt. Körper halten keine besonders hohen Temperaturen aus. Sonst zersetzen sich die Proteine. Körper mögen andererseits wieder keine zu niedrigen Temperaturen. Sonst müssen zu viele Nährstoffe verbrannt werden und chemische Reaktionen laufen langsamer ab. Körper gehen kaputt, wenn sie mit den falschen Chemikalien in Kontakt kommen. Körper werden krank, wenn sie sich mit Viren oder Bakterien infizieren. Körper sind der Schwerkraft unterworfen. Körper werden durch Feststoffe daran gehindert, durch Wände zu gehen. All das ist äußerst ärgerlich und schränkt die Möglichkeiten, die man als körperliches Lebewesen hat, stark ein.

In den unendlichen Weiten des Weltraums gibt es offensichtlich – so lernen wir aus Star Trek – einige Spezies, die sich so weit entwickelt haben, dass Körper sie nicht mehr einschränken. Unsere Helden aus Star Trek treffen beispielsweise auf

---

[8] Zumindest ist die Wichtigkeit von Enzymen zur reinen Beschleunigung der Reaktionen bei hohen Körpertemperaturen weniger wichtig. Durch die Beschleunigung der gewünschten Reaktionen verschaffen Enzyme diesen jedoch auch einen Vorteil gegenüber den unerwünschten. Auf diese Weise tragen Enzyme dazu bei, dass die richtigen Reaktionen im Organismus ablaufen und unerwünschte Reaktionen indirekt unterdrückt werden, weil sie gegenüber den erwünschten zu langsam sind.

eine ganze Reihe von körperlosen Lebensformen. Man denke nur an das nebelförmige Lebewesen, auf das die Enterprise von Captain Kirk in der 18. Episode der 2. TOS-Staffel, *„Tödliche Wolken"*, trifft. Oder an den Companion, mit dem das Außenteam der Enterprise in der 2. Episode der 2. TOS-Staffel, *„Metamorphose"*, Bekanntschaft macht. Nicht zu vergessen das körperlose Lebewesen, das sich von Hass ernährt und deshalb Kirk und seine Crew in der 11. Episode der 3. TOS-Staffel, *„Das Gleichgewicht der Kräfte"*, gegen die Klingonen kämpfen lässt. Auch spätere Sternenflottencrews machen Bekanntschaft mit körperlosen Lebewesen. Man denke an das Nagilum, mit dem sich Captain Picard und die Crew der Enterprise-D in der 2. Episode der 2. TNG-Staffel, *„Illusion oder Wirklichkeit?"*, herumschlagen müssen. Oder das körperlose Wesen aus der 21. Episode der 4. DS9-Staffel, *„Die Muse"*, das Jake Sisko zu höchsten schriftstellerischen Leistungen animiert. Nicht zu vergessen die photonischen Lebensformen, die der Crew der Voyager in der 12. Episode der 5. VOY-Staffel, *„Chaoticas Braut"*, Probleme machen, oder die Organier, die nicht nur auf der Enterprise von Captain Archer in der 11. Episode der 4. ENT-Staffel, *„Beobachtungseffekte"*, auftauchen.

All das ist bloß eine kleine Auswahl. Man könnte die Liste noch weiter fortsetzen. Körperlose Lebensformen faszinieren die Leute offenbar noch mehr als Lebensformen auf Basis von Silizium. Grund genug, einmal einen Blick auf körperlose Lebewesen zu werfen. Von Lebensformen, die nur aus reiner Energie bestehen, wollen wir hier gar nicht anfangen. Das wäre so weit jenseits von allem, was wir kennen, dass wir uns ohnehin keinen Begriff davon machen können. Deshalb wollen wir uns hier lediglich einmal kurz die einfachste Grundform von körperlosen Organismen ansehen: Gasförmige Lebewesen.

Mit welchen Herausforderungen hätte ein solches Nebelwesen zu kämpfen? Wie könnte seine Biochemie aussehen? In der 6. Episode der 1. VOY-Staffel, *„Der mysteriöse Nebel"*, erfahren wir, dass der kosmische Nebel, der sich als Lebensform entpuppt, aus Wasserstoff, Helium und Hydroxylradikalen besteht. Außerdem scheint es in seinem Inneren noch Omicron-Partikel zu geben.

Was Omicron-Partikel sind, das lässt sich nach aktuellem Stand der Wissenschaft nicht beantworten. Es gibt zwar Elementarteilchen, die mit dem griechischen Buchstaben Omega bezeichnet werden. Ein Omicron-Partikel ist indes bisher nicht bekannt. Es darf davon ausgegangen werden, dass diese Omicron-Partikel eine große Rolle dabei spielen, den Nebel tatsächlich zu einer Lebensform zu machen. Denn die anderen Stoffe eignen sich nicht wirklich, um eine Biochemie zu unterhalten. Wasserstoff und Helium sind zwar häufig im Universum. Insbesondere mit Helium lässt sich chemisch jedoch überhaupt nichts anfangen. Wenn man mit keinem anderen Atom eine Bindung eingehen kann, dann kann man nichts zur Biochemie beitragen. Das ist bei Helium der Fall und daher ist dieses Element völlig nutzlos für jede Biochemie. Nicht nur für die uns bekannte, irdische Biochemie. Wasserstoff ist zwar in der Lage, chemische Verbindungen einzugehen. Andererseits kann er sich lediglich daran beteiligen. Als Grundstoff kann er nicht fungieren. Wie wir schon gesehen haben, ist Wasserstoff einbindig. Wenn man nur zu einem einzigen anderen Atom eine Bindung aufbauen kann, dann kann man (ohne die Hilfe eines weiteren Elements wie Kohlenstoff) nur zweiatomige Moleküle bilden. Damit kann man immer noch nicht wirklich etwas anfangen.

Ein bisschen mehr könnte ein Lebewesen vielleicht mit den Hydroxylradikalen anstellen. Der Begriff Hydroxyl weist darauf hin, dass man es mit einer Verbindung aus Wasserstoff und Sauerstoff zu tun hat. Sauerstoff ist zumindest schon mal zweibindig. Abgesehen davon, dass lange Ketten aus Sauerstoffatomen instabil sind, lassen sich daraus trotzdem keine komplexen Moleküle aufbauen. Es fehlt die Möglichkeit zur Verzweigung der Kette. Der Umstand, dass die Hydroxyle als Radikale vorliegen, weist obendrein darauf hin, dass wir es mit „unvollständigen" Molekülen aus Sauerstoff und Wasserstoff zu tun haben. Diese sind sehr reaktionsfreudig. Daher nennt man sie Radikale. Bei Radikalen führt – vereinfacht gesagt – eine Bindung ins Nichts. An dieser Stelle ist das Molekül sehr bestrebt, eine Bindung einzugehen, weil es dort auf gewisse Weise nur eine halbe Bindung hat. Daher rührt die hohe Reaktionsfreudigkeit. Normalerweise will man Radikale vom Körper eher fernhalten. Durch ihre hohe Reaktionsfreudigkeit machen sie leicht andere Moleküle „kaputt". Für den außerirdischen Gasorganismus könnten Reaktionen, die diese Radikale durchführen, hingegen zumindest theoretisch Energie liefern. Eine richtige Biochemie funktioniert damit aber trotzdem nicht. Ganz abgesehen davon, dass die Scanner der Voyager offensichtlich keine nennenswerten Mengen der entsprechenden Reaktionspartner oder -produkte finden. Wenn die Bedingungen so sind, dass die Hydroxylradikale anständig reagieren können, dann sollte man Stoffe wie Wasser oder Wasserstoffperoxid im Nebel finden.[9]

---

[9] Hydroxylradikale besitzen am Sauerstoffatom jeweils ein einzelnes Elektron. Das ist die Bindung „ins Nichts". Wenn zwei Radikale aufeinandertreffen, dann verknüpfen sie sich so, dass sich die zwei „halben Bindungen" zu einer „ganzen Bindung" vereinigen. Im Fall zweier Hydroxylradikale würde sich also ein Molekül bilden, bei dem zwei Sauerstoffatome mit einander verknüpft sind (dieser Molekültyp wird Peroxid genannt). Da an jedem der Sauerstoffatome noch ein Wasserstoffatom hängt, wäre die entstehende Verbindung Wasserstoffperoxid. Wie alle Peroxide ist dieses aber eher instabil, weswegen seine Zersetzung in der Folge nicht überraschend wäre. Bei der Zersetzung würde unter anderem Wasser entstehen.

Ähnlich sieht es beim oben erwähnten Companion aus, einer körperlosen Lebensform, der Captain Kirk in der 2. Episode der 2. TOS-Staffel, „*Metamorphose*", begegnet. Dieser besteht nur aus Energie und ionisiertem Wasserstoff. Die viele Energie dürfte erklären, warum der Wasserstoff ionisiert ist. Damit wäre der Companion trotzdem nur eine Wolke aus Wasserstoffplasma[10]. Er wäre damit recht gut elektrisch leitfähig. Trotzdem: Das ergibt aber noch keine Biochemie. Zum Leben braucht es einen Organismus. Dieser muss in der Lage sein, irgendetwas aktiv tun zu können. Sonst ist es kein lebender Organismus. Er braucht Moleküle, die Funktionen im Organismus übernehmen. Es braucht zum Beispiel Proteine oder ähnliche Stoffe, um Strukturen aufzubauen. Ohne irgendeine Struktur kann im Grunde genommen kein Prozess ablaufen. Wenn diese Strukturen schon keine richtigen Organe sind, dann sollte es zumindest Gebilde wie Zellen geben. Ohne Proteine (oder etwas ähnliches) kann man so etwas schlichtweg nicht aufbauen. Zusätzlich braucht es so etwas wie Nukleinsäuren (also eine Art DNA), in denen die Erbinformation gespeichert ist. Sonst könnte sich der Organismus zumindest nicht fortpflanzen und realistisch gesehen eigentlich auch keine Biomoleküle synthetisieren. All das sind komplexe Moleküle. Allein mit Wasserstoff und vielleicht etwas Sauerstoff kann man hingegen nur eine Wolke sein. Leben funktioniert so nicht.

Eine ernsthafte chemische Herausforderung dürfte außerdem die Reaktionsgeschwindigkeit darstellen. Damit eine chemische Reaktion abläuft, müssen die entsprechenden Moleküle aufeinandertreffen. Das passiert umso häufiger, je geringer die Abstände zwischen den Molekülen beieinander sind. Die irdische Biochemie läuft nahezu vollständig in wässriger Lösung ab. Sprich: In einer Flüssigkeit. In Flüssigkeiten sind die Moleküle ähnlich eng gepackt wie in einem Feststoff. Die Anordnung ist lediglich etwas chaotischer. Durch den geringen Abstand kommt es sehr häufig zu Zusammenstößen. Durch häufige Zusammenstöße kann es häufig zu Reaktionen zwischen den Molekülen kommen. Die Reaktionsgeschwindigkeit ist entsprechend hoch. Bei einem Gas ist der mittlere Abstand zwischen den Molekülen sehr viel größer. Es kommt deshalb

---

[10] Der Begriff Plasma bezeichnet ein Gas, bei dem die Atome zumindest einen Teil ihrer Elektronen abgegeben haben. Auf gewisse Weise besteht das Gas dann aus zwei Arten von Teilchen: Anionen und Elektronen (plus oft einem gewissen Teil nicht ionisierter Atome beziehungsweise Moleküle). Die Anionen sind die Atomrümpfe, die übrigbleiben, wenn ein Teil der Elektronen abgegeben wurde. Im Extremfall wurden alle Elektronen abgegeben. Dann ist der Atomrumpf nur noch der Atomkern. Da ein Wasserstoffatom nur ein Elektron hat, handelt es sich bei Wasserstoffplasma zwangsläufig um Atomkerne. Teilweise ionisieren kann man ein Wasserstoffatom nämlich nicht. Ein Plasma kann beispielsweise durch hohe Temperaturen, aber auch durch Strahlung entstehen.

seltener zu Zusammenstößen. Befindet sich das Gas außerdem noch im Weltraum, dann ist der Druck sehr niedrig. Entsprechend groß (oder aus molekularer Sicht besser gesagt: gigantisch) sind die durchschnittlichen Abstände zwischen den Molekülen. Das wirkt sich wiederum auf die Häufigkeit der Zusammenstöße aus. Chemische Reaktionen laufen dementsprechend langsam ab. Eine gasförmige Lebensform wäre deshalb kaum in der Lage beispielsweise schnell viel Energie aufzubringen. Damit ist ihre Leistungsfähigkeit sehr gering.

Ein weiteres Problem für körperlose Lebensformen wäre der Zusammenhalt der Moleküle. Was hindert die Gasmoleküle daran, sich über den Weltraum zu verteilen? Oder, wenn sich das Gaslebewesen auf einem Planeten befindet, was hindert es daran, sich mit der Atmosphäre des Planeten zu vermischen? Um ihre Bestandteile zusammenzuhalten, sind Zellen von Organismen auf der Erde von Membranen umgeben. Membranen sind jedoch feste Strukturen. Da sie zwar nur Mikrometer dick und gut verformbar sind, mögen sie auf uns nicht gerade einen allzu festen Eindruck machen. Nichtsdestotrotz ist eine Membran ein Feststoff. Dieser Feststoff begrenzt den Körper eines biologischen Organismus. Dank der Zellmembranen werden unsere Zellen zusammengehalten. Dadurch bleiben diejenigen Zellbestandteile, die zusammenbleiben sollen, tatsächlich zusammen. Es mag die Faszination von körperlosen Lebensformen ausmachen, dass sie eben keinen begrenzten Körper haben. Doch wenn sie sich einfach so immer weiter in der Umgebung verteilen, dann können sie nicht lange überleben. Sie zerfließen einfach – eine Vorstellung, die andererseits wiederum nicht besonders faszinierend wäre.

Ein Ausweg aus diesem Dilemma könnte die Gravitation sein. Zumindest ein riesiger kosmischer Nebel wie der gerade diskutierte, könnte einfach durch seine eigene Schwerkraft zusammengehalten werden. Wenn das Nebelwesen wirklich mehrere astronomische Einheiten groß und seine Dichte nicht zu klein ist, dann hat es eine gewisse Masse. Masse wiederum führt zu Anziehung in Form von Gravitation. Dieses Schwerefeld könnte das Nebelwesen zusammenhalten. Kurioserweise ist ausgerechnet dieses Nebelwesen allerdings die einzige körperlose Lebensform bei Star Trek, die so etwas wie eine Zellmembran zu besitzen scheint. Das bemerkt die Crew der Voyager jedoch erst, nachdem sie sie beschädigt hat, indem sie einfach hindurchgeflogen ist, und ein großes Loch darin hinterlassen hat. Zum Glück für das Nebelwesen wird dieses Loch aber von einem Raumschiff der Sternenflotte verursacht. Die Voyager fliegt natürlich nicht einfach weiter. Erst wird eine Möglichkeit gefunden, um die Wunde mit einer neuartigen Form der Weltraumchirurgie zu „nähen".

1.4   Das Überschreiten der Schwelle

Eine Folge, die naturwissenschaftliche Fragen aufwirft wie kaum eine andere, ist die 15. Episode aus der 2. VOY-Staffel. Sie trägt den deutschen Titel: *„Die Schwelle"*. Die Voyager hatte bei ihrer Heimreise aus dem Deltaquadranten eine völlig neue Dilithiumform entdeckt. Was Dilithium eigentlich ist, wäre chemisch zweifellos eine unheimlich spannende Frage. Es wird bei Star Trek schließlich unzählige Male erwähnt und spielt für den Warp-Antrieb eine ganz entscheidende Rolle. Offensichtlich lässt es sich auch nicht einfach synthetisieren, sondern muss auf fremden Planeten bergmännisch gewonnen werden. Wenn eine solche Synthese selbst im 24. Jahrhundert noch nicht möglich ist, dann legt das die Vermutung nahe, dass es sich bei Dilithium um ein (uns noch unbekanntes) chemisches Element handelt. Wie man sich eine neue, bisher unbekannte Form eines bekannten chemischen Elements vorzustellen hat, ist eine weitere spannende Frage. Ein neues Isotop scheint hierfür die einzige Erklärung zu sein, die nach heutigem Kenntnisstand Sinn ergibt. Dann enthielte der Atomkern bei dieser neuen Dilithiumform einfach ein paar Neutronen mehr oder weniger. Seine chemischen Eigenschaften wären unverändert, einige physikalische Eigenschaften könnten sich aber signifikant unterscheiden.[11]

Diese neue Form des Dilithiums besitzt offenbar ganz bemerkenswerte physikalische Eigenschaften, denn es ermöglicht den Bau eines Transwarp-Antriebs. Der Warp-Antrieb erlaubt es den Raumschiffen der Sternenflotte, schneller zu reisen als das Licht. Hiervon ist die derzeitige Forschung und Entwicklung der Menschheit noch weit entfernt. Nach aktuellem Stand sagt uns die Relativitätstheorie, dass das nicht so einfach möglich ist. In der Zukunft wird man dieses Problem jedoch irgendwie lösen und so zu fremden Planeten reisen können (sonst hätten wir es mit einem ernsthaften Fehler bei Star Trek zu tun und den Gedanken wollen wir nun wirklich von uns weisen). Für die Voyager ist Warp-Geschwindigkeit allerdings immer noch zu langsam. Sie befindet sich nämlich

---

[11] Auf das Thema Isotope werden wir nochmal zu sprechen kommen. Theoretisch könnte man sich noch vorstellen, dass es bei der neuen Dilithiumform um Isomere geht. Isomerie ist eigentlich ein Begriff, der in der Chemie eine große Rolle spielt, aber nichts mit den Eigenschaften der Atome selbst zu tun hat, sondern mit deren Anordnung im Molekül. Der Begriff der Isomere findet aber auch in der Kernphysik Anwendung und bezeichnet Atomkerne, die sich weder in der Protonen- noch in der Neutronenzahl unterscheiden, aber unterschiedliche Energieniveaus aufweisen. Energetisch angeregte Zustände von Atomkernen wandeln sich, selbst wenn sie sehr langlebig sind, normalerweise innerhalb von Nanosekunden wieder in den Grundzustand um. Dabei wird Gammastrahlung frei. Doch vielleicht gibt es im Delta Quadrant ja ein weiteres stabiles Isomer von Dilithium.

am anderen Ende der Galaxie und bräuchte selbst bei der höchsten Geschwindigkeit, die ihr Warp-Antrieb hergibt, 70 Jahre, um zurück zur Erde zu gelangen. Die Entdeckung der Grundlagen für eine Reise mit Transwarp ist deshalb für die Besatzung der Voyager von ganz besonderem Interesse. Transwarp bedeutet nämlich unendliche Geschwindigkeit. Man könnte jeden Punkt des Universums zugleich einnehmen oder wäre binnen eines Wimpernschlags zu Hause. Kein Wunder also, dass man sich mit aller Kraft daran macht, die entsprechende Technologie zu entwickeln, was in der bemerkenswert kurzen Zeit von nur einem Monat gelingt.

Die Möglichkeit unendlicher Geschwindigkeit ist physikalisch sicherlich sehr faszinierend, soll uns hier aber nicht weiter beschäftigen. Auch die Frage, wie der menschliche Sinnesapparat die Eindrücke aus dem gesamten Universum auf einmal aufnehmen soll und wie das Gehirn sie verarbeiten soll, wollen wir jetzt nicht weiter diskutieren. Was mit dem Piloten des ersten Transwarp-Flugs passiert, ist biochemisch nämlich viel spannender.

Tom Paris darf, entgegen dem medizinischen Rat des Schiffsarztes, das Shuttle Cochrane steuern. Er verliert beim Flug zwar das Bewusstsein, scheint die Reise durch das gesamte Universum ansonsten jedoch gut verkraftet zu haben. Zumindest was den ersten Eindruck angeht. Nicht lange nach seiner Rückkehr beginnt sein Körper sich allerdings mit rasendem Tempo zu verändern. Er entwickelt eine Allergie gegen Wasser und kann normale Luft nicht mehr atmen. Um Tom Paris dennoch weiterhin eine Atmung zu ermöglichen, ersetzt der Doktor den Sauerstoff in einem kleinen Teil der Krankenstation durch Acidichlorid.

Die Frage, was das für ein Stoff sein soll, gibt durchaus Rätsel auf. Der Wortbestandteil „Dichlorid" legt nahe, dass das entsprechende Molekül zwei Chloratome enthält. Diese befinden sich an einem molekularen Grundgerüst, das mit der Silbe „Aci-" näher spezifiziert wird. Nach den Regeln der IUPAC zur Nomenklatur chemischer Verbindungen lässt sich dieser Bestandteil des Moleküls leider nicht identifizieren. Der Eine oder Andere mag den Buchstaben „d" alternativ dem Wortbestandteil „Aci" zuordnen. Dann kann man den ersten Teil des Wortes als „Acid" lesen (englisch für Säure). Es stellt sich aber die Frage, was es mit dem „i" zwischen „Acid" und „Chlorid" auf sich hätte. Wenn man noch ein zweites „d" in das Wort einfügte, dann ergäbe sich ein Molekül, das auf irgendeiner Säure und zwei Chloratomen basiert. Säuren, die zwei Chloratome im Molekül enthalten, gibt es zwar durchaus (zum Beispiel: Dichloressigsäure, die als Lösungsmittel und Ausgangsstoff für die Synthese einiger anderer Stoffe eingesetzt wird). Was der Doktor jetzt genau verwendet, um dem mutierenden Tom Paris das Atmen zu ermöglichen, bleibt indes unklar.

Die rasanten Veränderungen, die der Körper von Tom Paris durchmacht, werden vom Doktor schließlich als ein natürlicher Prozess erklärt. Offenbar durchläuft der Lieutenant die normale evolutionäre Weiterentwicklung. Das ist recht bemerkenswert, wenn man verstanden hat, was Evolution eigentlich ist. Die Evolutionstheorie besagt, dass sich Organismen im Lauf der Zeit an veränderte Lebensbedingungen anpassen. Dabei setzt sich diejenige Erbinformation durch, die zu körperlichen Merkmalen führt, die am besten zur Umwelt passen. Hier gibt es gleich zwei Aspekte zu beachten.

Der erste Punkt ist, dass es um eine Anpassung an geänderte Lebensbedingungen geht. Die Evolution steuert nicht zielgerichtet auf eine „höhere" Lebensform zu. Mehr Körpergröße oder Intelligenz können sich durchaus durchsetzen. Müssen sie aber nicht. Es hängt von der Umwelt ab, was „höher" ist. Wenn sich diese ändert, dann setzen neue evolutionäre Prozesse ein, die in eine andere Richtung führen. Die Entwicklung von winzigen Einzellern hin zu riesigen Dinosauriern hatte durchaus Vorteile. Deshalb ist sie in der Vergangenheit abgelaufen. Wenn sich die Umweltbedingungen hingegen irgendwann ändern, dann ist das scheinbar „höhere Lebewesen" mit seiner großen Körpergröße auf einmal im Nachteil und erleidet das gleiche Schicksal wie dereinst die Dinosaurier oder später das Mammut und andere Urzeitgiganten. Es gibt deshalb für die Evolution kein „höher" entwickelt, sondern nur ein „besser angepasst".[12] Je nachdem in welcher Umwelt die Organismen leben, kann die beste Anpassung etwas ganz Unterschiedliches sein. Dementsprechend gibt es auch keine vorgezeichnete Richtung, in die eine evolutionäre Entwicklung verlaufen würde. Ein bisschen deutet sich das am Ende der Episode an. Nachdem Tom Paris Captain Janeway überwältigt und mit ihr einen zweiten Transwarp-Flug unternommen hat, stranden die beiden schließlich auf einem fremden Planeten. Dort finden sie sich in einem sumpfigen Urwald wieder, wo sie sich keineswegs zu mega-intelligenten Supermenschen entwickeln. Stattdessen werden sie zu großen Amphibien, die in einem Erdloch ihre Jungen zur Welt bringen. Ein sumpfiger Urwald gibt eben ganz andere Randbedingungen vor als ein hochtechnisiertes Raumschiff. Eine optimale Anpassung führt dort zu einem gänzlich anderen Ergebnis.

---

[12] Darwins berühmte Formulierung „survival of the fittest" meint dementsprechend im Deutschen nicht die Auswahl (also die Überlegenheit) des Stärksten, sondern des Bestangepassten. Das englische Wort „fit" hat an dieser Stelle nichts mit Fitness im Sinn von körperlicher Stärke zu tun, sondern kommt von „to fit" (passen). Wenn Größe und Stärke das sind, was bei den gegebenen Umweltbedingungen am besten ist, dann setzt sich der Größte und Stärkste durch. Wenn die Bedingungen anders sind, dann setzt sich eventuell der Kleinste durch. Denn unter geänderten Bedingungen, z. B. mit Nahrungsknappheit, bedeutet Größe vielleicht einen echten Nachteil, weil sie einen großen Bedarf an Nahrung nach sich zieht.

Der zweite Punkt ist die Geschwindigkeit der Evolution. Tom Paris verwandelt sich binnen weniger Tage in eine Lebensform, die sich stark von konventionellen Humanoiden unterscheidet. Zwar können Bakterien innerhalb bemerkenswert kurzer Zeit über evolutionäre Prozesse Anpassungen an geänderte Umweltbedingungen vornehmen. Dabei besteht jedoch ein ganz wesentlicher Unterschied. Die Generationsdauer von Bakterien kann unter Umständen deutlich weniger als eine Stunde betragen. Wenige Tage sind dann bereits etliche Generationen. Bei Tom Paris finden in diesen paar Tagen dagegen exakt null Generationswechsel statt. Dementsprechend kann überhaupt keine Evolution stattfinden.

Evolution basiert darauf, dass sich diejenigen stärker fortpflanzen, die an die gegebenen Umweltbedingungen besser angepasst sind.[13] Wer sich nicht (oder weniger) fortpflanzt, weil er zum Beispiel nicht überlebt, dessen Gene werden in zukünftigen Generationen weniger stark verbreitet sein. Deshalb nähert sich der Genpool einer Population dem Genom derjenigen Individuen an, die sich am stärksten fortpflanzen. Die daraus folgenden Änderungen der genetisch bedingten Merkmale nennt man Evolution. Ohne Fortpflanzung gibt es folglich keine evolutionäre Entwicklung. Ein Individuum kann deshalb innerhalb seiner eigenen Lebensspanne keine Evolution durchmachen.

Was geschieht also mit Tom Paris? Eine klassische Evolution kann es offenbar nicht sein. Die lässt sich zum einen nur eingeschränkt beeinflussen (beispielsweise durch Radioaktivität, weil es dadurch mehr Mutationen und in der Folge größere Veränderungen pro Generation gibt, oder durch stark geänderte Umweltbedingungen, weil dadurch ein größerer Teil der Population stirbt und dadurch nur noch diejenigen zur Fortpflanzung kommen, die mit diesen Bedingungen aufgrund ihrer genetischen Konstitution besser umgehen können). Zum anderen geht es schließlich nur um ein einzelnes Individuum und keine Abfolge von Generationen. Diese Frage ist biochemisch recht interessant.

Irgendwie scheint die Reise mit unendlicher Geschwindigkeit einen Prozess in Gang gesetzt zu haben, der Toms Erbgut permanent umschreibt. Mögliche Ursachen, die Mutationen induzieren, sind heute schon etliche bekannt. Radioaktive Strahlung kann beispielsweise zu Mutationen führen. Oder eine ganze Reihe von chemischen Stoffen. Solche Stoffe werden als mutagen bezeichnet. Beispiele für derartige Mutagene sind Phenol oder Benzol. Da nicht mal die Medizin des

---

[13] Hier liegt ein zweites, weitverbreitetes Missverständnis zur Evolution. Es geht dabei nicht in erster Linie darum, selbst zu überleben, sondern darum, sich fortzupflanzen. Überleben ist insofern wichtig, dass es in gewisser Weise eine Voraussetzung für erfolgreiche Fortpflanzung ist. Wer zehn Nachkommen hat, aber letztlich recht früh stirbt, ist evolutionär trotzdem erfolgreicher als jemand, der uralt wird, aber nur ein oder zwei (überlebende) Nachkommen hat.

24. Jahrhunderts diese Folge des Transwarp-Flugs wirklich verstanden hat, lässt sich für uns natürlich schwer sagen, was da eigentlich los war. Wir können aber zumindest mal versuchen, die Problematik an sich zu verstehen.

Hierfür müssen wir uns zunächst einmal vergegenwärtigen, wie sich die DNS-Moleküle eigentlich im Körper verteilen. Das Erbgut eines Menschen wird nicht in einem zentralen Organ gespeichert. Deshalb kann man es nicht einfach an diesem Ort ändern und hat damit das Genom des ganzen Menschen geändert. Stattdessen gibt es mehrere Kopien der Erbinformation. Und wir reden hier nicht von ein oder zwei Sicherungskopien. Die DNS-Moleküle mit der genetischen Information eines Menschen sind in etwa 100-billionenfacher Ausfertigung vorhanden. Aus so vielen Zellen besteht der Körper eines erwachsenen Menschen (plus minus ein paar zig Billionen). In jeder dieser Zellen (präziser gesagt: im jeweiligen Zellkern) findet sich eine Kopie des DNS-Moleküls. Wenn der Transwarp-Flug also in einer dieser Zellen eine Veränderung eines DNS-Moleküls auslöst, dann hat das mehr oder minder keinerlei Auswirkungen. Ein geändertes Genom in einer Einzelzelle ist völlig belanglos. Durch die geänderte DNS mag diese Zelle etwas andere Proteine produzieren. Ihre Biochemie ist dadurch nicht mehr die gleiche. Gemessen an der Gesamtzahl der Körperzellen ist das indes komplett irrelevant. Nur wenn die Veränderung dazu führt, dass sich die Zelle sehr stark vermehrt, dann spielt das eine Rolle. Die Zelle wird dann zum Ursprung eines Tumors. Nennenswerte Änderungen am Erscheinungsbild oder den Fähigkeiten eines Menschen kann die Mutation einer einzelnen Zelle dagegen nicht bewirken.

Die Mutation müsste dementsprechend sehr viele Zellen gleichzeitig betreffen. Damit der Mensch eine echte Umwandlung erlebt, müsste im Grunde genommen jede Zelle des Körpers mutieren. Und hier liegt die eigentliche Herausforderung: Wieso sollten sie alle gleich mutieren? Eigentlich müsste jede Zelle auf andere Weise mutieren. Werfen wir mal einen Blick auf die biochemischen Grundlagen von Mutationen.

Mutationen treten normalerweise auf, wenn beim Kopieren der DNS ein Fehler auftritt. Kopiert wird die DNS ständig. Immer wenn sich eine Zelle teilt, dann muss sie ihre DNS verdoppeln, um der Tochterzelle die volle Erbinformation mitzugeben. Dafür wird die Erbinformation, die im DNS-Molekül gespeichert ist, quasi einmal „abgeschrieben". DNS-Moleküle bilden bekanntlich die berühmte Doppelhelix. Zwei molekulare Stränge sind dabei ineinander verdrillt. Jeder dieser Stränge besteht – vereinfacht gesagt – aus Phosphorsäure-Molekülen und Desoxyribose-Molekülen, die immer im Wechsel miteinander verknüpft sind. Dadurch entsteht eine lange Kette. An jedem Desoxyribose-Molekül hängt wiederum eine Kernbase. Von denen gibt es vier verschiedene:

Adenin, Guanin, Thymin und Cytosin.[14] Die beiden Molekülstränge der Doppelhelix werden strenggenommen gar nicht zu einem gemeinsamen Molekül verbunden. Es besteht nämlich keine kovalente Bindung zwischen ihnen, sondern nur sehr viele Wasserstoffbrückenbindungen. Das muss uns jetzt aber nicht weiter interessieren.

Die beiden Stränge der Doppelhelix ergänzen sich komplementär. Das bedeutet nicht, dass sie identisch wären. Gewissermaßen findet sich im anderen Strang immer genau das Gegenstück. Wenn sich im einen Strang ein Adenin-Molekül findet, dann befindet sich an der entsprechenden Stelle im anderen Strang ein Thymin-Molekül. Ist im einen Strang ein Guanin-Molekül vorhanden, so hat man auf der Gegenseite ein Cytosin-Molekül. Es gibt immer eine Paarung Adenin-Thymin beziehungsweise Guanin-Cytosin. Wird die DNS nun kopiert, dann wird die Doppelhelix getrennt und an jeden der Stränge lagern sich die passenden Kernbasen (zusammen mit dem Desoxyribose- und Phosphorsäurerest) an: Immer Adenin und Thymin zusammen und Guanin und Cytosin zusammen. Auf diese Weise können sich DNS-Moleküle verdoppeln. Im Ergebnis entstehen zwei identische Moleküle, die dem Ausgangsmolekül genau entsprechen.

Eine Mutation tritt auf, wenn dabei ein „Abschreibefehler" passiert. Ursachen kann es dafür viele geben. Radioaktive Strahlung kann beispielsweise einzelne Kernbase-Moleküle beschädigen. Dadurch werden sie beim Abschreiben übersehen. Mutagene Stoffe können sich alternativ beim Abschreiben quasi dazwischenschieben. Auch das kann wieder zu einem Abschreibfehler führen. Stoffe, die den Kernbasen chemisch sehr ähnlich sind, können fälschlicherweise mit abgelesen werden. In all diesen Fällen ist die Kopie nicht mehr identisch mit der Vorlage. Eine solche Mutation hat zumeist keine nennenswerten Auswirkungen. Wenn die Folge keine unkontrollierte Vermehrung (Krebs) ist, ist es eigentlich egal. Im schlimmsten Fall stirbt die Zelle. Bei 100 Billionen Zelle fällt das für den Körper kaum ins Gewicht. Nur wenn die Mutation eine Keimzelle (Eizelle oder Spermium) betrifft, wird die Mutation relevant. Denn dann kann sie an die Nachkommen weitergegeben werden. Bei den Nachkommen tritt die Mutation dann in allen Zellen des Körpers auf, weil sie alle aus den elterlichen Keimzellen entstanden sind. In diesem Fall kann die Mutation einen Einfluss auf die weitere Entwicklung der Evolution haben. Überbewerten sollte man die meisten Mutationen indes nicht. Jeder Mensch unterscheidet sich durchschnittlich durch etwa 50 Mutationen von seinen Eltern (in anderen Worten: Wir sind

---

[14] So ist es zumindest im Fall der DNA. Bei der RNA, die dazu dient, die Erbinformation in Proteine umzusetzen, wird statt Thymin Uracil verwendet. Die beiden Moleküle sind sich chemisch recht ähnlich. Thymin hat lediglich eine zusätzliche Methylgruppe.

alle Mutanten!). Angesichts des enormen Umfangs des menschlichen Genoms fällt das in der Regel kaum ins Gewicht. Nur die wenigsten Mutationen bewirken tatsächlich eine ernsthafte Veränderung der Merkmale der Nachkommen. Nun zurück zu Tom Paris. Sein Körper mutiert, was durch irgendeine Strahlung beim Transwarp-Flug verursacht sein mag. Drei Dinge sind dabei jedoch auffällig:

1. Warum setzt der Prozess erst nach einer ganzen Weile ein?
2. Warum läuft der Prozess „evolutionär gerichtet" ab?
3. Warum läuft er in allen Zellen gleich ab?

Auf Frage 1 habe ich keine Antwort. Eine Strahlung kann das kaum erklären. Höchstens eine Chemikalie, die zeitverzögert wirkt, weil sie zum Beispiel erst mal in die Zellkerne eindringen muss, was etwas Zeit benötigt. Nur wie soll er diese Chemikalie beim Transwarp-Flug verabreicht bekommen haben? Frage 2 haben wir weiter oben schon diskutiert. Das Problem mit Frage 3 verstehen wir, wenn wir uns vergegenwärtigen, was wir gerade über Mutationen gelernt haben. Mutationen sind zufällige Ereignisse. Wenn zwei Zellen mutieren, dann kommt es zu zwei verschiedenen Tochterzellen. In den beiden Zellen sind höchstwahrscheinlich ganz unterschiedliche Gene mutiert. Und selbst wenn es die gleichen Gene waren, dann ist es wahrscheinlich immer noch eine andere Mutation des gleichen Gens. Und wenn 100 Billionen Zellen mutieren, dann kommt es zu 100 Billionen verschiedenen Tochterzellen. Die DNS eines Menschen in allen seinen Zellen kann durch Mutation deshalb nicht umgeschrieben werden. Das ist nur beim Generationenwechsel möglich. Kinder können eine DNS besitzen, die sich infolge von Mutationen von der ihrer Eltern (geringfügig) unterscheidet. Wenn Tom Paris nach seinem Transwarp-Flug als Ganzes mutiert, dann haben wir es mit einem biochemischen Effekt zu tun, der zumindest sehr ungewöhnlich und mit dem heutigen biochemischen Kenntnisstand nicht zu erklären ist. Vielleicht wird die Wissenschaft im 24. Jahrhundert irgendwann eine Erklärung dafür finden. Wir dürfen so lange noch weiter darüber rätseln.

Wasserstoff und die unendlichen Weiten

2

2.1 Wasserstoff atmen

In der 6. Episode der 2. DS9-Staffel, *„Das ‚Melora'-Problem"*, bahnt sich eine Romanze an. Dr. Julian Bashir verliebt sich (mal wieder). Ein neues Crew-Mitglied kommt an Bord der Raumstation: die Elaysianerin Fähnrich Melora Pazlar. Die Elaysianer stammen von einem Planeten, der sehr viel kleiner als die Erde zu sein scheint, denn die Schwerkraft ist erheblich niedriger als auf anderen Klasse-M-Planeten.[1]

Wenn wir uns an die Filmaufnahmen aus den späten 1960er- und frühen 1970er-Jahren erinnern, dann sprangen die ersten irdischen Astronauten auf dem Mond dort recht munter umher. Trotz sperriger Raumanzüge legten sie beachtliche Sprünge auf der Mondoberfläche hin. Denn sie besaßen Muskulatur und Skelett einer Spezies, die sich auf der Erde entwickelt hat. Und auf der Erdoberfläche herrscht die sechsfache Schwerkraft verglichen mit dem Mond. Die Schwerkraft des Mondes vermag einen Menschen also kaum an den Boden zu fesseln. Der menschliche Körper ist für so eine Umgebung quasi völlig übermotorisiert. Umgekehrt sieht es für Elaysianer aus. Die Elaysianer haben sich auf einem Planeten mit sehr geringer Schwerkraft entwickelt. An so ein Umfeld sind

---

[1] Alternativ wäre es auch denkbar, dass die Dichte des Planeten erheblich kleiner ist als die der Erde. Die mittlere Dichte der Erde beträgt etwa 5,5 t pro Kubikmeter. Ein Planet, der nicht zum Großteil aus Eisen besteht, hätte zwar wahrscheinlich ein erhebliches Strahlungsproblem, da ihm das Magnetfeld fehlen würde, um ihn vor kosmischer Strahlung zu schützen. Auf der anderen Seite müsste seine Dichte aber auch erheblich geringer sein. Die Dichte von Quarz, aus dem beispielsweise die äußerste Kruste der Erde zu großen Teilen besteht, beträgt nur etwa 2,7 t pro Kubikmeter. Ein Quarzplanet könnte theoretisch genauso groß wie die Erde sein, aber trotzdem eine geringere Schwerkraft haben.

© Der/die Autor(en), exklusiv lizenziert durch Springer-Verlag GmbH, DE, ein Teil von Springer Nature 2022
K. Müller, *Chemie und Science Fiction*,
https://doi.org/10.1007/978-3-662-64385-3_2

sie deutlich besser angepasst und können sich dort entsprechend agiler bewegen als die meisten Humanoiden. Auf einer bajoranischen Raumstation wie Deep Space Nine ist die künstliche Schwerkraft aber so eingestellt, wie sie auf den meisten Klasse-M-Planeten herrscht. Deren Wert ist der irdischen sehr ähnlich. Als Folge daraus ist die Elaysianerin Melora an den Rollstuhl gefesselt, wenn sie sich in der Welt der anderen Humanoiden bewegen will.

Dr. Bashir versucht für dieses Problem natürlich eine medizinische Lösung zu finden und entwickelt eine Therapie, die es Melora erlauben würde, sich quasi an unsere Schwerkraft anzupassen. Der Haken dabei: Sie dürfte dann aus medizinischen Gründen nicht mehr in ihre Welt zurückkehren. Die Romanze leidet, trotz eigentlich gegebener räumlicher Nähe, an einem klassischen Fernbeziehungsproblem: Die beiden Liebenden leben in zwei verschiedenen Welten und zwar im wahrsten Sinne des Wortes. Keiner kann wirklich dauerhaft vernünftig in der Welt des Anderen leben. Das belastet natürlich eine Beziehung und wird zu einem der Hauptthemen der Episode.

Als Melora sich mit Jadzia Dax auf einem Erkundungsflug an Bord des Shuttles USS Orinoco im Gamma-Quadranten befindet, sprechen die beiden Frauen über genau dieses Problem der Beziehung zwischen Melora und Julian. Um zu zeigen, dass eine Beziehung selbst über eine schwierige Interspeziesgrenze hinweg funktionieren kann, erzählt ihr Dax von einem Paar, das sie einst kannte: Einer der beiden Partner war ein normaler, sauerstoffatmender Humanoid. Der zweite Partner war ein wasserstoffatmender Lothra. Die beiden waren also ein Paar, das sich nicht mal für längere Zeit im gleichen Raum aufhalten konnte.[2]

Chemisch wirklich spannend wird nun die Frage, wie man sich wasserstoffatmende Organismen vorzustellen hat. Fangen wir erst mal mit einem Blick auf die uns bekannten Sauerstoffatmer an, zu denen auch wir Menschen zählen. Warum atmen wir eigentlich? Das ist vor allem eine Frage der Effizienz. Alle tierischen Lebensformen leben davon, dass sie energiereiche Nährstoffe wie Zucker

---

[2] Jadzia berichtet, dass die Beiden dank intensiven Trainings bis zu vierzig Minuten im gleichen Raum verbringen konnten. Für eine andere Spezies als Menschen mag das realistisch sein. Ein Problem könnte aber der Explosionsschutz sein. Selbst wenn keiner der Beiden in der Atmosphäre des anderen ein- und ausatmet – um zu „atmen" besteht Explosionsgefahr. Wenn sie sich unterhalten wollen, dann müssen sie zwangsweise ausatmen. Dadurch entsteht eine Mischung aus Luft und Wasserstoff, auch als Knallgas bekannt. Ganz zu schweigen davon, dass beim Betreten des Raums sich die Atmosphären mischen würden. Die Explosionsgrenzen von Wasserstoff sind sehr viel breiter als die anderer brennbarer Gase. Das heißt, dass schon vergleichsweise geringe Wasserstoffkonzentrationen in Luft (oder Sauerstoffkonzentrationen in Wasserstoff) explosionsfähig sind. Es lässt sich also nur hoffen, dass die beiden Nichtraucher sind (wobei dieses Laster in der Zukunft von Star Trek ohnehin nicht mehr allzu verbreitet zu sein scheint).

chemisch in energieärmere Abbauprodukte umwandeln. Um das zu tun, muss man noch nicht zwingend atmen. Viele Mikroorganismen sind zu einer anaerober Lebensweise fähig (auch der menschliche Körper ist in Situationen von Sauerstoffmangel während starker körperlicher Anstrengung eingeschränkt dazu in der Lage). Ein bei so einer anaeroben Umwandlung entstehendes Abbauprodukt ist beispielsweise Ethanol (auch bekannt als Ethylalkohol). Dieser Alkohol ist nicht nur als Bestandteil unzähliger Getränke sehr populär. Er wird auch als Kraftstoff eingesetzt.[3] Wenn etwas als Kraftstoff eingesetzt werden kann, dann muss es ziemlich viel Energie enthalten. In anderen Worten: Wenn ein Organismus Zucker anaerob in Alkohol umwandelt, dann steckt viel von der Ursprungsenergie immer noch im Abbauprodukt Alkohol (was biochemisch ein Abfallprodukt ist). Dieser Anteil der Energie steht dann nicht für den Energiebedarf des Organismus zur Verfügung. Hier kommt nun die Atmung ins Spiel.

Ein atmender Organismus wandelt Zucker, Fette & Co. nicht in Alkohol um, sondern in Wasser und Kohlenstoffdioxid. Die entsprechende Reaktion nennt man Oxidation. Der Begriff Oxidation stammt vom französischen Chemiker Antoine Laurent de Lavoisier. Er bezeichnete damit urtümlich nur die Reaktion eines beliebigen Stoffs mit Sauerstoff.[4] Im Lauf der Zeit haben Chemiker festgestellt, dass es viele Reaktionen gibt, die Reaktionen mit Sauerstoff sehr ähnlich sind. Diese Reaktionen wurden daher in den Begriff Oxidation mit eingeschlossen. Als moderne Definition des Begriffs Oxidation legte man schließlich fest, dass eine Oxidation eine Reaktion ist, bei der Elektronen abgegeben werden.

Wenn Eisen beispielsweise oxidiert, dann geben die Eisenatome jeweils zwei (und manchmal sogar drei) Elektronen ab und werden zu positiv geladenen Eisenionen. Der Sauerstoff nimmt diese Elektronen auf und bildet negativ geladene Sauerstoffionen (diese nennt man Oxidionen). Das sich bei der Oxidation bildende Eisenoxid wird durch die entgegengesetzten Ladungen der Eisen- und Oxidionen zusammengehalten. Etwas komplexer, aber vom Grundsatz genauso, funktioniert es, wenn Kohlenstoff von Sauerstoff oxidiert wird. Das Kohlenstofatom gibt dabei insgesamt vier Elektronen ab. Diese gehen aber nicht völlig auf die Sauerstoffatome über, sodass sich keine geladenen Ionen bilden. Vereinfacht

---

[3] Oft wird nicht reines Ethanol getankt, sondern Benzin wird nur ein gewisser Anteil biologisch gewonnenen Ethanols zugesetzt. E10 bedeutet beispielsweise, dass es sich um einen Ottokraftstoff mit 10 % Ethanolanteil handelt.

[4] Daher stammt auch der Begriff Oxidation. Dieser leitet sich vom Wort Oxygenium ab, was die latinisierte Form eines eigentlich aus altgriechischen Bestandteilen gebildeten Worts mit der Bedeutung „säurebildend" ist und letztlich nichts anderes als die lateinische Bezeichnung für Sauerstoff (daher kommt das O als Elementsymbol für Sauerstoff).

gesagt befinden sich die Elektronen des Kohlenstoffs nun zwischen dem Kohlenstoff und dem Sauerstoffatom.[5] Auf diese Art werden jeweils ein Kohlenstoffatom und zwei Sauerstoffatome zu einem Kohlenstoffdioxidmolekül verbunden. Der gleiche Typ von Reaktion funktioniert, wie gesagt, nicht nur mit Sauerstoff. Die mehr oder minder gleiche Reaktion lässt sich beispielsweise auch mit den Elementen Fluor, Chlor oder Brom durchführen. All diese Stoffe können als sogenannte Oxidationsmittel fungieren. Ein Oxidationsmittel ist ein Stoff, der die vom oxidiert werdenden Stoff abgegebenen Elektronen aufnimmt. Das Oxidationsmittel selbst wird dabei nicht oxidiert, sondern erlebt das genaue Gegenteil: Es wird reduziert (oder als Substantiv ausgedrückt: es erfährt eine Reduktion). Es nimmt dabei Elektronen auf (der Begriff der Reduktion beziehungsweise reduzieren wird im Folgenden noch wichtig werden).

Fassen wir zusammen: Wenn ein Humanoid atmet, dann atmet er sauerstoffreiche Luft ein. Der Sauerstoff oxidiert damit im Körper verschiedene organische Verbindungen. Er nimmt also Elektronen von diesen auf. Dabei wird Energie frei. Ein Teil dieser Energie wird in Form von Wärme frei (deswegen wird uns warm, wenn wir uns bewegen, weil mehr Oxidation im Körper stattfindet). Der Rest der Energie wird in eine andere chemische Form überführt, die uns an dieser Stelle erstmal nicht weiter zu interessieren braucht, und für alle möglichen Funktionen genutzt (z. B. die Kontraktion von Muskeln).

Wir haben aber gerade gesehen, dass Oxidation nicht zwingend nur eine Reaktion mit Sauerstoff ist, sondern nur allgemein die Reaktion mit einem Stoff, der Elektronen aufnimmt. Damit können wir anfangen uns zu überlegen, ob ein Organismus nicht auch etwas anderes als sauerstoffhaltige Luft atmen könnte. Für einen einzuatmenden Stoff wäre es hilfreich, wenn dieser ein Gas wäre. Das schränkt unsere Auswahl tatsächlich bereits ziemlich ein. Wir brauchen einen Stoff, dessen Siedetemperatur niedriger ist als die Umgebungstemperatur in der unsere Organismen leben.[6] Ein Stoff, der diese Bedingung erfüllt, wäre zum Beispiel Chlor. Wer ein bisschen im Chemie- oder Geschichtsunterricht[7] aufgepasst hat, weiß, dass Chlor ziemlich giftig ist.

---

[5] Diesen Vorgang bezeichnet man auch als Atombindung oder kovalente Bindung. Die negative Ladung der Elektronen zwischen den positiven Atomkernen wird von diesen beiden angezogen, sodass die Atome aneinandergebunden sind.

[6] Idealerweise sollte die Siedetemperatur sogar deutlich unter der Umgebungstemperatur liegen. Es wäre schließlich sehr unerfreulich, wenn die Atmosphäre anfängt zu kondensieren, nur weil auf dem Planeten mal ein etwas kälterer Tag ist.

[7] Chlor war eines der vielen Giftgase, die man im Ersten Weltkrieg eingesetzt hat, um seine Mitmenschen in großer Zahl umzubringen.

Warum ist Chlor aber so giftig? Ganz einfach: Weil es ein ziemlich starkes Oxidationsmittel ist. Chlor liebt es geradezu, anderen Stoffen Elektronen abzunehmen. Das tut es dummerweise meistens unkontrolliert und macht dabei ziemlich viel kaputt. Wenn außerirdische Organismen allerdings auf einem Planeten mit chlorhaltiger Atmosphäre entstehen, dann wäre es denkbar, dass sie eine Biochemie entwickeln, bei der diese unerwünschten Reaktionen nicht auftreten (oder, wenn sie doch auftreten, sehr schnell wieder von biochemischen Gegenmaßnahmen des Organismus abgefangen werden). Wenn Chlor nun so ein gutes Oxidationsmittel ist, dann könnte man sich doch vorstellen, dass es gezielt zur Oxidation organischer Verbindungen in einem Organismus eingesetzt wird. Statt Kohlenstoffdioxid (CO_2) entstünde dann Tetrachlormethan (CCl_4). Dessen Siedepunkt liegt bei etwa 77°C. Es ließe sich dementsprechend nicht so einfach ausatmen wie wir das mit Kohlenstoffdioxid tun. Aber es ist nicht gesagt, dass ein Organismus alle Produkte der Oxidation, die er zur Energiegewinnung einsetzt, ausatmen muss. Wir Menschen tun das im Grunde genommen auch nicht. Zwar atmen wir das Kohlenstoffdioxid aus, das ebenfalls gebildete Wasser scheiden wir hingegen zum großen Teil mit dem Urin aus. Ein außerirdisches, chloratmendes Lebewesen könnte das Gleiche mit seinem Tetrachlormethan tun.

Chlor selbst neigt allerdings ein bisschen stark dazu, andere Dinge zu oxidieren. Deswegen hätten es Lebewesen in einer stark chlorhaltigen Atmosphäre wohl tatsächlich schwer – selbst wenn sie auf einem entsprechenden Planeten entstanden und daran angepasst wären. Aber es muss ja nicht unbedingt Chlor sein. Sein unter ihm stehender Nachbar im Periodensystem der Elemente ist zum Beispiel Brom. Das hat sehr ähnliche chemische Eigenschaften, ist aber nicht ganz so reaktiv. Reines Brom wäre bei unserem Atmosphärendruck und Raumtemperatur flüssig. Auf einem anderen Planeten könnte aber ein etwas niedrigerer Druck und eine etwas höhere Temperatur herrschen und schon würde das Brom verdampfen. Außerdem brauchte es nicht unbedingt reines Brom in der Atmosphäre.[8] Zusammen mit einem anderen, nicht reagierenden Gas könnte ein gewisser Bromanteil dementsprechend durchaus in der Atmosphäre bleiben, obwohl die Siedetemperatur unterschritten ist.[9] Eine gewisse Verdünnung der Bromdämpfe durch ein anderes Gas könnte außerdem deshalb hilfreich sein, weil das immer noch recht reaktive Brom die Zellen der Lebewesen so etwas weniger schädigen würde.

---

[8] Die Erdatmosphäre, die wir atmen, besteht auch nur zu etwas mehr als einem Fünftel aus Sauerstoff. Das reicht nicht nur aus. Es ist sogar gut so, weil reiner Sauerstoff wieder ein zu starkes Oxidationsmittel wäre und Schaden im Körper anrichten würde.

[9] Man denke nur an die Verdunstung von Wasser. Bei 20°C verdunstet Wasser, obwohl seine Siedetemperatur viel höher ist, weil der Wasserdampf von der Luft verdünnt wird, was quasi einen niedrigeren Druck simuliert.

Wir können also feststellen: Außerirdische Organismen müssten nicht unbedingt eine sauerstoffhaltige Atmosphäre atmen. Es gäbe eine Reihe anderer Gase, die chemisch gesehen durchaus als Alternativen infrage kämen, auch wenn sie für auf der Erde entstandene Lebewesen tödlich wären.

Was ist nun mit dem Wasserstoff, den die Lothra atmen? Könnte es nicht irgendwo im Universum Organismen geben, die Wasserstoff einatmen und damit organische Verbindungen oxidieren? Die Antwort ist ein klares Nein. Denn Wasserstoff eignet sich nicht als Oxidationsmittel. Wasserstoff ist vielmehr ein Reduktionsmittel. Wir erinnern uns: Reduktion war die Umkehrung der Oxidation. Wenn ein Stoff reduziert wird, dann nimmt er Elektronen auf.[10] Wasserstoff kann Elektronen dafür zur Verfügung stellen. Was Wasserstoffmoleküle dagegen nicht so einfach können, ist Elektronen aufzunehmen. Wasserstoff zu atmen, um damit organische (oder auch anorganische) Stoffe zu oxidieren, funktioniert schlichtweg nicht. Eine wasserstoffhaltige Atmosphäre ist nun mal keine oxidierende, sondern eine reduzierende Atmosphäre.

Erzählt uns Star Trek an dieser Stelle also Unsinn? Müssten die Lothra in Wahrheit jämmerlich ersticken? Schließlich kann man Wasserstoff zwar einatmen, ohne dass es dabei erstmal zu irgendwelchen Schäden kommt. Aber den biochemischen Prozess der Oxidation, der der Sinn und Zweck der Atmung ist, kann Wasserstoff eben nicht unterstützen. Jadzia Dax hat aber niemals gesagt, was die Biochemie der Lothra mit dem Wasserstoff eigentlich macht. Realistisch gesehen kann die Funktion von Atmung nur in der Energieversorgung des Körpers liegen. Kann dies nicht auch durch eine Reduktion geschehen?

Vom Grundsatz her ließe sich erstmal vermuten, dass die Chancen dafür nicht gut stehen. Die Reduktion ist schließlich die Umkehrung der Oxidation. Der 1. Hauptsatz der Thermodynamik sagt uns, dass die Energie erhalten bleibt. Das heißt, dass die Energiemenge, die (in der Regel als Wärme) bei einer Reaktion frei wird, dem Unterschied im Energiegehalt von Ausgangsstoff und Produkt entspricht. Vereinfacht kann man sich das so vorstellen: Wenn die Ausgangsstoffe einen Energieinhalt von 100 Kilojoule haben und die Produkte nur noch 70 Kilojoule, dann müssen 30 Kilojoule an Wärme frei werden.[11] Für den Rückweg gilt

---

[10] Auf den ersten Blick mag es widersinnig erscheinen, dass ein Vorgang bei dem etwas aufgenommen wird, Reduktion heißt. Schließlich heißt reduzieren ja verringern und nicht vermehren. Etwas verständlicher wird es, wenn man an die Begriffsgeschichte denkt. Reduktion wurde (analog zur Oxidation) urtümlich als das Entziehen von Sauerstoff verstanden. Dabei verringert sich tatsächlich die Masse des reduzierten Stoffs.

[11] Diese Vorstellung ist deshalb etwas vereinfacht, weil man strenggenommen nicht sagen kann, dass ein Stoff diese bestimmte Menge an Energie enthält. Die Energie hat nämlich keinen Nullpunkt. Deshalb kann man immer nur Energiedifferenzen angeben. In der Praxis

das ganz genauso. Nur drehen sich die Vorzeichen um. Führt man die Rückreaktion durch, um wieder die Ausgangsstoffe zu erhalten, dann muss man in unserem Fall 30 Kilojoule an Energie zuführen.

Die Biochemie verwendet deshalb Oxidationsreaktionen zur Energiegewinnung, weil dabei meistens viel Energie frei wird. Im Umkehrschluss heißt das, dass bei deren Umkehrung (der Reduktion) die gleiche Menge an Energie wieder in die Reaktion gesteckt werden müsste. Für ein Lebewesen, das Energie gewinnen will, wäre das eine äußerst unvorteilhafte Vorgehensweise. Zumindest wenn es die Oxidationsreaktionen umkehren würde, die unsere Biochemie zur Energiegewinnung nutzt. Aber elementarer Wasserstoff taucht in diesen Reaktionen ja gar nicht auf.[12]

Was wäre denn, wenn unser außerirdischer Organismus den Sauerstoff nicht einfach als elementaren Sauerstoff abgeben würde, sondern in Verbindung mit Wasserstoff. Als Produkt aus Sauerstoff und Wasserstoff würde Wasser entstehen. In diesem Fall würden wir die Reduktionsreaktion (in die Energie reingesteckt werden muss) mit der Oxidation von Wasserstoff zu Wasser koppeln. Bei der Reaktion von Wasserstoff mit Sauerstoff wird bekanntlich sehr viel Energie frei. Sprich: Wasserstoff brennt sehr gut.[13] Koppelt man nun diese Oxidation des Wasserstoffs mit der Reduktion einer sauerstoffhaltigen organischen Verbindung, dann kann der Energiebedarf der Reduktion nicht nur kompensiert, sondern sogar überkompensiert werden. Da bei dieser Reaktion niemals freier, elementarer Wasserstoff auftritt, besteht auch keine Explosionsgefahr.

---

behilft man sich damit, dass man die Energie einer chemischen Verbindung als Unterschied zur Energie der Elemente, aus denen sie aufgebaut ist, angibt.

[12] In unserer Biochemie spielt Wasserstoff tatsächlich eine sehr große Rolle. Er tut das aber nicht als elementarer Wasserstoff, das heißt als H_2-Molekül, das nur aus zwei Wasserstoffatomen besteht. Vielmehr ist Wasserstoff Teil größerer Moleküle, die neben Wasserstoff vor allem aus Kohlenstoff und meistens Sauerstoff aufgebaut sind.

[13] Ein beliebtes Beispiel dafür ist das bekannte Bild des brennenden Luftschiffs *Hindenburg*. Die Hindenburg war mit Wasserstoff statt Helium gefüllt, als sie 1937 verunglückte. Das Foto dieses Unglücks ist sehr bekannt und prägt bis heute die Wahrnehmung von Wasserstoff. Tatsächlich war das Problem dabei gar nicht der Wasserstoff, sondern die Beschichtung des Ballontuchs, die verhindern sollte, dass der Wasserstoff langsam entweicht. Die ließ sich durch statische Elektrizität zünden und war auch noch richtig gut brennbar. Als man im nationalsozialistischen Propagandaministerium das Unglück erklären musste, entschied man sich aber, die Schuld nicht öffentlich bei Fehlern deutscher Ingenieure zu suchen. Stattdessen schob man die Verantwortung lieber auf das amerikanische Handelsembargo, durch das es kein Helium in Deutschland gab und man Wasserstoff verwenden musste. Auf die öffentliche Wahrnehmung von Wasserstoff wirkt diese Entscheidung bis heute nach.

Ein wasserstoffatmender Organismus könnte als Nahrung beispielsweise sekundäre Hydroxylgruppen verwenden (das ist eine Kombination aus einem Sauerstoffatom und einem einzelnen Wasserstoffatom, die an einer Kette aus Kohlenstoffatomen hängt). Solche sekundären Hydroxylgruppen gibt es zuhauf in allen Zuckern. Die Lothra könnte also, auch wenn sie etwas anderes atmen als wir, das Gleiche essen. Mit Wasserstoff ließe sich die Hydroxylgruppe abspalten. Zurück bliebe ein Kohlenwasserstoff und es würde sich Wasser bilden. Pro mol[14] Hydroxylgruppen würden dabei fast 90 Kilojoule an Energie in Form von Wärme frei. Diese Energie könnten die Lothra nutzen.

Auch wenn die Bildung von Wasser im Normalfall viel Energie liefert, haben solche Reaktionen doch einen Nachteil. Der Sauerstoff darf ja nicht elementar, als Gas, vorliegen, sondern muss immer (beispielsweise in Form einer Hydroxylgruppe) gebunden an ein organisches Molekül vorliegen. Den Sauerstoff da herauszuholen verschlingt einen beträchtlichen Teil der Energie, die der wasserstoffatmende Organismus eigentlich nutzen will. Gäbe es nicht eine Alternative, die ohne Sauerstoff auskommt? Was wäre, wenn der Wasserstoff nicht Sauerstoff aus den Molekülen der Nahrung herausholen würde, sondern sich selbst mit diesen verbinden würde?

Zucker und andere Kohlenhydrate eignen sich nicht als Ausgangsstoff für eine solche Reaktion, aber es gibt einen Kandidaten dafür auch in unserer Nahrung: Fette. Nicht alle Fette, aber zumindest die sogenannten ungesättigten Fette. Die Moleküle von Fetten besteht aus zwei Teilen. Der Grundstock ist ein Glycerinmolekül. An dieses sind drei Fettsäuren gebunden. Von diesen Fettsäuren gibt es eine ganze Reihe von Arten. Der grundsätzliche Aufbau ist aber immer der Gleiche. An einem Ende der Fettsäure befindet sich eine sogenannte Karboxylgruppe. Diese macht die Fettsäure zur Säure und stellt die Verknüpfung zum Glycerin her. Der Rest der Fettsäure ist eine Kette aus Kohlenstoffatomen. Häufig hängen da 14, 16 oder 18 Kohlenstoffatome in einer Reihe. Die Fettsäuren unterscheiden sich aber nicht nur in der Länge der Kette (das heißt der Anzahl der Kohlenstoffatome). Genau genommen besteht die Kette nämlich nicht nur aus Kohlenstoffatomen, die miteinander verknüpft sind, sondern aus Kohlenstoffatomen an denen jeweils zwei Wasserstoffatome hängen (beziehungsweise beim letzten Kohlenstoffatom der Kette drei Wasserstoffatome). Das ist der Aufbau einer gesättigten Fettsäure. Neben den gesättigten Fettsäuren gibt es die ungesättigten Fettsäuren. Bei diesen ungesättigten Fettsäuren gibt es Paare von

---

[14] Da Atome und Moleküle sehr klein sind, zählt man in der Chemie nicht die einzelnen Atome oder Moleküle, sondern fasst $6,022 \cdot 10^{23}$ zu einem Mol zusammen (das ist eine Zahl mit 24 Stellen). Das ist aber immer noch nicht besonders viel an Masse. Ein Mol Wasser wiegt gerade einmal 18 g oder entspricht als Volumen ausgedrückt 18 Millilitern.

zwei benachbarten Kohlenstoffatomen, an denen jeweils nur ein Wasserstoffatom hängt. Vereinfacht könnte man sagen, dass ihnen zwei Wasserstoffatome (was genau einem Wasserstoffmolekül entspricht) fehlen.[15] Eine ungesättigte Fettsäure kann nun mit Wasserstoff reagieren und dadurch zu einer gesättigten Fettsäure werden.[16] Auch diese Reaktion ist energetisch vorteilhaft, sodass pro mol Wasserstoff, der mit einer ungesättigten Fettsäure reagiert, etwa 125 Kilojoule in Form von Wärme frei werden. Auch diese Energie könnte ein wasserstoffatmender Organismus verwenden, um davon zu leben.

Noch ein paar Details

Die bei einer Reaktion freiwerdende Wärme wird Reaktionsenthalpie genannt. Reaktionsenthalpie allein bestimmt aber noch nicht, ob und wie eine Reaktion abläuft. Es kommt noch eine zweite Größe dazu, die man Entropie nennt.

Die Entropie ist ein etwas schwierig zu verstehendes, aber sehr wichtiges Konzept aus einer Disziplin namens Thermodynamik. Die Entropie wird manchmal als Maß der Unordnung bezeichnet. Stellen wir uns einfach einmal Wasserstoff vor. Das ist ein Gas und in einem Gas können sich die einzelnen Moleküle mehr oder minder frei bewegen. Das ist ein sehr chaotischer Zustand und die Entropie eines Gases ist dementsprechend sehr hoch. Eine Fettsäure ist, je nach Art der Fettsäure, fest oder flüssig. In einer Flüssigkeit können sich die Moleküle deutlich weniger frei bewegen. Die Entropie ist entsprechend niedriger. In einem Feststoff schließlich sind die Moleküle weitgehend fest an einen bestimmten Ort im Feststoff gebunden. Sie können, abhängig von der Temperatur, etwas um diesen Ort herum schwingen, aber im Großen und Ganzen haben sie nicht viel Spielraum. Ein Festkörper ist dementsprechend auf molekularer Ebene sehr geordnet und seine Entropie ist niedrig.

Ein wichtiges Naturgesetz, der 2. Hauptsatz der Thermodynamik, besagt, dass die Entropie nicht abnehmen kann. Wenn Wasserstoff mit einer ungesättigten Fettsäure zu einer gesättigten Fettsäure reagiert, dann nimmt die Entropie aber erst einmal ab. Aus einem Gasphasenmolekül mit hoher Entropie und einem Flüssigphasenmolekül wird ein Flüssigphasenmolekül. Zwar ist die Entropie des entstehenden Flüssigphasenmoleküls (die gesättigte Fettsäure)

---

[15] Dafür verdoppelt sich quasi die Verbindung zwischen den beiden Kohlenstoffatomen. Man spricht deshalb auch von einer Doppelbindung.

[16] Das Prinzip ist seit Langem bekannt. Seit über 150 Jahren wird es angewendet und das Produkt nennt sich Margarine. Margarine ist nichts anderes als Fett, bei dem alle ungesättigten Fettsäuren zu gesättigten umgewandelt wurden. Dadurch wird das Fett haltbarer.

etwas höher als die des ursprünglichen Flüssigphasenmoleküls (der ungesättigten Fettsäure). Diese kleine Entropiezunahme reicht aber nicht, um die Entropieabnahme durch den Verlust des Gasphasenmoleküls (der Wasserstoff) zu kompensieren. Unter dem Strich nimmt die Entropie deshalb ab. Warum kann die Wasserstoffaufnahme dann trotzdem ablaufen?

Durch die freiwerdende Wärme steigt die Entropie in der Umgebung, weil sich die Moleküle schneller und damit chaotischer bewegen. Das kompensiert die Entropieannahme durch die Wasserstoffaufnahme und ermöglich so die Reaktion.

Die Biochemie nutzt nun nicht die Reaktionsenthalpie, sondern eine um den Entropieeffekt korrigierte Reaktionsenthalpie, die sogenannte Freie Reaktionsenthalpie (die Freie Enthalpie G fasst die Information über die Enthalpie H und die Entropie S zusammen: $G = H - T \cdot S$, wobei T die Temperatur bezeichnet). Im Fall der Sättigung einer Fettsäure durch Wasserstoff bleiben von den 125 Kilojoule Reaktionsenthalpie dann nur noch etwa 85 Kilojoule als nutzbare Energie übrig.◄

Was für eine Reaktion die wasserstoffatmenden Lothra genau einsetzen, um Energie zu gewinnen, können wir leider nicht sagen. Jadzia Dax' Erzählung geht dafür leider zu wenig auf die Details ein. Was wir aber festhalten können ist, dass es durchaus möglich ist, Wasserstoff zu atmen und davon zu leben. Allerdings nicht für uns Menschen und die meisten anderen Humanoiden, die bei Star Trek Sauerstoff atmen. Eine wasserstoffatmende Lebensform bräuchte eine gänzlich andere Biochemie als wir sie kennen. Chemisch wäre es aber durchaus möglich und wer weiß, was sich in den unendlichen Weiten des Weltraums alles an unterschiedlichen Lebewesen entwickelt hat.

Exkurs

Kann ein Planet eine Wasserstoffatmosphäre überhaupt halten?
Eine interessante Frage stellt sich aber noch im Zusammenhang mit wasserstoffatmenden Lebensformen. Kann der Planet, auf dem sie sich entwickeln, seine Wasserstoffatmosphäre festhalten? Die Atmosphäre der Erde wird durch die Schwerkraft der Erde angezogen. Auch der Mars besaß vor langer Zeit mal eine richtige Atmosphäre. Die ist mittlerweile jedoch sehr dünn geworden. Das Problem ist, dass der Mars kleiner und die von ihm ausgehende Schwerkraft dadurch geringer ist. In der Folge hat sich die Atmosphäre des Mars im Lauf der Zeit in den Weltraum verflüchtigt (ein Schicksal, das über kurz oder lang auch Meloras Planeten, die Heimat der Elaysianer, ereilen dürfte).

Wenn die Atome beziehungsweise Moleküle eines Gases eine hohe Masse haben, dann werden sie deutlich stärker angezogen. Das ist der Grund, weshalb es in der Erdatmosphäre fast kein Helium gibt. Helium ist eigentlich das zweithäufigste Element im Universum und wird im Erdinnern durch radioaktive Zerfallsprozesse ständig neu gebildet.[17] Die kleinen, sehr leichten Heliumatome verabschieden sich allerdings sehr schnell in den Weltraum und lassen die deutlich schwereren Gase wie Sauerstoff und Stickstoff zurück. Kein Wunder, denn Helium ist das zweitleichteste Element überhaupt. Es gibt nur noch ein Element das noch leichter ist: Wasserstoff.

Der Grund, dass es in der Erdatmosphäre keinen elementaren Wasserstoff gibt, ist jetzt nicht einfach nur, dass er so leicht ist. In unserer sauerstoffreichen Atmosphäre hat er sich zum großen Teil in Wasser umgewandelt. Wasserstoff kommt also durchaus in der Erdatmosphäre vor. Allerdings nicht als elementarer Wasserstoff, sondern in gebundener Form als Wasserdampf. Da ein Wassermolekül etwa neunmal so schwer ist wie ein Wasserstoffmolekül, verflüchtigt es sich auch nicht so schnell in den Weltraum.

In der Atmosphäre der Heimatwelt der Lothra gibt es offensichtlich keinen elementaren Sauerstoff, dafür aber elementaren Wasserstoff. Würde dieser Wasserstoff nicht in den Weltraum entweichen und den Planeten der Lothra dem gleichen Schicksal überlassen wie den Mars? Nicht zwingend. Denn unter einer Bedingung könnte ein Planet auch eine Wasserstoffatmosphäre festhalten: Wenn seine Schwerkraft sehr viel stärker wäre als die der Erde. Es lässt sich infolgedessen vermuten, dass die Heimatwelt der Lothra ein sehr großer Planet ist.◄

2.2 Der Bussardkollektor oder das Einsammeln aus dem Vakuum

Die Raumschiffe der Sternenflotte verfügen über ein äußerst elegantes Design. Den vorderen, oberen Teil bildet eine manchmal fast kreisrunde, manchmal etwas

---

[17] Wenn schwere, radioaktive Elemente per Alpha-Zerfall aus dem Leben scheiden, dann wird dabei ein Alphateilchen frei, was nichts weiter ist als der Kern eines Heliumatoms. Sobald dieser zwei Elektronen aus der Umgebung eingesammelt hat, ist ein ganz normales Heliumatom entstanden. Da solche Alpha-Zerfälle im Inneren der Erde in großer Zahl stattfinden (und im Lauf der Erdgeschichte stattgefunden haben), hat sich einiges an Helium im Erdgas angesammelt. Je nach Erdgaslagerstätte kann Helium bis zu 16 % des Erdgases ausmachen. Technisch wird Helium durch Abtrennung aus Erdgas gewonnen.

längliche Scheibe, in der sich ein Großteil des Lebens an Bord abspielt. An deren hinteren Ende befindet sich eine Verbindung zu einem zweiten Teil des Raumschiffs. Dieser, etwas tiefer gelegene Teil, ist die Antriebssektion. An der wiederum befinden sich, an entsprechenden Armen befestigt, zwei längliche, in Flugrichtung ausgerichtete Warpgondeln. Das ist der Grundriss, nach dem fast alle Schiffe der Sternenflotte aufgebaut sind. Werfen wir mal einen etwas genaueren Blick darauf und sehen uns ein weniger bekanntes Detail an den Warpgondeln an.

Die Warpgondeln sind, wie der Name bereits vermuten lässt, ein essenzieller Bestandteil des Warpantriebs, der es dem Raumschiff erlaubt, mit Überlichtgeschwindigkeit durch den Weltraum zu reisen. Der Großteil der Warpgondeln wird bei den Raumschiffen des 24. Jahrhunderts von einem bläulich leuchtenden Teil eingenommen, der offenbar mit dem Warpantrieb selbst zu tun hat (zumindest leuchtet er auf, wenn das Schiff auf Warp geht und erstrahlt im selben Blauton wie der Warpkern der Enterprise-D). Weit weniger Beachtung findet zumeist der vordere Teil der Warpgondeln. Bei vielen Schiffen wie der Enterprise-D oder der Voyager leuchtet der vordere Teil nicht blau, sondern rot. Doch was verbirgt sich eigentlich hinter der rot leuchtenden Spitze der Warpgondeln?

Man könnte vermuten, dass sie zum Rückwärtsfliegen dient. Die Vermutung läge zumindest nahe, da der Impulsantrieb bei vielen Schiffen ähnlich rot leuchtet und ein nach vorn ausgerichteter Rückstoßantrieb das Schiff tatsächlich rückwärts fliegen ließe. Bei genauerem Hinsehen stellt man jedoch fest, dass sich hier etwas anderes befindet. Die sogenannten Bussardkollektoren.

Benannt sind diese nicht nach dem majestätischen Greifvogel, sondern nach dem 2007 verstorbenen amerikanischen Wissenschaftler Robert W. Bussard. Dieser hat zwar nicht den Bussardkollektor entwickelt (den werden Star Trek Ingenieure erst in der Zukunft erfinden), er hat sich aber mit der Erforschung der Kernfusion beschäftigt. Schon kurz bevor Gene Roddenberry Captain Christopher Pike im ersten Pilotfilm „Der Käfig"[18] zum Planeten Talos IV reisen ließ, hatte Robert Bussard 1960 ein neuartiges Antriebskonzept für Raumschiffe vorgeschlagen. Dabei sollte interstellarer Wasserstoff in einem Fusionsreaktor dazu dienen, das Raumschiff anzutreiben. Dazu muss man den interstellaren Wasserstoff erstmal einsammeln. Dazu dienen die Bussardkollektoren.

Das Funktionsprinzip des Warpantriebs unterscheidet sich dann im Folgenden nicht unerheblich von Bussards Konzept. Zunächst wird der Wasserstoff nicht

---

[18] „Der Käfig" wird teils als 1. Episode geführt, teilweise wird es als 0. Episode der 1. TOS-Staffel geführt.

über Kernfusion zur Energiegewinnung genutzt, sondern über eine Antimaterie-reaktion. Das ist, mal abgesehen von einem nicht unerheblichen Risiko, eine durchaus schlaue Vorgehensweise der Sternenflotteningenieure. Bei der Kern-fusion wird zwar sehr viel Energie frei; bei der völligen Annihilation durch Antimaterie erhält man aber noch viel mehr Energie. Darüber hinaus basiert der Warpantrieb nicht auf einem Staustrahltriebwerk wie von Bussard vorgeschlagen. Er konnte natürlich nicht wissen, was Zefram Cochrane über hundert Jahre später bei der Erfindung des Warpantriebs alles wusste.

Die Grundidee ist auf jeden Fall erstmal gut. Der Antrieb eines Raumschiffs und die vielen anderen Schiffsysteme brauchen schließlich sehr viel Energie und die nächste Weltraumtankstelle ist in der Regel ziemlich weit weg. Vernünfti-gerweise wird man versuchen, das zu verwenden, was man im Weltraum findet. Das mit Abstand häufigste chemische Element im Universum ist Wasserstoff. Auf Platz zwei der häufigsten chemischen Elemente folgt Helium. Das ist allerdings schon deutlich seltener und obendrein nicht wirklich gut zur Energiegewinnung geeignet.

Der Wasserstoff soll nun nicht aus Sonnen oder auf irgendwelchen Planeten gesammelt werden. Bei den Bussardkollektoren geht es um interstellaren Wasser-stoff. In anderen Worten: Wasserstoff im Zwischenraum zwischen den Sternen. Aber herrscht im Weltraum nicht eigentlich ein Vakuum?

Das ist richtig. Es handelt sich sogar um ein wahnsinnig gutes Vakuum. Wenn Vakuumtechniker heute auf der Erde versuchen, ein Ultrahochvakuum zu erzeu-gen, dann müssen sie sehr großen Aufwand betreiben. Und am Ende haben sie dann doch immer noch ein paar restliche Teilchen im System.[19] Verglichen damit ist das interstellare Vakuum ein Vakuum von höchster Güte. Lohnt es sich also, aus diesem Vakuum noch das restliche Gas einsammeln zu wollen? Da ist schließlich fast nichts.

Das Argument ist auf der einen Seite richtig, übersieht aber die unglaubliche Größe des Weltraums. Wenn das Raumschiff nur den Wasserstoff einsammelt, der zufällig in den Bussardkollektor hineinfliegt, dann lohnt es sich nicht. Der Bussardkollektor sammelt jedoch Wasserstoff aus einem weiten Bereich mithilfe von Magnetfeldern ein. Selbst wenn man berücksichtigt, dass pro Kubikmeter Weltraum fast gar nichts vorhanden ist, so hat der Weltraum trotzdem unfassbar

---

[19] Ultrahochvakuum spielt in der Chemie beispielsweise eine Rolle bei der Untersuchung von Oberflächenstrukturen von Katalysatoren. Befände sich zwischen dem Sensor und den Atomen der untersuchten Struktur noch Luft, dann würde diese das Ergebnis stark verfäl-schen. Einerseits würde man statt den Atomen der Oberfläche teilweise die Moleküle der Luft vermessen, andererseits würden beispielsweise Elektronenstrahlen, die man zur Unter-suchung einsetzt, mit den Molekülen der Luft kollidieren und abgelenkt werden.

viele Kubikmeter. Von daher steht mit dem interstellaren Wasserstoff ein unbe-
schreibliches Reservoir an einem wertvollen Energieträger zur Verfügung. Das
sollte man natürlich nicht ungenutzt lassen.

Nichtsdestotrotz ist die Wasserstoffmenge pro Kubikmeter tatsächlich sehr
klein. Das führt zu einigen Problemen. Um diese zu verstehen, müssen wir
zunächst einmal einen Blick auf die chemische Thermodynamik werfen. Die
chemische Thermodynamik ist eine Disziplin der Chemie, die sich unter anderem mit der Frage beschäftigt, ob eine Reaktion überhaupt ablaufen kann oder
was passiert, wenn eine Mischung anfängt zu verdampfen.[20] Die chemische
Thermodynamik fragt dabei letztlich immer danach, ob sich Moleküle bei
bestimmten Bedingungen von Zustand A in Zustand B bewegen. Zustand A sei
in unserem Fall Wasserstoff, verteilt in den unendlichen Weiten des Weltalls.
Zustand B seien Wasserstoffmoleküle in einem Wasserstofftank an Bord eines
Sternenflottenraumschiffs. Sehen wir uns zunächst einmal Zustand A an.

Im interstellaren Raum befinden sich pro Kubikmeter im Schnitt eine Million
Teilchen[21]. Das klingt doch mal gar nicht so schlecht. Eine Million ist immerhin eine ganze Menge. Die Materie ist im Weltraum außerdem nicht gleichmäßig
verteilt. Es gibt darüber hinaus durchaus Ansammlungen von Teilchen, in denen
die Teilchendichte erheblich höher ist. Sehr hoch wird sie natürlich bei Sternen
oder Planeten. Aber auch abseits von klassischen Himmelskörpern gibt es große
Bereiche mit erhöhter Teilchendichte. Man denke nur an die sogenannten Nebel.
Das bekannteste Beispiel, der Andromedanebel, ist dafür jetzt ein schlechtes Beispiel. Denn dabei handelt es sich um eine Galaxie, also eine Ansammlung von
Sternen, die von der Erde aus betrachtet nur etwas nebelig aussieht. Es gibt in der
Galaxis selbst aber eine große Anzahl an „richtigen" Nebeln; das sind Bereiche
mit erhöhter Teilchendichte, ohne dass es sich gleich um einen Stern oder eine
Ansammlung von Sternen handelt. Entstanden sein können diese Nebel zum Beispiel als Reste einer Supernova oder als Vorstufe zur Geburt eines Sterns, der sich
noch nicht gebildet hat. Die chemische Zusammensetzung der Nebel kann sich

---

[20] Die chemische Thermodynamik erklärt beispielsweise, warum beim Verdampfen einer
Mischung aus Wasser und Alkohol nicht erst der Alkohol verdampft und dann erst das
Wasser. Auch wenn man unter der Siedetemperatur von Wasser, aber über der von Alko-
hol liegt, verdampfen immer beide. Der Alkohol reichert sich lediglich etwas stärker in der
Dampfphase an als das Wasser. Umgekehrt ist der Alkohol beim Kochen einer Weinsoße
nicht irgendwann „verkocht". Was man in der Soße schmeckt ist nicht irgendein ominöser
Alkoholgeschmack, der beim Verdampfen des Alkohols zurückbliebe, sondern einfach der
Alkohol, der nicht vollständig verdampft ist. Dass es so zu einer sauberen Trennung käme,
ist ein verbreitetes, aber völlig unsinniges Missverständnis.

[21] Teilchen meint an dieser Stelle nicht unbedingt Partikel, sondern kann einzelne Atome,
Moleküle oder Ionen, also elektrisch geladene Atome oder Moleküle, bezeichnen.

etwas unterscheiden. Ist er durch eine Supernova entstanden, so wird es in dem entsprechenden Nebel tendenziell mehr schwere Elemente wie Kohlenstoff, Sauerstoff oder Eisen geben. Der Hauptbestandteil ist trotzdem das leichteste aller Elemente: Wasserstoff. In kosmischen Nebeln haben wir es nicht nur mit einer Million Teilchen pro Kubikmeter zu tun. Hier reden wir eher von 100 Mio. Teilchen Minimum. Die Molekülzahl kann bis auf eine Billion Teilchen ansteigen. Eine Million Teilchen im „normalen" interstellaren Raum, eine Milliarde oder gar Billion Teilchen innerhalb von Nebeln: Damit lässt sich doch arbeiten.

Wirklich? Was bedeutet es denn, wenn sich in einem Kubikmeter eine Millionen Moleküle befinden? Wir sollten nicht vergessen, dass Atome und Moleküle sehr, sehr klein sind. Rechnen wir das einmal in Stoffmengen um. Weil Chemiker nicht mit einzelnen Molekülen und Atomen rechnen wollen, da die Zahlen einfach zu groß wären, drücken sie Teilchenzahlen als Stoffmengen aus. Diese Stoffmenge hat eine Einheit namens *mol*. Hinter dem Mol steht – vereinfacht gesagt – nur eine sehr große Zahl. Seit 2019 wird das Mol direkt als Zahl definiert: 6,02214076 mal zehn hoch 23 Teilchen bilden ein Mol. Diese Schreibweise wählen Naturwissenschaftler immer dann, wenn sie sehr große (oder kleine) Zahlen ausdrücken wollen. Vereinfacht gesagt ist es näherungsweise eine 6 mit 23 Nullen dahinter (in Worten: 602 Trilliarden). Das ist ziemlich viel. Zumindest als Zahl. Doch wie viel Materie ist das eigentlich? Bis 2019 war das Mol anders definiert. Die Menge war letztlich aber die gleiche. Damals war das Mol definiert als die Zahl an Atomen in zwölf Gramm Kohlenstoff.[22] 602 Trilliarden Kohlenstoffatome entsprechen demnach gerade zwölf Gramm. Das Wasserstoffatom ist erheblich leichter als das Kohlenstoffatom: 602 Trilliarden Wasserstoffatome machen zusammen nur etwa ein Gramm, während 602 Trilliarden Wasserstoffmoleküle zumindest zwei Gramm auf die Waage bringen, weil sie aus zwei Wasserstoffatomen bestehen. Auf einmal scheint die Millionen Teilchen in einem Kubikmeter gar nicht mehr so viel zu sein.

Wenn man bedenkt, dass eine Trilliarde das Billiardenfache einer Million ist, dann wird klar, wie viel Weltraum man abernten muss, um eine brauchbare Menge an Wasserstoff zusammenzubekommen. Will man nur ein Gramm Wasserstoff aus dem interstellaren Raum einsammeln, dann muss man mehrere hundert Billiarden Kubikmeter abgrasen. Selbst in einem sehr dichten Nebel müsste man dafür immer noch die Gasmoleküle aus mehreren hundert Milliarden Kubikmetern einsammeln. Ein absurd großes Volumen? Wirklich viel Wasserstoff kann es

---

[22] Dieser Kohlenstoff musste dabei isotopenrein sein. Das heißt, dass nur das häufigste Kohlenstoffisotop C-12 in diesem Gramm vorkommen durfte.

im interstellaren Raum demnach nicht geben, oder doch? Man staunt wie viel es tatsächlich ist.

Man muss sich einfach mal überlegen wie viele Kubikmeter im Weltraum zur Verfügung stehen. Der unserem Sonnensystem nächstgelegene Stern ist Proxima Centauri. Zwischen uns und diesem Stern liegen etwa 4,2 Lichtjahre. Das sind immerhin stolze 40 Billionen Kilometer oder 40 Billarden Meter. Stellt man sich einfach mal einen Würfel zwischen unserem Sonnensystem und Proxima Centauri mit dieser Seitenlänge vor, dann hätte der ein Volumen von etwa 75 Kubiklichtjahren. Das klingt erstmal nicht viel. Rechnet man es allerdings in Kubikmeter um, dann erhält man eine Zahl von der die meisten Menschen wahrscheinlich noch nie gehört haben: Etwa 65 Oktillion Kubikmeter. Das ist eine sechs mit beachtlichen 49 Nullen dahinter. Die lächerlichen hundert Billarden Kubikmeter für ein Gramm Wasserstoff findet man mehrere hundert Quintillionen Mal in diesem Würfel. Selbst wenn jeder Mensch sein eigenes Raumschiff hätte und damit nach Proxima Centauri fliegen würde, wobei jeder ein Kilogramm Wasserstoff einsammelt (womit man in einem Fusionsreaktor unbeschreiblich viel Energie gewinnen könnte), dann würde der interstellare Wasserstoff in diesem Würfel immer noch für viele hundert Milliarden Hin- und Rückflüge jedes einzelnen Menschen reichen.

Die Menge an Wasserstoff im interstellaren Raum reicht dementsprechend mit Leichtigkeit für mehr Raumschiffe als wir uns vorstellen können. Wo liegt nun die Herausforderung?

Die Nettobewegung von vielen Teilchen folgt immer einem Gradienten. Der Begriff Gradient bezeichnet die Veränderung einer Größe über eine Strecke im Raum. Am einfachsten lässt sich das am Beispiel des Wärmeflusses veranschaulichen (auch wenn dabei keine Teilchen fließen): Wenn ein Gegenstand an einem Ende heiß und am anderen kalt ist, dann besteht in seinem Inneren ein Temperaturgradient. Diesem Temperaturgradienten folgend fließt Wärme vom Ende mit der hohen Temperatur zu demjenigen mit der niedrigen Temperatur. Das Prinzip lässt sich auf andere Größen übertragen. In der Chemie ist beispielsweise der Konzentrationsgradient sehr wichtig. Stellen wir uns eine Teetasse vor (*Earl Grey, heiß;* so wie Captain Picard ihn liebt). In diese geben wir einen Zuckerwürfel. Im Tee um den Zuckerwürfel herum kommt es schnell zu einer hohen Zuckerkonzentration während Tee, der weiter entfernt davon ist, noch praktisch ungesüßt ist. Die Zuckermoleküle bewegen sich nun entlang ihres Konzentrationsgradienten weg vom Zuckerwürfel zum noch weniger stark gesüßten Teil des Tees. Die Moleküle wandern also aus einem Bereich mit hoher Konzentration in einen mit niedriger Konzentration. Den entgegengesetzten Effekt kann man nie beobachten, genauso wenig, wie man beobachten kann, dass Wärme entgegen des Temperaturgradienten von einem Bereich mit niedriger Temperatur freiwillig in einen Bereich mit hoher Temperatur fließt. Diese Wanderung der Moleküle nennen wir Diffusion und sie folgt dem Konzentrationsgradienten.[23] Für unsere Frage nach dem Einsammeln des interstellaren Wasserstoffs ist ein weiterer Gradient entscheidend: der Druckgradient. Strömungen erfolgen immer entlang von Druckgradienten. Vereinfacht: Ein Gas strömt immer aus einem Bereich mit hohem Druck in einen Bereich mit niedrigem Druck. Das Ganze ist durchaus mit der Diffusion entlang des Konzentrationsgradienten vergleichbar. In einem Gas befinden sich bei hohem Druck mehr Moleküle im gleichen Volumen als bei niedrigem. Durch eine Erhöhung des Drucks erhöht sich (ein bisschen vereinfacht gesprochen) die Konzentration. Die Moleküle bewegen sich daher ganz analog vom Bereich mit hohem Druck zu einem Bereich niedrigen Drucks. Genau hier liegt unser Problem.

Denken wir einmal an das Gegenteil von Einsammeln interstellaren Gases in das Raumschiff hinein. Stellen wir uns also das Entweichen von Gas aus dem Raumschiff heraus vor. Genau das passiert, wenn man eine Luftschleuse öffnet. Sehr eindrucksvoll sieht man das in der 23. Episode der 2. ENT-Staffel, *„Regeneration"*. Dort werden zwei Borg-Drohnen in den Weltraum geblasen, nachdem Malcolm Reed eine Luftschleuse geöffnet hat. Es kommt zu einer starken Luftströmung entlang eines Druckgradienten. Von hohem Druck an Bord in den sehr niedrigen des Weltraums.

Will man nun interstellares Gas einsammeln, dann kämpft man immer gegen den Druckgradienten an. Man muss versuchen, das Gas vom sehr niedrigen Druck des Weltalls in den zwangsläufig deutlich höheren Druck des Vorratstanks zu befördern (wäre der Druck im Lagertank nicht sehr viel höher als im Weltraum,

---

[23] Strenggenommen folgt die Diffusion eigentlich nicht dem Konzentrationsgradienten, sondern dem Gradienten des chemischen Potenzials. Da das chemische Potenzial eines Stoffs vereinfacht gesagt dann hoch ist, wenn die Konzentration des jeweiligen Stoffs hoch ist, reicht es in der Praxis fast immer anzunehmen, dass die Diffusion dem Konzentrationsgradienten folgt. Das Ganze funktioniert nicht mehr, wenn wir beispielsweise an Extraktion denken. Dabei diffundieren Moleküle aus einem Lösungsmittel mit niedriger Löslichkeit in ein Lösemittel mit höherer Löslichkeit. An der sogenannten Phasengrenze zwischen den beiden nicht mischbaren Flüssigkeiten diffundieren die Moleküle dann eventuell aus einem Bereich mit niedriger Konzentration in einen Bereich mit hoher Konzentration. Das liegt daran, dass das chemische Potenzial nicht allein von der Konzentration abhängt, sondern auch davon, von welchen anderen (Lösemittel-)Molekülen es umgeben ist. In einem Lösemittel mit hoher Löslichkeit ist vereinfacht gesagt das chemische Potenzial bei gleicher Konzentration niedriger als in einem mit geringer Löslichkeit. Sieht man von diesem Spezialfall einmal ab, so ist die Annahme, dass die Diffusion dem Konzentrationsgradienten folgt, jedoch zumeist durchaus eine praktikable Vereinfachung.

dann wären darin wieder genauso wenig Moleküle pro Kubikmeter zu finden, womit er faktisch leer und damit nutzlos wäre). Der interstellare Wasserstoff muss dementsprechend gegen den Druckgradienten anströmen.

Ein Gas dazu zu bringen, aus einem Bereich mit niedrigem Druck in einen Bereich mit hohem Druck zu strömen, ist durchaus möglich. Man denke nur an einen Kompressor. Wenn ein Kompressor eine Druckluftflasche befüllt, dann saugt er Luft bei Atmosphärendruck an und presst sie in eine Stahlflasche, in deren Inneren eventuell mehr als der hundertfache Druck herrscht. Möglich ist eine Strömung von niedrigem Druck zu hohem Druck durchaus. Es erfordert lediglich einen gewissen Aufwand in Form von Energie und entsprechenden Apparaten. Dieser Aufwand wird umso größer, je stärker der Druck erhöht werden muss. Nun könnte jemand einwenden, dass der Druck im Fall der Bussardkollektoren überhaupt nicht stark erhöht werden muss. Nehmen wir einmal an, dass im zu befüllenden Vorratstank ein Druck von 1 bar (das entspricht in etwa dem Druck der Erdatmosphäre) herrscht. Das interstellare Gas hat einen Druck von nahezu 0 bar. Es besteht damit ein Druckunterschied von etwa 1 bar. Der Kompressor, der die Druckluftflasche mit beispielsweise 200 bar befüllen muss, hat dagegen einen Druckunterschied von 199 bar zu überwinden. Man könnte also meinen, dass der Druckluftkompressor einen viel größeren Aufwand leisten muss.

Tatsächlich ist der Aufwand, um ein Gas von einem niedrigen Druck zu einem hohen zu überführen, aber nicht vom Druckunterschied, sondern vom Druckverhältnis abhängig. Der Luftkompressor muss den Druck der Luft verzweihundertfachen. Das ist natürlich einiges, aber die Kompression aus dem interstellaren Vakuum heraus kann darüber nur lachen. Wie groß ist jetzt eigentlich der Druck des interstellaren Wasserstoffs?

Der Druck hängt von zwei Faktoren ab. Zum einen ist das die Anzahl der Moleküle pro Volumen. Die ist, wie wir bereits weiter oben gesehen haben, sehr niedrig. Der zweite Faktor ist die Temperatur. Der klingonische General Chang deutet im sechsten Star-Trek-Kinofilm „Star Trek VI: Das unentdeckte Land" an, wie es sich mit der Temperatur im Weltraum verhält, wenn er sagt: „Im Weltraum sind alle Krieger kalte Krieger". Selbst wenn er damit eigentlich etwas Anderes zum Ausdruck bringen will, drückt er letztlich sehr schön aus, dass es im Weltraum sehr kalt ist. Die Temperatur der kosmischen Hintergrundstrahlung, die gewissermaßen die Temperatur all dessen darstellt, was sich zwischen den Sternen befindet, liegt bei etwa 2,7 K: Weniger als minus 270 Grad Celsius und damit nur knapp oberhalb des absoluten Nullpunkts. Setzt man diese Temperatur zusammen mit der Teilchenzahl pro Volumen in die Zustandsgleichung des idealen

Gases ein, so erhält man einen Druck von weniger als einem Zeptobar.[24] Ausgeschrieben reden wir über einen Druck von etwa 0,0000000000000000000004 bar. Selbst in einem kosmischen Nebel herrscht nur ein Druck von weniger als einem Femtobar. Das ist ein Millionstel Nanobar. Die Kompression dieses interstellaren Gases auf Atmosphärendruck stellt zwar nur eine vergleichsweise geringe Änderung des Drucks dar, wenn man es als Druckdifferenz betrachtet. Für das für den Energiebedarf maßgebliche Druckverhältnis (die Vervielfachung des Drucks) ist der Unterschied hingegen bombastisch. Entsprechend hoch ist der Energiebedarf.

Der Aufwand drückt sich aber nicht nur in einem hohen Energiebedarf aus. Wir haben es auch mit einem gewaltigen technischen Aufwand zu tun. Wie soll der Kompressor eines Bussardkollektors überhaupt grundsätzlich funktionieren? Die klassischen, mechanischen Kompressortypen kommen nicht infrage. Man stelle sich nur mal einen Schraubenverdichter vor, der versucht, zwischen zwei Schnecken ein Gas zu fördern, wenn der mittlere Abstand zwischen den Molekülen größer ist als der Abstand zwischen den beiden Schnecken. Dieses Problem betrifft im Grunde alle mechanischen Kompressoren. Hier kann tatsächlich nur die Chemie helfen. Eine denkbare Methode könnte ein sogenannter elektrochemischer Kompressor sein. Dabei wird Wasserstoff durch eine Membran, wie man sie in Brennstoffzellen kennt, gefördert. Anders als in einer Brennstoffzelle gibt der elektrochemische Kompressor allerdings keine elektrische Energie ab, sondern nimmt Energie auf. Mithilfe dieser Energie befördert er den Wasserstoff durch die Membran hindurch aus einem Bereich mit niedrigem Druck in einen Bereich mit hohem Druck. Der Energiebedarf wäre bei unserem Druckverhältnis immer noch beträchtlich, aber zumindest wäre es möglich, die Kompression elektrochemisch durchzuführen.

Durch die niedrige Dichte, die der Wasserstoff im Weltraum aufweist, ist es jedoch nicht damit getan, einen elektrochemischen Kompressor an die Spitze der Warpgondel zu montieren und seinen Wasserstofftank damit zu befüllen. Würde man nur den Wasserstoff einsammeln, der sich genau in der Flugbahn des Raumschiffs (oder sogar nur in der deutlich kleineren des Bussardkollektors) befindet, dann würde man fast nichts einsammeln. Die Ingenieure der Sternenflotte haben daran natürlich gedacht und sammeln das interstellare Gas deshalb mit gewaltigen Magnetfeldern ein.

Sieht man sich den Wasserstoff im Weltraum genauer an, so stellt man fest, dass dieser zum großen Teil nicht als ungeladenes Molekül aus zwei Wasserstoffatomen besteht. Vielmehr ist ein erheblicher Teil durch die kosmische Strahlung ionisiert. Wir haben es also nicht mit ungeladenen Atomen oder Molekülen zu

---

[24] Die Vorsilbe *Zepto* steht für ein Trilliardstel.

tun, sondern mit elektrisch geladenen Ionen. Die lassen sich durch ein starkes Magnetfeld tatsächlich beeinflussen. Ist dieses Magnetfeld nicht konstant (was allein beim Fliegen des Raumschiffs schon gegeben wäre), dann würde es auch die Wasserstoffionen in Bewegung setzen. Die Ursache dafür ist die sogenannte Lorentzkraft (benannt nach dem niederländischen Physiker Hendrik Antoon Lorentz). Ist das Ganze geschickt gestaltet, dann könnte man sich durchaus vorstellen, dass interstellare Gase zu den Bussardkollektoren gelenkt werden, wo sie durch einen elektrochemischen Kompressor in einen Vorratstank gefördert werden. Das Raumschiff sollte sich dabei allerdings nicht mit Warpgeschwindigkeit bewegen, da es sonst mit Überlichtgeschwindigkeit am interstellaren Wasserstoff vorbeirauschen würde. An Überlichtgeschwindigkeit hatte Robert Bussard bei seinem Konzept aber ohnehin nicht gedacht.

Exkurs

Wie wird der Wasserstoff überhaupt gelagert?

Wenn man den interstellaren Wasserstoff schließlich eingesammelt hat (oder einfach beim letzten Besuch auf der Sternenbasis getankt hat), dann muss man ihn irgendwo lagern. Wie macht man das eigentlich?

Wasserstoffspeicherung ist eine komplizierte Sache. Es gibt eine ganze Reihe von Methoden, um das zu tun. Die häufigste ist heutzutage, das Wasserstoffgas bei hohem Druck in einem druckbeständigen und dichten Tank zu lagern. Selbst bei einem Druck von 300 oder sogar 700 bar, wie er in den Tanks moderner Wasserstoffautos herrscht, hat man allerdings immer noch vergleichsweise wenig Wasserstoff im Tank. Die Dichte von Wasserstoff ist einfach zu gering. Eine Alternative ist Kryowasserstoff. Dabei wird der Wasserstoff auf etwa minus 253 Grad Celsius abgekühlt und so verflüssigt. Dadurch hat man im gleichen Tankvolumen etwas mehr Wasserstoff als bei der Druckvariante. Allerdings ist der Energiebedarf deutlich höher und man hat Lagerungsverluste, weil man immer wieder Gas ablassen muss, da Flüssigwasserstoff unablässig verdampft.

Um dem Problem der niedrigen Dichte von Wasserstoff in konventionellen Speichern zu begegnen, hat die Chemie eine Reihe von Methoden hervorgebracht. Vereinfacht gesagt wird Wasserstoff dabei chemisch an einen Träger gebunden. Das kann zum einen ein Metall sein. Die sehr kleinen Wasserstoffmoleküle lagern sich in die Zwischenräume zwischen den Metallatomen ein und können dort in sehr viel höherer Anzahl pro Volumen gelagert werden. Zur Freisetzung des Wasserstoffs muss man das sogenannte Metallhydrid dann nur erwärmen. Eine andere Möglichkeit sind sogenannte Flüssige Organische Wasserstoffträger (LOHC, benannt nach dem englischen Begriff „liquid organic hydrogen carrier"). Dabei wird Wasserstoff durch eine chemische Reaktion, die Hydrierung, an eine flüssige organische Verbindung gebunden. Die Trägerflüssigkeit wandelt sich dabei chemisch um. Aus einem sogenannten Aromaten wird die entsprechende gesättigte Verbindung. Im einfachsten (wenn auch technisch nicht sinnvollen, weil krebserregenden) Fall würde Benzol zu Cyclohexan umgewandelt werden. In der Praxis verwendet man als LOHC eher Stoffe wie Dibenzyltoluol. Diese LOHC können hydriert werden und damit viel Wasserstoff aufnehmen. Ein Molekül Dibenzyltoluol kann beispielsweise bis zu neun Moleküle Wasserstoff aufnehmen. Die hydrierte, wasserstoffreiche Form des LOHC kann dann bei Umgebungsbedingungen ohne hohen Druck oder tiefe Temperatur gelagert werden. Als Flüssigkeit ist der LOHC obendrein gut handhabbar und lässt sich vergleichsweise einfach transportieren. Um den Wasserstoff wieder zurückzubekommen, muss man den wasserstoffreichen LOHC erwärmen und mithilfe eines Katalysators die Umkehrreaktion der Hydrierung durchführen: eine Dehydrierung. Der Wasserstoff kann dann energetisch genutzt werden, beispielsweise indem man ihn einer Brennstoffzelle zuführt. Der dehydrierte LOHC kann eingelagert und zu gegebener Zeit wieder durch Hydrierung mit Wasserstoff beladen werden.

Derartige Wasserstofftechnologien sind enorm wichtig für die Etablierung einer funktionstüchtigen Infrastruktur für ein zukünftiges Energiesystem, in dem Wasserstoff eine große Rolle spielen soll. Doch braucht ein Raumschiff, das mit dem Wasserstoff einen Fusionsreaktor betreiben will, solche Wasserstoffspeicher? Als Wissenschaftler, der selbst an chemischen Wasserstoffspeichern arbeitet, sage ich das nur sehr ungern, aber die Antwort ist ein klares: Nein!

Warum? Den Wasserstoff für einen Fusionsreaktor könnte man auch einfach an Sauerstoff binden und als Wasser lagern. Mit einer Elektrolyse kann man bei Bedarf den Wasserstoff einfach aus dem Wasser gewinnen. Das ergäbe in unserer heutigen Energietechnik (und der Energietechnik der nächsten Jahrzehnte) überhaupt keinen Sinn. Die Elektrolyse benötigt schließlich erheblich mehr Energie als eine Brennstoffzelle liefert. Selbst wenn man die Elektrolyse und Brennstoffzellentechnologie bis zum letzten ausreizt, lässt sich mithilfe der chemischen Thermodynamik zeigen, dass man aus der Brennstoffzelle maximal das an Energie rausbekommen kann, was man in die Elektrolyse reingesteckt hat. Ein Fusionsreaktor gewinnt aus Wasserstoff hingegen eine derartig große Menge an Energie, dass der Energiebedarf einer Elektrolyse überhaupt nicht mehr ins Gewicht fällt. Da sich Wasser nun mal am einfachsten lagern lässt, würde man für einen Fusionsreaktor also wahrscheinlich keine allzu aufwendige Speichertechnologie verwenden.◄

2.3   Explosionen im Weltall

Wie wir gesehen haben, wird bei Star Trek gern mal interstellarer Wasserstoff eingesammelt. Offenbar kann man mit dem im Weltraum verteilten Wasserstoff daneben noch ganz andere Dinge machen. In der 5. Episode der 2. DSC-Staffel, *„Alte Bekannte"*, verfolgt die Discovery ein Shuttle, in dem sie Mr. Spock vermuten. Dem hatte man kurz zuvor zu Unrecht mehrere Morde angehängt, weswegen er sich auf der Flucht befand. In dem besagten Shuttle befand sich zu dem Zeitpunkt, als es von der Discovery eingeholt wurde, allerdings gar nicht Mr. Spock. Tatsächlich wird das Shuttle von Philippa Georgiou geflogen, der gestürzten terranischen Imperatorin, die jetzt für einen Sternenflottengeheimdienst arbeitet. Als sie auf Rufe nicht reagiert, beschließt Captain Pike das Shuttle durch einen in seiner Nähe detonierenden Photonentorpedo zu stoppen. Der Plan gelingt, doch so leicht gibt eine terranische Imperatorin nicht auf. Um doch noch zu entkommen, entzündet sie den Wasserstoff des Nebels, in den sie gerade hineingeflogen war.

Wieder stellen sich gleich eine ganze Reihe von Fragen. Warum hat nicht schon der Photonentorpedo den Nebel entzündet (wenn es denn möglich ist, ihn anzuzünden)? Noch viel spannender ist die Frage, wie es überhaupt möglich ist, den Wasserstoff eines interstellaren Nebels anzuzünden.

Die Explosionsfähigkeit von Wasserstoff ist grundsätzlich erstmal allgemein bekannt. Das Problem beim Entzünden interstellaren Wasserstoffs dürfte wiederum ebenfalls dem einen oder anderen klar sein: Die Explosion von Wasserstoff ist eine sogenannte Knallgasexplosion. Dabei kommt es in einer Mischung aus Wasserstoff und Sauerstoff schlagartig zu einer Verbrennung. Das Problem beim Entzünden des interstellaren Wasserstoffs ist ganz offensichtlich das Fehlen von Sauerstoff. Auf der Erde ist das in der Regel kein so großes Problem. Schließlich besteht die Luft zu etwa 21 % aus Sauerstoff. Im Weltraum dagegen ist dieses Element sehr selten. Wasserstoff ist bekanntlich das häufigste Element im Universum. Auf Platz zwei folgt Helium. Dann kommt erstmal lange nichts. Beim Vergleich der Gesamtmenge der einzelnen Elemente im Universum machen diese beiden Elemente fast das gesamte Universum aus. Sauerstoff ist nur eine Randnotiz in der Zusammensetzung des Kosmos.

Nun könnte man einwenden, dass es auf der Erde doch auch größere Mengen an Sauerstoff gibt. Sauerstoff (und andere Elemente) sind jedoch sehr ungleichmäßig im Universum verteilt. Wenn die Erdatmosphäre ein Bereich des Universums mit erhöhter Sauerstoffkonzentration ist, dann kann es das in anderen Bereichen des Universums doch ebenfalls geben, oder etwa nicht? Man sollte dabei die Masse der Elemente nicht außer Acht lassen. Wasserstoff ist das leichteste Element, Helium das zweitleichteste. Ein Sauerstoffatom hat die 16-fache Masse eines Wasserstoffatoms und immer noch die vierfache Masse eines Heliumatoms. Infolgedessen werden Sauerstoffatome in Gravitationsfeldern sehr viel stärker angezogen, als es bei Wasserstoff oder Helium der Fall ist. Deshalb gibt es in der Erdatmosphäre schließlich kaum Helium, obwohl dieses Element im Universum so häufig ist. Weil es so leicht ist, verliert die Atmosphäre es allerdings an den Weltraum. Sauerstoff hingegen ist deutlich schwerer und kann sich deshalb in der Erdatmosphäre anreichern. Was auf der Erde funktioniert, das kann grundsätzlich genauso gut auf anderen Planeten passieren. Von daher ist es durchaus plausibel, dass es bei Star Trek so viele Planeten mit einer Sauerstoff-Stickstoff-Atmosphäre gibt. Ein kosmischer Nebel hingegen ist quasi eine Atmosphäre ohne Planet. Durch das Fehlen einer großen, zentralen Masse, wie eines Planeten, gibt es keinen Mechanismus, der Sauerstoff in einem kosmischen Nebel im Vergleich zu Wasserstoff anreichern würde.[25] Der Wasserstoff im Nebel ist deshalb praktisch nur mit Helium gemischt. Sauerstoff sollte es da kaum geben.

Dass es in einem kosmischen Nebel, der zu großen Teilen aus Wasserstoff besteht, wohl kaum nennenswerte Konzentrationen an elementarem Sauerstoff gibt, hat noch einen zweiten Grund. Der ist schlichtweg die Stabilität. Wenn es möglich ist, das entsprechende Knallgasgemisch zu entzünden, dann wäre das in den Millionenjahren, die der Nebel existiert, schon längst passiert. Und selbst wenn es nicht in Form einer Explosion abgelaufen ist, dann würde es im Lauf von Jahrmillionen sicherlich zu einer langsamen Reaktion kommen. Wasser würde sich vielleicht nicht in einer großen Explosion bilden. Über einen Zeitraum

---

[25] Etwaige Astrophysiker unter den Lesern mögen das stark vereinfachte Bild der „Atmosphäre ohne Planet" verzeihen. Tatsächlich verfügen viele Nebel über eine Art Zentralgestirn. Zum Beispiel können Nebel durch eine Supernova entstehen. Im Zentrum des Nebels befindet sich dann ein Neutronenstern oder ein schwarzes Loch. Von dort geht sogar eine gewaltige Gravitation aus. Allerdings hat ein Nebel, der durch eine Supernova entstand, eine ganz klare Bewegungsrichtung weg vom Zentrum. Anders als die Atmosphäre eines Planeten, die durch „Einsammeln von Außen" entsteht, ist ein kosmischer Nebel nicht durch Einsammeln schwerer Elemente aus dem umgebenden Weltraum entstanden. Tatsächlich kann es in Nebeln, die aus Supernovae hervorgingen, allerdings durchaus einiges an schwereren Elementen geben. Diese werden nämlich tatsächlich primär in Supernovae gebildet. Ein zündfähiges Knallgasgemisch entsteht dabei jedoch nicht.

von Jahrmillionen würden sich Wasserstoff und Sauerstoff (so es denn möglich ist, dass sie in diesem Nebel reagieren[26]) tatsächlich reagieren. Selbst wenn es nur ein schleichender Prozess wäre. Am Ende bestünde der Nebel dann eben aus Wasser und nicht aus Wasserstoff und Sauerstoff.

Das eigentliche Problem beim Erzeugen einer Explosion durch Anzünden interstellaren Wasserstoffs ist aber die Dichte. Nehmen wir einmal an, dass der Nebel neben Wasserstoff genügend Sauerstoff enthielte. Vielleicht sogar eine genau abgestimmte, stöchiometrische Mischung. Könnte dieses Knallgas dann richtig explodieren?

Im Weltraum herrscht, wie wir schon gesehen haben, ein sehr niedriger Druck und in der Folge ist die Dichte sehr klein. Das hat zunächst einmal Auswirkungen darauf, wie viel Energie pro Volumen frei wird. Die bei einer chemischen Reaktion freiwerdende Energiemenge wird durch zwei Faktoren bestimmt. Das ist einmal die Reaktionswärme pro umgesetzte Menge Wasserstoff und zum anderen die Menge an Wasserstoff. Da die Menge an Wasserstoff pro Volumen im Weltraum sehr gering ist, gilt das Gleiche für die freiwerdende Wärmemenge pro Volumen. Nehmen wir wieder die Annahmen zur Dichte kosmischer Materie aus dem vorherigen Abschnitt. Dann würden bei einer Knallgasreaktion selbst bei der höchsten Dichte, die in kosmischen Nebeln überhaupt vorkommt, nur etwa 40 Mikrojoule pro Kubikmeter in Form von Wärme freigesetzt werden. Das ist eine Energiemenge, die man (bei der Schwerkraft der Erde) braucht, um einen Gegenstand mit einer Masse von vier Milligramm einen Meter hochzuheben. In anderen Worten: fast gar nichts. Bei einer Explosion mit einer solchen Intensität stellt sich die Frage, ob man sie überhaupt mitbekäme. Wie sie ein Raumschiff wie die Discovery in irgendeiner Weise aufhalten soll, das ist dann nochmal eine ganz andere Frage.

Wir wollen uns hier jedoch nicht mit der Frage beschäftigen wie viel (oder wenig) an Explosion ein Sternenflottenraumschiff aushält. Uns geht es um Fragen der Chemie und in diesem Zusammenhang gibt es gleich noch eine Frage: Kann die chemische Reaktion des Knallgases überhaupt ablaufen?

Das Problem in diesem Zusammenhang ist das Prinzip von Le Chatelier. Dieses, nach dem französischen Chemiker Henry Le Chatelier benannte Konzept, besagt, dass sich die Lage eines Gleichgewichts so verschiebt, dass es einem äußeren Zwang ausweicht. Zunächst einmal: Was ist ein Gleichgewicht in der Chemie?

---

[26] Das chemische Reaktionsgleichgewicht könnte sich hier als Problem erweisen. Unter dem Schlagwort „Prinzip von LeChatelier" werden wir diesen Aspekt gleich noch behandeln.

Jede Reaktion, die vorwärts ablaufen kann, kann auch rückwärts ablaufen. Je mehr Produkt sich gebildet hat, desto mehr fängt die Rückwärtsreaktion an abzulaufen. Irgendwann wird pro Zeiteinheit gleich viel Produkt wieder in die Edukte zurück verwandelt wie in der gleichen Zeiteinheit Edukte in Produkte umgewandelt werden. Die Nettoreaktion kommt zum Erliegen.[27] Infolgedessen kann eine Reaktion nie vollständig ablaufen, sondern immer nur bis zum Gleichgewicht. Dieses kann, wie im Fall der Knallgasreaktion, jedoch soweit auf der Seite der Produkte (also des Wassers) liegen, dass man den Eindruck gewinnen kann, dass es keine entsprechende Begrenzung gäbe.

Die genaue Position des Gleichgewichts zwischen gar keiner Reaktion und vollständiger Reaktion ist allerdings nicht fix. Hier kommt das Prinzip von Le Chatelier zum Tragen. Der äußere Zwang ist in unserem Fall der sehr niedrige Druck. Wenn man den Druck senkt, dann versucht ein Reaktionssystem im Gleichgewicht dies zu kompensieren, indem es die Zahl der Gasmoleküle erhöht. Durch die zusätzlichen Gasmoleküle kämpft es quasi gegen den niedrigen Druck an. Bei der Knallgasreaktion werden zwei Wasserstoffmoleküle mit einem Sauerstoffmolekül zu zwei Wassermolekülen umgesetzt. Aus drei Molekülen werden zwei. Das ist das genaue Gegenteil dessen, was das System nach Le Chatelier bei niedrigem Druck will. Es muss also das Gegenteil tun. Wird Wasser in Sauerstoff und Wasserstoff gespalten, dann werden aus zwei Molekülen drei. Genau das ist bei niedrigem Druck die favorisierte Reaktion. Deshalb beginnt sich das Gleichgewicht der Knallgasreaktion bei sinkendem Druck immer weiter auf die Seite der Edukte zu verschieben (weg vom Wasser, hin zu Wasserstoff und Sauerstoff). Senkt man den Druck ein klein wenig unter atmosphärischen Druck, dann merkt man davon so gut wie nichts. Im Weltraum herrscht jedoch, selbst in einem relativ dichten kosmischen Nebel, ein unvorstellbar niedriger Druck. Die Lage des Reaktionsgleichgewichts verschiebt sich deshalb massiv zu den Edukten. Die Knallgasreaktion kann zwar ablaufen. Der maximale Umsatz, den das Gleichgewicht zulässt, ist aber sehr gering.

---

[27] Tatsächlich kann zwar jede Reaktion, die vorwärts ablaufen kann, auch rückwärts ablaufen. Strenggenommen wäre das aber nicht mal nötig, um ein Reaktionsgleichgewicht zu haben. Das Gleichgewicht stellt sich dann ein, wenn die Reaktion ein Minimum der Gibbs'schen Enthalpie erreicht hat. So ein Minimum gibt es bei jeder Reaktion und es liegt immer irgendwo zwischen gar keine und vollständige Reaktion (nie exakt bei gar keine oder vollständige Reaktion). Der entsprechende Ausflug in die chemische Thermodynamik führt hier allerdings etwas zu weit und würde einiges an Mathematik erfordern.

Noch ein paar Details

Das Prinzip von Le Chatelier sagt nicht nur etwas über den Einfluss des Drucks auf das Gleichgewicht aus, sondern auch über den Einfluss der Temperatur. Die Knallgasreaktion ist exotherm. Das heißt, wenn sie abläuft, dann wird Wärme frei. Im Weltraum ist die Temperatur sehr niedrig. Diese niedrige Temperatur ist wieder ein äußerer Zwang gegen den das System anzukämpfen versucht, indem es die Lage seines Gleichgewichts verschiebt. Da bei der Hinreaktion (Wasserbildung) Wärme frei wird, kann sie damit gegen die tiefe Temperatur ankämpfen. Dieser Umstand verschiebt das Gleichgewicht bei tiefen Temperaturen wieder zurück auf die Seite des Produkts. Und da es im Weltraum sehr kalt ist, verschiebt sich die Gleichgewichtslage durch die tiefe Temperatur sehr stark zum Produkt Wasser.

Die tiefe Temperatur könnte damit theoretisch den niedrigen Druck kompensieren. Vordergründig wäre damit dann doch wieder ein fast vollständiges Ablaufen der Reaktion möglich. Bei tiefen Temperaturen laufen Reaktionen allerdings auch langsamer ab. Bei etwa minus 270 Grad Celsius, wie sie im Weltraum herrschen, kann man bei einer derartig langsamen Reaktion kaum noch von einer Explosion sprechen. Außerdem würde die Temperatur durch die Reaktion steigen. Der Druck hingegen kaum. Deshalb ließe sich die Gleichgewichtslage dadurch effektiv nicht wirklich so zum Wasser verschieben, dass eine richtige Explosion möglich wäre. Die Begrenzung des Reaktionsumsatzes bleibt deshalb bestehen.◄

Noch einen zweiten Aspekt gilt es zu berücksichtigen, wenn man sich die Verbrennung eines interstellaren Nebels ansieht. Der niedrige Druck macht nämlich noch mehr Probleme. Selbst wenn wir uns einen Nebel vorstellen, der aus einer sich zündfähigen Mischung aus Sauerstoff und Wasserstoff besteht und wir einmal davon ausgehen, dass das Gleichgewicht der Reaktion kein Problem darstellt, kommt noch ein weiteres Problem dazu: Die Reaktionsgeschwindigkeit.

Keine chemische Reaktion läuft von jetzt auf gleich ab. Es vergeht immer Zeit. Das kann sehr viel Zeit sein oder sehr wenig. Ähnliche Reaktionen können mit sehr unterschiedlicher Geschwindigkeit ablaufen. Man spricht von der jeweiligen Reaktionskinetik. Wenn ein Nagel verrostet, dann ist das eine Oxidation von Eisen. Die Reaktion braucht Monate oder Jahre, bevor sie abgeschlossen ist. Wenn Wasserstoff oxidiert wird, dann ist das die in diesem Abschnitt diskutierte Knallgasreaktion. Diese Reaktion verläuft – im wahrsten Sinne des Wortes – explosionsartig. Binnen weniger Millisekunden ist die Reaktion von

Sauerstoff mit Wasserstoff abgelaufen. Die Reaktion von Sauerstoff mit Eisen braucht dagegen Jahre. Das hat verschiedene Gründe. Ein wesentlicher Punkt ist dabei die Zugänglichkeit. Die äußerste Schicht an Eisenatomen im Nagel ist für den Luftsauerstoff noch gut zugänglich. Bei der nächsten Schicht wird es schon schwieriger und je tiefer es in den Nagel hinein geht, desto schlechter wird die Zugänglichkeit. Dementsprechend läuft die Oxidationsreaktion im Fall des Eisennagels sehr langsam ab, weil der Sauerstoff kaum zu den Eisenatomen im Nagel gelangt. Sieht man sich dagegen Eisenspäne an, dann stellt man fest, dass diese sehr viel schneller komplett durchoxidieren. Durch die vielen kleinen Eisenpartikel gibt es eine sehr viel größere Gesamtoberfläche und die am tiefsten gelegenen Eisenatome sind ebenfalls nicht so tief im Inneren des Spans gelegen wie im Fall des Nagels. Dementsprechend oxidieren Eisenspäne schneller als ein Eisennagel. Je kleiner die einzelnen Eisenpartikel werden, desto größer ist die Gesamtoberfläche und desto kürzer ist der Weg ins Innere. Die kleinsten Partikel, die man sich vorstellen kann, sind einzelne Atome. Oder im Fall von Sauerstoff und Wasserstoff: einzelne Moleküle. Werden die Moleküle perfekt durchmischt, dann ist die Erreichbarkeit kein Problem mehr und die Reaktion kann theoretisch beliebig schnell ablaufen. Es gibt aber noch weitere Faktoren, die die Geschwindigkeit einer chemischen Reaktion begrenzen. Einer davon ist die Konzentration.

Der Zusammenhang zwischen Konzentration und Reaktionsgeschwindigkeit ist wahrscheinlich wenig überraschend: Je höher die Konzentration der Ausgangsstoffe ist, desto schneller läuft die Reaktion ab. Und umgekehrt: Je niedriger sie ist, desto langsamer wird die Reaktion. Je mehr Moleküle des Ausgangsstoffs pro Volumen vorhanden sind, desto höher ist die Wahrscheinlichkeit, dass sie aufeinandertreffen, womit mehr Reaktion pro Zeit ablaufen kann. Dieser Zusammenhang leuchtet eigentlich unmittelbar ein. Doch was hat jetzt der Druck damit zu tun?

Vereinfacht gesagt entspricht der Druck der Konzentration in Gasen. Genauer gesagt: der Partialdruck. Darunter versteht man den Druck multipliziert mit dem Anteil des Stoffs an der Mischung. Warum dieser Partialdruck quasi das Maß für die Konzentration eines Stoffs in einer Gasmischung ist, lässt sich am gerade angeführten Beispiel verstehen. Die Konzentration (in Flüssigkeiten) gibt letztlich an, wie viele Moleküle pro Volumenelement (zum Beispiel pro Liter) vorhanden sind. Da sich das Volumen einer Flüssigkeit kaum bei einer Erhöhung des Drucks ändert, ändert sich auch an der Konzentration nichts, wenn sich der Druck erhöht. Anders sieht es bei einem Gas aus. Hier ändert sich das Volumen durchaus, wenn sich der Druck ändert. Sinkt der Druck, dann steigt das Volumen. Die Gesamtzahl der Moleküle bleibt bei einer Druckänderung hingegen unverändert. Pro Volumenelement sinkt damit die Zahl der Moleküle. Damit sinkt dann natürlich die Wahrscheinlichkeit, dass ein Molekül auf ein anderes trifft und eine chemische Reaktion geschehen kann. Deshalb kann man sich den Partialdruck als eine Art effektive Konzentration in Gasen vorstellen.

Stellen wir uns jetzt unseren hypothetischen Knallgasnebel vor. Zusammengesetzt bestehe dieser aus einer stöchiometrischen Mischung aus Wasserstoff und Sauerstoff. Das heißt, wir haben zwei Drittel Wasserstoff und ein Drittel Sauerstoff. Vom Mischungsverhältnis her ist also alles so, dass der interstellare Knallgasnebel perfekt verbrennen könnte. Nur ist der Druck sehr klein. Und klein meint im Zusammenhang mit Druck im Weltraum richtig klein. Entsprechend niedrig sind die Partialdrücke. Der Partialdruck von Wasserstoff betrüge nur zwei Drittel des ohnehin winzigen Gesamtdrucks. Der Partialdruck von Sauerstoff läge sogar nur bei einem Drittel des winzigen Gesamtdrucks. Die Abstände zwischen den Wasserstoff und Sauerstoffatomen sind riesig.[28] Entsprechend selten treffen die Moleküle aufeinander. Die Reaktion mag zwar vielleicht möglich sein. Sie ist allerdings sehr langsam. Mit einer schlagartig ablaufenden Reaktion hätte das wenig zu tun. Die Explosion eines interstellaren Nebels aus Wasserstoff und Sauerstoff wäre deshalb wahrscheinlich kein sehr beeindruckendes Ereignis. Zumindest eine große Schockwelle wäre nicht zu erwarten. Eher ein langsames Abbrennen, das so schwach leuchtet, dass man es kaum wahrnehmen kann. Schließlich verbrennt wegen des Reaktionsgleichgewichts nur ein kleiner Teil. Und selbst wenn alles verbrennen würde, dann wäre es pro Kubikmeter immer noch fast nichts an Energie. Selbst wenn es gelänge, den Wasserstoff eines Nebels zu entzünden und die Verbrennung schnell abliefe, dann wäre die Folge wohl trotzdem kaum eine sonderlich beeindruckende Explosion.

Exkurs

Was könnte sonst noch explodieren?
Wie wir gesehen haben, eignen sich Wasserstoffnebel im Weltraum nicht wirklich zum Anzünden. Doch gäbe es vielleicht kosmische Nebel mit einer anderen Zusammensetzung, die sich dafür eignen würden?

Im neunten Kinofilm *„Star Trek: Der Aufstand"* wird die Enterprise von zwei Raumschiffen der Son'a verfolgt. Um die Lage in den Griff zu

---

[28] Der Begriff riesig ist chemisch gemeint. Natürlich ist der mittlere Abstand zwischen zwei Molekülen in einem interstellaren Nebel nur wenige Millionstel Meter groß. Für ein Molekül, das selbst nur wenige Hundertmilliardstel Meter groß ist, ist das aber ein unvorstellbar großer Abstand.

bekommen, entwickelt William T. Riker eine Taktik, die von Geordi La Forge als Riker-Manöver bezeichnet wird. Dazu sammelt die Enterprise mit ihren Bussardkollektoren interstellares Metreongas ein. Anschließend wird das Metreongas unmittelbar vor dem Bug der Son'a abgelassen, die es durch ihre eigenen Waffen entzünden und zur Explosion bringen. Wie kann das funktionieren? Und was ist eigentlich Metreongas?

In der Voyager-Episode „*Dr. Jetrels Experiment*" erfahren wir, dass instabile Metreonisotope genutzt werden können, um eine Massenvernichtungswaffe namens Metreonkaskade zu erzeugen. Das verrät uns schon sehr viel darüber, was Metreon chemisch ist. Wir haben es offensichtlich nicht mit einer Verbindung zu tun, die aus Atomen verschiedener Elemente zusammengesetzt ist. Metreon ist offenbar selbst ein Element. Isotope sind unterschiedliche Atome, die aber trotzdem zum gleichen Element gehören. Die verschiedenen Isotope eines Elements besitzen die gleiche Anzahl an positiv geladenen Protonen. Dadurch haben sie auch die gleiche Zahl an Elektronen, die wiederum die chemischen Eigenschaften bestimmen. Chemisch handelt es sich bei Isotopen um Atome des gleichen Elements, die sich lediglich in ihrer Masse unterscheiden, da sie unterschiedlich viele Neutronen im Kern haben. Die chemischen Eigenschaften sind dagegen die gleichen.[29]

Metreon scheint also ein bisher unbekanntes, chemisches Element zu sein. Wie alle Elemente, die heutzutage und wohl auch in Zukunft noch neu entdeckt werden, ist es instabil. Die radioaktiven Zerfälle, durch die sich die Atome eines Elements in Atome eines anderen Elements umwandeln, kann man chemisch jedoch nicht auslösen. Wollte man eine Metreonexplosion auslösen, dann müsste man eine Kernspaltung initiieren.[30] Wenn die Waffen der Son'a Neutronenstrahlung freisetzen, dann könnte das durchaus passieren.

---

[29] Ganz stimmt das nicht. Es gibt den sogenannten kinetischen Isotopeneffekt. Schwere Isotope reagieren chemisch in der Regel langsamer als leichtere Isotope des gleichen Elements. Zumindest bei Wasserstoffisotopen kann man diesen Effekt merklich feststellen.

[30] Eine Kernfusion, also das Verschmelzen von Atomkernen, scheint im Fall von Metreon hingegen unwahrscheinlich. Metreonisotope sind offenbar sehr schwere Atomkerne. Das kann man deshalb sagen, weil alle leichten Elemente bereits bekannt sind. Die Ordnungszahlen 1 bis 92 sind bereits mit natürlich auf der Erde vorkommenden Elementen belegt. Danach kommen noch über zwanzig weitere, mittlerweile entdeckte künstliche Elemente. Die größten natürlichen Elemente sind schon sehr schwer. Die künstlichen nochmal deutlich schwerer. Jedes weitere Element muss noch viel schwerer sein. Während leichte Elemente zur Fusion neigen (selbst wenn sie trotzdem schwierig herbeizuführen ist), neigen schwere Elemente zur Spaltung. Bei einem derart schweren Element wie Metreon scheint daher nur Spaltung plausibel zu sein.

Ein solcher kernchemischer Vorgang bei dem eine „Reaktion" auf nuklearer Ebene stattfindet, wäre eine mögliche Erklärung. Aber könnte die Metreonexplosion auch durch eine „klassische chemische Reaktion" ausgelöst werden?

Bloß weil Metreon ein Element ist, bedeutet das nicht, dass Metreon nicht in Form von Molekülen vorliegen kann. Viele Elemente tun das schließlich. Bei sehr vielen Nichtmetallen verbinden sich zwei Atome eines Elements zu einem Molekül des Elements. Man denke nur an Wasserstoff (H_2), Sauerstoff (O_2), Stickstoff (N_2) oder Chlor (Cl_2). Bei einzelnen Elementen können es sogar deutlich mehr Atome sein. So kann Sauerstoff auch als Ozon vorliegen. Ein Ozonmolekül besteht lediglich aus Sauerstoffatomen. Allerdings ist es aus drei Sauerstoffatomen aufgebaut (O_3). Schwefel bildet unter bestimmten Bedingungen beispielsweise ringförmige Moleküle aus acht Schwefelatomen (S_8). Möglicherweise verbinden sich Metreonatome auf ähnliche Weise zu Molekülen.

Die Bildung solcher Metreonmoleküle wäre mit der Knüpfung von Bindungen zwischen den Atomen verbunden. Beim Knüpfen von Bindungen wird Wärme frei. Die Reaktion ist exotherm, wie man in der Chemie sagt. Ist die Bildungsreaktion der Metreonmoleküle sehr stark exotherm und läuft sehr schnell ab, dann könnte man sich eine Explosion zumindest vorstellen. Im vernachlässigbar kleinen Druck des Weltraums wäre das Reaktionsgleichgewicht allerdings wieder ein Problem. Bei der Bildung von Metreonmolekülen aus Metreonatomen verringert sich die Zahl der Teilchen. Das Prinzip von Le Chatelier sagt uns, dass eine solche Reaktion bei hohen Drücken begünstigt ist. Bei niedrigen Drücken favorisiert das Gleichgewicht eine Erhöhung der Teilchenzahl. Dazu müssten Metreonmoleküle in Metreonatome zerlegt werden. Bei der Spaltung chemischer Bindungen wird jedoch keine Energie frei. Vielmehr muss dafür Wärme aufgewendet werden. Es würde also nicht heiß, sondern kalt werden. Eine Explosion lässt sich so nicht zustande bringen. Die kernchemische Erklärung einer Nuklearexplosion ist daher wohl doch deutlich wahrscheinlicher als eine chemische Reaktion von Molekülen.

Egal ob die Explosion des interstellaren Metreongases durch Neutronenstrahlung oder durch chemische Reaktion ausgelöst wird, es stellt sich die Frage, warum das nicht schon viel früher passiert ist. Ein kosmischer Nebel, der aus einem (wie auch immer gearteten) instabilen Stoff besteht, der sich einfach zünden lässt, hätte wohl kaum Millionen von Jahren überlebt. Das Gleiche würde natürlich genauso für einen zündfähigen Nebel aus Wasserstoff und Sauerstoff gelten. Das Riker-Manöver wäre grundsätzlich aber doch

denkbar. Denn zunächst wird dabei Metreongas eingesammelt und anschließend in erhöhter Konzentration wieder ausgestoßen. Dieses verhältnismäßig
dichte Metreongas würde sich wegen seines (verglichen mit der Umgebung)
hohen Drucks sehr schnell im Weltraum wieder verteilen. Da die Son'a jedoch
innerhalb weniger Sekunden ihre Waffen abfeuern, mag es durchaus realistisch
sein, dass sie die Wolke zünden, weil diese noch eine recht hohe Dichte hat.◄

2.4 Ein Mond kreist

Ein weiteres Beispiel für die Verwendung von Wasserstoff als Explosivstoff kennen wir aus der *Serie Star Trek: Das nächste Jahrhundert*. In der 17. Episode der
4. TNG-Staffel, *„Augen in der Dunkelheit"*, beginnt fast die gesamte Besatzung
der Enterprise zu halluzinieren. Ausgenommen davon sind nur zwei Crewmitglieder. Zum einen natürlich Data. Als Android ist sein positronisches Gehirn
für Halluzinationen und andere Wahnvorstellungen naturgemäß weniger anfällig. Das zweite, nicht halluzinierende Crewmitglied ist die Halbbetazoide Deanna
Troi. Sie hat allerdings seltsame Träume, in denen sie immer wieder eine Stimme
davon sprechen hört, dass „ein Mond kreist".

Was war los? Die Enterprise war auf der Suche nach der USS Brattain. Als
sie das verschwundene Schiff endlich wieder gefunden hatte, musste man feststellen, dass die Halluzinationen bei deren Besatzung schon früher begonnen
hatten. Schließlich waren alle dem Wahnsinn verfallen und haben sich gegenseitig umgebracht. Beim Versuch, die entsprechende Region des Weltraums zu
verlassen, droht die Enterprise das gleiche Schicksal zu ereilen wie die Brattain. Zunächst einmal sitzt sie fest. Wie sich nach einiger Zeit herausstellt, sind
die Enterprise und die Brattain in einem sogenannten Tykenspalt gefangen. Ein
Tykenspalt ist eine Raumanomalie, die bei Star Trek nach dem melthusianischen
Captain benannt ist, der als erster in einem solchen feststeckte. Befreien kann
man sich daraus nur, indem man eine gewaltige Explosion erzeugt. Gewaltig
meint hier wirklich gewaltig, denn selbst die Photonentorpedos der Enterprise
reichen dazu nicht aus.

Die Enterprise (und die Brattain) sind jedoch offenbar nicht die einzigen
Raumschiffe, die in besagtem Tykenspalt festsitzen. Unbemerkt von den Ster-
nenflottenschiffen scheint an dessen anderen Ende ein weiteres Raumschiff
festzusitzen. Viel erfahren wir nicht über diese Fremden. Nur zwei Dinge wissen
wir: Sie sind Telepathen und benötigen Wasserstoff, um die befreiende Explosion

auszulösen. Ihre telepathischen Signale sind offenbar für die meisten humanoiden Spezies nicht decodierbar, sondern stören nur deren REM-Schlaf. Deshalb beginnt die Crew früher oder später zu halluzinieren und dem Wahnsinn zu verfallen. Lediglich die Halbbetazoide Deanna Troi erhält die Nachricht korrekt. Nur kann sie damit erst einmal wenig anfangen.

Statt einer klaren Ansage, was sie eigentlich brauchen, teilen die Fremden Deanna in deren Träumen nur immer wieder mit, dass „ein Mond kreist". Nach langem Überlegen kommt man schließlich zur richtigen Schlussfolgerung. Es soll eine Anspielung auf Wasserstoff sein. Man stellt sich ein Wasserstoffatom dabei als einen Planeten vor, um den ein Mond kreist. Dabei ist alles natürlich sehr stark verkleinert. Das Bild ist angelehnt an das Bohrsche Atommodell: ein Atomkern, um den ein einzelnes Elektron als „Mond" kreist. Basierend auf dieser Erkenntnis leitet die Enterprise deshalb Wasserstoff in den Spalt ein. Dieser wird dann von den Fremden genutzt, um die befreiende Explosion zu erzeugen.

Warum die telepathischen Fremden sich nicht etwas klarer ausdrücken können, sondern auf die Metapher mit dem kreisenden Mond zurückgreifen müssen, sei einmal dahingestellt. Aus dramaturgischen Gründen ergibt es wohl irgendwie Sinn. Die Frage ist allerdings, ob die Metapher überhaupt eine treffende Beschreibung dessen darstellt, was sie benötigen?

Laut Bohrschem Atommodell ist ein Wasserstoffatom tatsächlich ein Atomkern, um den ein einzelnes Elektron kreist. Ob das Bohrsche Atommodell eine wirklich treffende Beschreibung der Realität ist, das sei jetzt einmal dahingestellt. Wir werden uns dieser Frage in einem anderen Kapitel noch einmal annehmen. Für Wasserstoffatome ist es vielleicht sogar eine ganz brauchbare Annäherung. Das Bild des kreisenden Monds hingegen passt nicht so wirklich.

Zunächst einmal: Was ist ein Mond? Ein Mond ist ein Himmelskörper, der um einen deutlich größeren Himmelskörper kreist. Niels Bohr würde diese Übertragung auf das Wasserstoffatom so weit unterschreiben. Ein Mond kreist jedoch nicht um einen beliebigen Himmelskörper. Er kreist um einen Planeten. Ein Planet ist selbst wiederum ein Himmelskörper, der um einen anderen, nochmals deutlich größeren Himmelskörper kreist. Ein Mond ist damit ein Himmelskörper, der um einen Planeten kreist, der um eine Sonne kreist. Ein etwas merkwürdiges Bild für ein Wasserstoffatom. In einem Wasserstoffatom kreist schließlich nur ein Elektron um einen Atomkern. Wenn man in Analogie zum Begriff Mond für das Elektron, den Atomkern als Planet bezeichnet, dann stellt sich die Frage, wo die Sonne ist. Eine treffendere Metapher wäre dementsprechend wohl eher „ein Planet kreist". Wenn man seine Kommunikation schon derart schwer verständlich macht, dass man lebenswichtige Informationen in Form von Träumen übermittelt und darin zusätzlich keine klaren Aussagen macht, sondern Metaphern verwendet, dann sollten es wenigstens passende Metaphern sein.

„Ein Planet kreist" kommt als Bild schon etwas näher an die Realität eines Wasserstoffatoms heran. Doch wollen die Fremden eigentlich Wasserstoffatome haben? Wasserstoff tritt nicht in Form von Wasserstoffatomen auf, sondern als Wasserstoffmolekül. Jeweils zwei Wasserstoffatome bilden ein Wasserstoffmolekül. Elementarer Wasserstoff wird in der Chemie deshalb als H_2 bezeichnet. Man kann zwar durchaus einzelne Wasserstoffatome herstellen. Ein Gas bestehend aus diesen Atomen herzustellen und zu lagern, geht allerdings nicht. Einzelne Wasserstoffatome bezeichnet man schließlich nicht ohne Grund als Wasserstoffradikale. Der Begriff des Radikals kommt daher, dass sie so reaktionsfreudig sind. Sie haben also eine sehr hohe Neigung dazu, chemische Reaktionen mit anderen Stoffen einzugehen. Trifft ein Radikal auf ein Molekül oder gar ein anderes Radikal, dann neigt es dazu, sofort eine Verbindung einzugehen. In einem Gas aus Wasserstoffatomen träfen dementsprechend ständig Radikale aufeinander. Das Gas bliebe deshalb keine Ansammlung von einzelnen Atomen, da die sich treffenden Radikale sofort zu einem Molekül werden. Es würde sich in kürzester Zeit in eine Ansammlung von Wasserstoffmolekülen umwandeln. Entsprechend unpassend ist wiederum das Bild vom einen Mond/Planeten, der kreist.

Ein Wasserstoffmolekül besteht aus zwei Wasserstoffatomen. Dementsprechend gehören nicht ein, sondern zwei Elektronen zum Molekül. Tatsächlich hat man es mit zwei kreisenden Planeten zu tun. Die Außerirdischen vom anderen Ende des Tykenspalts taten jedoch gut daran nicht einfach „zwei Monde kreisen" zu kommunizieren. Das hätte man nämlich als Bild für Helium interpretieren müssen. Hätte die Enterprise Helium in den Spalt eingeleitet, dann hätte das fremde Raumschiff auf der anderen Seite des Tykenspalts damit exakt gar nichts anfangen können. Es gibt nämlich im ganzen Universum nichts, dass noch weniger zur Herbeiführung einer Reaktion geeignet ist als Helium.[31] Ein Wasserstoffmolekül hingegen besteht aus zwei „Planeten", die um zwei „Sonnen"

---

[31] Chemisch gesehen ist Helium ein Edelgas und als solches nicht zu chemischen Reaktionen fähig. Das gilt für die anderen Edelgase genauso. Für einige davon (Krypton und vor allem Xenon) ist es im Labor allerdings schon gelungen, Reaktionen durchzuführen und dadurch Edelgasverbindungen herzustellen. Das funktioniert umso besser, je weiter unten im Periodensystem der Elemente das entsprechende Edelgas steht. Für das von allen natürlich vorkommenden Edelgasen am weitesten untenstehende Radon gibt es dazu wegen seiner Radioaktivität noch recht wenig Erkenntnisse. Für das darüberstehende Xenon funktioniert die Herstellung von chemischen Verbindungen zumindest unter Laborbedingungen mit großem Aufwand. Das darüberstehende Krypton kriegt man mit Fluor unter größtem Aufwand noch zu einer instabilen Verbindung umgesetzt. Aus dem weiter oben folgenden

kreisen. Denn es gibt schließlich zwei Atomkerne im Molekül. Die Botschaft „zwei Planeten kreisen um zwei Sonnen" wäre also deutlich präziser gewesen. Ob sie schneller zu einer korrekten Interpretation als Hinweis auf Wasserstoff geführt hätte, sei einmal dahingestellt.

Noch ein paar Details

Strenggenommen kreisen die beiden Planeten genannten Elektronen nicht wirklich frei um die beiden Sonnen oder jeweils eine der beiden Sonnen. Im Wasserstoffmolekül teilen sich die beiden Atomkerne auf gewisse Weise die beiden Elektronen. Das ist die Ursache für die Bindung zwischen den Atomen. Würden die Elektronen einfach nur um die beiden zentral angeordneten Atomkerne oder alternativ jeweils einzeln um ihren jeweiligen Atomkern kreisen, dann gäbe es keine Bindung.

Um eine Bindung zu erreichen, müssen sich die Elektronen zwischen Atomkernen befinden. Die beiden positiv geladenen Atomkerne (die sich gegenseitig abstoßen würden), ziehen die negativ geladenen Elektronen an. Diese Anziehung zwischen Atomkernen und Elektronen hält letztlich die Atomkerne zusammen. Dafür dürfen sich die Elektronen jedoch nicht frei auf einer Umlaufbahn bewegen, sondern müssen sich zwischen den Atomkernen aufhalten. Oder noch präziser: Sie müssen sich bevorzugt zwischen den Atomkernen aufhalten. Zum Teil befinden sie sich auf einer Umlaufbahn, zum Teil konzentrieren sie sich zwischen den Atomkernen. Das ist die Grundlage der sogenannten kovalenten Bindung und mit dem Bohrschen Atommodell nicht wirklich gut erklärbar.

Es wäre in der Tat etwas schwierig, das in griffiger Weise telepathisch so zu kommunizieren, dass es in einen Traum passt. Deswegen haben sich die Außerirdischen aus Star Trek hier wohl des vereinfachten Bilds des einzelnen kreisenden Monds bedient.◄

Auf jeden Fall zieht man auf der Enterprise die richtigen Schlüsse. Man schickt also Wasserstoff über die Bussardkollektoren in das Innere des Tykenspalts. Dabei bewegt sich eine Wasserstoffwolke in Form eines rot leuchtenden Strahls vom Schiff in Richtung der Anomalie. Ist das eigentlich so ohne Weiteres möglich?

Argon ist es bisher nur gelungen, bei weniger als minus 260°C so etwas wie eine Verbindung zu erzeugen. Bei Neon wird es noch schwieriger und beim am weitesten obenstehenden Edelgas Helium braucht man nicht mal an eine Reaktion unter Laborbedingungen zu denken, von einer explosionsartigen Reaktion ganz zu schweigen.

Zunächst einmal stellt sich die Frage, warum der Wasserstoff ausgerechnet rot leuchtet. Eigentlich ist Wasserstoff doch ein farbloses Gas? Vom Grundsatz her ist das richtig. Mit dem bloßen Auge kann man Wasserstoff nicht von Luft unterscheiden. Beides sind farblose Gase. Das bedeutet aber nicht, dass Wasserstoff keinerlei Farben haben kann. Werden Atome energetisch angeregt, dann kann es dazu kommen, dass Elektronen kurzzeitig in ein höheres Energieniveau übergehen. Bei der Rückkehr in ein niedrigeres Energieniveau senden sie Licht aus. Die Wellenlänge dieses Lichts ist wiederum umgekehrt proportional zum Unterschied der beiden Energieniveaus und spezifisch für das jeweilige Element. Je nachdem wie weit die einzelnen Energieniveaus bei einem Element auseinanderliegen, haben die ausgesandten Photonen unterschiedlich viel Energie. Die Energie der Photonen entspricht wiederum einer bestimmten Wellenlänge des Lichts und damit einer Farbe.

Wasserstoff besitzt, wie alle Elemente, mehrere mögliche energetische Zustände und entsprechend mehrere Wellenlängen, die den jeweiligen Unterschieden im Energieniveau entsprechen. Kehrt ein Wasserstoffatom in seinen niedrigsten Energiezustand (die K-Schale) zurück, dann wird dabei am meisten Energie frei. Das entstehende Licht ist deshalb sehr energiereich und entsprechend kurzwellig. Mit dem bloßen Auge ist es nicht zu sehen, da es zum ultravioletten Teil des Spektrums gehört. Kehrt das Wasserstoffatom erstmal nur in seinen zweitniedrigsten Energiezustand (die L-Schale) zurück, dann wird auch weniger Energie frei. Das entstehende Licht ist entsprechend langwelliger und nun tatsächlich im sichtbaren Bereich des Spektrums. Abhängig davon, von welchem angeregten Zustand das Atom zurückkehrt, unterscheidet sich die freiwerdende Energiemenge trotzdem noch ein bisschen. Kehrt es aus einem sehr hohen Energieniveau zurück, dann ist das freiwerdende Licht blau oder sogar violett. Hat es sich dagegen nur aus dem drittniedrigsten Energieniveau (der M-Schale) in das zweitniedrigste Energieniveau zurückbewegt, dann wird Licht mit einer Wellenlänge von 656,28 Nanometern ausgesandt. Diese charakteristische Wellenlänge gehört zum roten Licht und ist als H-alpha bekannt.[32] H-alpha ist tatsächlich

---

[32] Daneben hat Wasserstoff noch eine ganze Reihe anderer charakteristischer Wellenlängen für von ihm emittierten Lichts. Man spricht von sogenannten Spektrallinien. Charakteristisch sind die Spektrallinien deshalb, weil sie mit ihren konkreten Wellenlängen nur bei Wasserstoff vorkommen. Jedes andere Element hat ebenfalls Spektrallinien. Diese sind aber wieder für das jeweilige Element spezifisch. Diesen Effekt macht man sich nicht nur in der chemischen Analytik zunutze, sondern auch in der Astrochemie. Dabei geht es darum, die chemische Zusammensetzung von weit entfernten Himmelskörpern zu bestimmen (was allein schon deshalb spannend ist, weil es verraten könnte, ob außerirdisches Leben an einem

die hellste sichtbare Spektrallinie des Wasserstoffs. Ein rotes Leuchten wäre für angeregten Wasserstoff deshalb zumindest nicht ganz abwegig.

Es bleibt indes die Frage, was den Wasserstoff zum Leuchten bringt. Von sich aus fängt Wasserstoff jedenfalls nicht an, Licht zu emittieren. Er muss irgendwie energetisch angeregt werden, damit er leuchtet. Vielleicht bringt uns die Beantwortung der nächsten Frage hier weiter.

Ein weiteres Problem beim Einleiten von Wasserstoff ins Innere des Tykenspalts, ist nämlich die Bewegungsrichtung. Lässt man Wasserstoff in den Weltraum austreten, dann verteilt er sich gleichmäßig im Vakuum. Er bewegt sich nicht als Strahl zielgerichtet genau dahin, wo er hin soll. Tritt der Wasserstoff mit einer sehr hohen Geschwindigkeit aus, dann besitzen seine Moleküle einen gewissen Vorzugsimpuls. Der Impuls entspricht dem Produkt aus der Masse der Moleküle und ihrer Geschwindigkeit. Der Grundsatz der Impulserhaltung besagt nicht nur, dass der Zahlenwert des Impulses erhalten bleibt, sondern auch, dass die Bewegungsrichtung erhalten bleibt. Bei einem elastischen Zusammenstoß zweier Körper kann sich zwar die Bewegungsrichtung der einzelnen Körper ändern, aber der Gesamtimpuls (unter Berücksichtigung der Richtung) bleibt erhalten. Wenn die Wasserstoffatome also mit hoher Geschwindigkeit in Richtung des Tykenspalts aus dem Raumschiff austreten, dann behalten sie diese Bewegungsrichtung bei. Im Vakuum des Weltalls gibt es schließlich nichts, was sie aufhalten würde. Allerdings ist die Austrittsrichtung aus dem Bussardkollektor nur eine Vorzugsrichtung. Sie ist bei Weitem nicht die einzige Bewegungsrichtung, die die Moleküle haben.

In einem Gas bewegen sich alle Moleküle willkürlich in alle Richtungen. In einem schnellen Gasstrom wird diese Bewegung der Moleküle im Inneren durch die äußere Bewegung des Gasstroms überlagert. Es gibt eine Art Vorzugsrichtung. Trotzdem bewegt sich kaum ein Molekül exakt in Richtung des Ziels, sondern ein bisschen von der Achse des gedachten Wasserstoffstrahls weg. Das ist kein Problem, solange das Gas durch ein Rohr strömt. Sobald ein Gasmolekül den „Rand" des Gasstrahls erreicht, trifft es auf die Rohrwand. Durch den Zusammenstoß mit der Rohrwand wird es wieder in das Innere des Gasstrahls zurückgeführt. Hat der Gasstrahl das Raumschiff und damit das Rohr verlassen, gilt das nicht mehr. Kommt ein Molekül an den Rand des Gasstrahls, dann ist da nichts, was es aufhalten würde. Es würde sich einfach weiter von der Achse des Strahls wegbewegen. Man würde deshalb keinen Strahl aus Wasserstoff beobachten, der aus

anderen Ort des Weltalls grundsätzlich möglich wäre). Da man nicht mal eben so zu weit entfernten Exoplaneten hinfliegen kann, um eine Probe zu nehmen (zumindest nicht, bis Zefram Cochrane endlich den Warpantrieb erfindet), kann man solche Untersuchungen nur basierend auf Licht durchführen, das von den entsprechenden Stoffen emittiert oder absorbiert wurde.

dem Raumschiff austritt, sondern einen Kegel. Je schneller das Gas austritt, desto spitzer läuft der Kegel zu. Eine Aufweitung des Strahls zum Kegel wäre jedoch unvermeidbar. Im Fall des von der Enterprise in den Tykenspalt ausgesandten Wasserstoffstrahls sehen wir das nicht. Vielmehr sehen wir einen wohldefinierten Strahl mit gleichbleibender Dicke.

Die Enterprise muss also irgendetwas tun, um den Wasserstoff zu lenken und seine Ausbreitung in das Vakuum hinaus zu verhindern. Das könnte letztlich auch die Erklärung für das Leuchten des Wasserstoffs sein. Da der Wasserstoff außerhalb des Raumschiffs nicht mehr durch die Wand eines Rohrs eingeschlossen werden kann, scheint dies durch irgendein Kraftfeld zu geschehen. Der Wasserstoff wird über die Bussardkollektoren ausgestoßen. Diese sind eigentlich dazu gemacht, um Gase wie Wasserstoff aus dem interstellaren Raum einzusammeln. Dazu bedarf es geeigneter Kraftfelder. Wie das genau funktioniert, wissen wir nicht (der Bussardkollektor ist schließlich noch gar nicht erfunden). Dabei muss aber irgendwie Energie auf den Wasserstoffstrahl übertragen werden, um seine Aufweitung zum Kegel zu verhindern. Überträgt man Energie auf den Wasserstoff, dann werden dabei die Wasserstoffatome energetisch angeregt. Die Folge könnte das beobachtete, rote Leuchten des Wasserstoffs sein, da ein Teil der Anregungsenergie in Form von Licht abgegeben wird.

Gelingt es auf diese Weise, Wasserstoff in das Innere des Tykenspalts zu leiten, dann können die Außerirdischen damit eine Explosion herbeiführen. Doch reicht diese Explosion aus, um den Spalt aufzulösen? Da wir über (die bisher unentdeckten) Tykenspalten im Grunde genommen nicht viel wissen, können wir erstmal nicht sagen, wie viel Sprengkraft zu deren Zerstörung nötig ist. Das Zünden von Wasserstoff scheint allerdings kaum geeignet zu sein, um ausreichend Energie zu liefern. Wieso kann man das sagen, wo wir doch gar nicht wissen, wie viel Sprengkraft nötig ist?

Nun, was wir von Commander Data erfahren ist, dass ein Photonentorpedo nicht genügend Sprengkraft hat. Selbst wenn wir die genaue Energiemenge bei der Detonation eines Photonentorpedos nicht kennen, so kennen wir doch zumindest das grundsätzliche Funktionsprinzip. Photonentorpedos sind eine Waffentechnologie aus Star Trek, bei der schlagartig große Mengen Energie freigesetzt werden, indem Antimaterie mit Materie reagiert. Wenn Antimaterie auf Materie trifft, dann wandeln sich beide vollständig in Energie um. Das bedeutet, dass sämtliche Masse in Energie umgewandelt wird. Nuklearwaffen basieren ebenfalls auf der Umwandlung von Masse in Energie. Dabei wird allerdings nur ein kleiner Teil der Masse in Energie umgewandelt. Beim Aufeinandertreffen von Antimaterie und Materie wird die komplette Masse von beiden vollständig in Energie umgewandelt. Bei der Detonation eines Photonentorpedos wird deshalb eine unvorstellbar große Menge an Energie frei. Wenn diese Energiemenge nicht reicht, um einen Tykenspalt zu zerstören, dann braucht es wirklich sehr viel Energie dafür. Es stellt sich die Frage, wie eine Wasserstoffexplosion diese Energiemenge liefern soll.

Wenn die Enterprise 1000 t Wasserstoff in den Tykenspalt leiten würde (was eine gewaltige Menge wäre) und die Außerirdischen auf der anderen Seite diesen mit 8000 t Sauerstoff[33] mischen würden, dann würden bei der Explosion 120 Gigajoule an Energie frei. Das wäre schon mal eine gewaltige Energiemenge. Allzu nahe sollte man einer solchen Explosion nicht kommen. Doch wieviel ist das verglichen mit einem Photonentorpedo?

Die Antwort ist: Fast nichts. Mit Einsteins berühmter Gleichung $E = m \cdot c^2$ können wir die freiwerdende Energiemenge in eine „verschwundene" Masse umrechnen. Diese Masse entspricht dann der gesamten Menge an Antimaterie plus Materie, die im Photonentorpedo zum Einsatz kommen. Da die Lichtgeschwindigkeit c sehr groß ist, braucht es nicht sonderlich viel Masse m für diese Energiemenge. Wir kommen auf nicht einmal 1,4 Milligramm. Das heißt, dass ein Photonentorpedo mit gerade einmal 0,7 Milligramm Antimaterie bereits eine solche Explosion erzeugen könnte. Selbst ohne deren detaillierte Spezifikationen zu kennen, kann man wohl davon ausgehen, dass Photonentorpedos der Sternenflotte im 24. Jahrhundert mehr Sprengkraft haben. Abgesehen davon scheint es etwas unwahrscheinlich, dass das Raumschiff auf der anderen Seite 8000 t Sauerstoff dabei hat und einsetzen kann, um den Tykenspalt aufzulösen. Außerdem sollte man bedenken, dass die beiden Gase für eine anständige Explosion zuvor gut gemischt werden müssen. Selbst wenn es mir sehr widerstrebt, Datas Berechnungen zu widersprechen: Die Photonentorpedos wären wohl doch vielversprechender gewesen als die Wasserstoffexplosion. Nur wäre die Episode dann schon nach wenigen Minuten zu Ende gewesen.

---

[33] Auf zwei Wasserstoffmoleküle muss für eine stöchiometrische Verbrennung ein Sauerstoffmolekül kommen. Ein Sauerstoffmolekül wiegt jedoch 16-mal so viel wie ein Wasserstoffmolekül. Man braucht deshalb zwar nur die halbe Menge an Sauerstoffmolekülen, aber die achtfache Masse an Sauerstoff.

Atome einmal ganz anders

3

3.1 Wenn Atome brennen

Nach drei Jahren an Bord der *Voyager* verließ die Ocampa Kes, die bis dahin als Krankenschwester das medizinisch-holographische Notfallprogramm unterstützt hatte, das Raumschiff. Dieser Abgang geschah durchaus beeindruckend, weil es von der vollständigen Entfaltung ihrer telepathischen Kräfte begleitet war. Unterstützt wird sie auf ihrem Weg zur Entwicklung ihrer Fähigkeiten vom Vulkanier Tuvok. Vulkanier besitzen bekanntlich selbst telepathische Fähigkeiten, auch wenn diese nicht annähernd so eindrucksvoll sind, wie es sich für die Ocampa erweisen soll. Die Vulkanier müssen für ihre berühmte Geistesverschmelzung die andere Person nicht nur berühren, sondern sind vor allem auf Telepathie beschränkt. Als Lehrer auf dem komplizierten (und nicht ungefährlichen) Weg der Telepathie scheint ein Vulkanier mit seinem disziplinierten Geist trotzdem durchaus geeignet. Im Fall von Kes erweist sich hingegen, dass Ocampa noch zu viel mehr fähig sind, als sich selbst Tuvok vorstellen kann. Dazu gehören unter anderem telekinetische Fähigkeiten. Ocampa sind nicht nur in der Lage, Gedanken anderer Personen zu lesen und auf telepathischem Wege zu kommunizieren. Sie sind sogar in der Lage, Dinge mit der Kraft ihrer Gedanken zu bewegen.

In der 2. Episode der 4. VOY-Staffel, „*Die Gabe*", kommen Kes Fähigkeiten schließlich zur vollen Entfaltung. Dabei legt sie nicht nur einige physikalisch bemerkenswerte Fähigkeiten an den Tag. Sie demonstriert außerdem, dass sie weit über unserem Verständnis von Chemie steht.

Während einer ihrer Sitzungen mit Tuvok beginnt Kes nicht einfach nur mit ihren Augen, die Kerze vor sich zu sehen. Ihr Blick erweitert sich soweit, dass sie mit ihrem Geist selber das Feuer sieht. Dabei sieht sie das, woran ein Chemiker

K. Müller, *Chemie und Science Fiction*, https://doi.org/10.1007/978-3-662-64385-3_3

beim Stichwort Verbrennung denkt: Sie beginnt die einzelnen Moleküle wahrzunehmen, die sich schnell bewegen und miteinander reagieren. Dann beginnt sie noch tiefer zu blicken und selbst aktiv in den chemischen Prozess einzugreifen – auf subatomarer Ebene. Schließlich und endlich reicht ihr geistiger Blick sogar über das Subatomare hinaus, was Tuvok dann aber doch für etwas abwegig hält.

Bleiben wir mal bei dem, was sie mit der Flamme tut. Sie intensiviert sie, sodass sie deutlich größer wird. Diesen Eingriff in die Chemie nimmt Kes, wie gesagt, auf subatomarer Ebene vor. Wie hat man sich das vorzustellen und ergibt das chemisch gesehen überhaupt einen Sinn?

Sehen wir uns zunächst einmal die Verbrennung selbst chemisch an. Verbrennung lässt sich vereinfacht als schnell ablaufende Totaloxidation beschreiben. Schnellablaufend meint, dass wir bei der Verbrennung nicht über einen langsamen, schleichenden Prozess sprechen wie beim Verrosten eines Nagels, selbst wenn es eine chemisch recht ähnliche Reaktion sein mag. Totaloxidation bedeutet, dass der (in diesem Fall organische) Brennstoff zu Kohlenstoffdioxid und Wasser umgesetzt wird. Bei anderen Oxidationsreaktionen läuft die Reaktion nur teilweise. Dann bilden sich beispielsweise Alkohole oder Karbonylverbindungen.

In der Praxis bedeutet Totaloxidation nicht zwangsläufig, dass tatsächlich der gesamte Brennstoff umgesetzt wird. Insbesondere bei Sauerstoffmangel wird ein Teil der Brennstoffmoleküle nicht oder nur teilweise verbrannt. Nicht vollständig verbrannte Brennstoffmoleküle lagern sich meistens zu kleinen Partikeln zusammen, die unter dem Begriff Ruß bekannt sind. Da sie oft sehr klein sind, können sie beim Einatmen bis tief in die Lunge eindringen und dort Schaden anrichten. Diese Rußpartikel sind eine der Hauptursachen, der Problematik, die oft unter dem Begriff Feinstaub diskutiert wird. Bei einer sauberen Verbrennung soll möglichst wenig unverbrannter Brennstoff in Form von Rußpartikeln von der Flamme mitgerissen und im Raum verteilt werden.

Wird der Brennstoff mit Sauerstoff umgesetzt, dann handelt es sich aber trotzdem noch nicht zwingend um eine Totaloxidation. Bei einer idealtypischen Verbrennung werden die Moleküle des Brennstoffs vollständig zerlegt und mit Sauerstoff umgesetzt. Die Wasserstoffatome werden mit Sauerstoff zu Wasser umgesetzt. Die Kohlenstoffatome werden mit Sauerstoff zu Kohlenstoffdioxid umgesetzt. Und diejenigen Sauerstoffatome, die bereits Teil des Brennstoffmoleküls waren, werden ebenfalls Teil von Wasser- oder Kohlenstoffdioxidmolekülen. Je mehr Sauerstoff bereits in den Brennstoffmolekülen enthalten war, desto weniger Luftsauerstoff braucht es logischerweise für die Verbrennung.[1]

---

[1] Ein wichtiges Beispiel für einen Brennstoff, der Sauerstoff enthält, ist Ethanol, das als Biokraftstoff Benzin zugesetzt wird. Verbrennungstechnisch haben sauerstoffhaltige Brennstoffmoleküle sowohl Vor- als auch Nachteile. Ein Vorteil ist, dass sie oft sauberer verbrennen.

In der Realität reicht der in der Flamme verfügbare Sauerstoff nicht immer, um allen Kohlenstoff vollständig zu Kohlenstoffdioxid umzusetzen. Rußpartikel, die im Wesentlichen aus unverbranntem Kohlenstoff bestehen, sind nicht das einzige mögliche Nebenprodukt unvollständiger Verbrennungen. Eine andere Möglichkeit ist die Bildung von Kohlenstoffmonoxid CO. Dabei wird ein Kohlenstoffatom nicht wie bei Kohlenstoffdioxid CO_2 mit zwei Sauerstoffatomen umgesetzt, sondern nur mit einem. Das ist nicht nur deshalb recht ungünstig, weil ein erheblicher Teil der Energie erst beim letzten Reaktionsschritt (der vollständigen Oxidation von CO zu CO_2) frei wird. Kohlenstoffmonoxid ist vor allem deshalb problematisch, weil es sehr giftig ist. Im Blut bindet es wie Sauerstoffmoleküle an das Hämoglobin – nur deutlich stärker. In der Folge ist das Hämoglobin belegt und es kann weniger Sauerstoff von der Lunge in den Körper transportieren.

Sieht man von außen auf eine Flamme, dann lässt sich die Chemie darin in der Regel für die meisten Fragestellungen ausreichend durch folgende Reaktion beschreiben:

$$\text{Kohlenwasserstoffe} + \text{Sauerstoff} \rightarrow \text{Kohlenstoffdioxid} + \text{Wasser}$$

Kohlenwasserstoffe können hier alle möglichen Alkane, Alkene, Alkine und Aromaten sein. Außerdem seien damit in unserem Fall auch sauerstoffhaltige Moleküle wie Alkohole oder Fettsäuren mit gemeint. Wenn man etwas genauer sein will, dann sollte man außerdem noch diese, bereits beschriebene Nebenreaktion mit ins Kalkül ziehen:

$$\text{Kohlenwasserstoffe} + \text{Sauerstoff} \rightarrow \text{Kohlenstoffmonoxid} + \text{Wasser}$$

Ansonsten sollte man sich der Tatsache bewusst sein, dass Teile des Brennstoffs oft gar nicht richtig verbrannt werden, was zur Rußbildung führt. In vielen Fällen reicht das schon als chemische Beschreibung der Verbrennung. Komplexer wird

---

Es bildet sich weniger Ruß und die Feinstaubproblematik ist daher weniger ausgeprägt. Ein Nachteil ist wiederum, dass die Moleküle gewissermaßen schon teiloxidiert sind. Der erste Schritt der Verbrennung ist quasi schon abgelaufen. Dementsprechend lässt sich die Energie, die bei diesem ersten Reaktionsschritt der Oxidation freigesetzt würde, nicht mehr nutzen. Der Energieinhalt von sauerstoffhaltigen Brennstoffen ist daher niedriger. Ein weiterer Nachteil ist, dass die Moleküle polarer sind als reine Kohlenwasserstoffe. Dadurch kann sich mehr Wasser in sauerstoffhaltigen Brennstoffen lösen. Dieses Wasser erhöht Gewicht und Volumen des Brennstoffs, nicht aber seinen Brennwert. Obendrein muss es bei der Verbrennung mitverdampft werden. Das erfordert Energie, wodurch die effektiv nutzbare Energie der Verbrennung sinkt.

es hingegen, wenn man fortgeschrittene Verbrennungstechnik betreiben möchte. Oder wenn man, wie Kes es tut, telekinetisch die Verbrennung auf subatomarer Ebene beeinflussen will. Dazu muss man sich der Tatsache bewusst sein, dass es die oben beschriebenen Reaktionen im Grunde genommen so gar nicht gibt.

Sehen wir uns dazu mal eine Kerzenflamme an. Bevor es mit den chemischen Reaktionen losgehen kann, muss das Wachs erst einmal verdampfen. Dabei beginnen die ersten Kohlenwasserstoffmoleküle aufgrund der hohen Temperatur schon in kleinere Bruchstücke zu zerbrechen. Spätestens beim Erreichen der eigentlichen Flamme zerbrechen die Moleküle endgültig. Dabei werden Bindungen gespalten. An den entstehenden Bruchstücken hängen dann oft einzelne Elektronen. Diese kann man sich quasi als halbe Bindungen vorstellen. Diese halben Bindungen haben ein sehr großes Bestreben, sich mit anderen halben Bindungen zusammenzutun, wodurch neue Moleküle entstehen. Aufgrund dieses großen Reaktionsbestrebens nennt man diese Zwischenprodukte Radikale (die wir weiter oben schon kennengelernt haben). Die verschiedenen, unterschiedlich großen Moleküle vereinigen sich untereinander oder mit Sauerstoffmolekülen (oder einzelnen Sauerstoffatomen) zu irgendwelchen anderen Zwischenprodukten. Die meisten dieser Zwischenprodukte haben nur eine Lebensdauer von Sekundenbruchteilen. Die ganze Sache ist so komplex, dass der Reaktionsmechanismus so einer einfachen Sache wie einer Kerzenflamme bis heute nicht bis ins letzte Detail aufgeklärt ist. Im Großen und Ganzen kennt man die Vorgänge in einer Kerzenflamme jedoch mittlerweile. Mit dem Ergebnis, dass man auf eine dreistellige Zahl von Einzelreaktionen kommt. Es beginnt mit dem bereits erwähnten Zerbrechen der großen Brennstoffmoleküle in kleinere Bruchstücke.[2] Die reagieren miteinander oder mit Sauerstoff oder mit sauerstoffhaltigen Zwischenprodukten oder... Na ja, am Ende kommt im Wesentlichen Kohlenstoffdioxid und Wasser raus. In den meisten Fällen reicht es aus, diese Globalreaktion zu betrachten. Allerdings nicht, wenn man die Verbrennung auf subatomarer Ebene beeinflussen will.

Das oben Beschriebene bezieht sich auf die molekulare Ebene. Die submolekulare Ebene wäre dann die atomare Ebene (die Moleküle sind schließlich aus Atomen aufgebaut). Die subatomare Ebene wäre die Ebene der Atomkerne und Elektronen. Auf dieser Ebene die Verbrennung beeinflussen zu wollen, ergibt auf gewisse Weise Sinn. Wir hatten bereits die Bindungen zwischen den Atomen

---

[2] Angesichts der Tatsache, dass Wachs nicht nur einfach ein einzelner, reiner Stoff, sondern eine Mischung verschiedener Kohlenwasserstoffe ist und jeder dieser Kohlenwasserstoff auf verschiedene Weisen in Bruchstücke zerfallen kann, ergibt sich allein bei diesem Schritt schon eine unglaubliche Zahl an Einzelreaktionen.

und die halben Bindungen, die wir Radikale nennen, angesprochen. Die Bindungen zwischen Atomen werden jeweils durch zwei Elektronen vermittelt. Bei den Radikalen liegen einzelne Elektronen vor, die einen Partner suchen, um gemeinsam eine Bindung zu bilden. Im Grunde genommen basiert die Verbrennung (wie eigentlich jede chemische Reaktion) auf dem Aufbrechen und Neuknüpfen chemischer Bindungen. Die Elektronen sind vereinfacht gesagt für die Bildung der Bindungen und Radikale verantwortlich. Diese zu verändern, ist eine Möglichkeit, um die Verbrennung zu beeinflussen. Wenn es Kes mit ihren telekinetischen Fähigkeiten tatsächlich gelingt, Elektronen innerhalb der Moleküle gezielt so zu verschieben, dass zum Beispiel Bindungen brechen, dann kann sie damit tatsächlich die chemische Reaktion beschleunigen. Gewissermaßen würde sie damit die Verbrennung auf subatomarer Ebene beeinflussen.

Auf dem Bildschirm sieht es hingegen eher so aus, als würde sie die Atome und Moleküle beschleunigen. Damit würde sich ihr Eingreifen auf der atomaren oder molekularen Ebene abspielen.[3] Grundsätzlich wäre das genauso denkbar. Möglicherweise sogar etwas einfacher, weil man nicht auf einer ganz so winzigen Skala operieren müsste. Trotzdem wäre die Größenordnung immer noch unglaublich klein. Könnte man eine chemische Reaktion manipulieren, wenn man gar nicht die für die chemischen Bindungen entscheidenden Elektronen beeinflusst?

Damit zwei Moleküle miteinander reagieren können, müssen sie erst einmal zusammentreffen. In der Flamme bewegen sich die Moleküle mehr oder minder zufällig hin und her. Dabei kommt es immer wieder zu Zusammenstößen. Wenn es gelingt, die Bewegung der Moleküle zu beeinflussen, dann könnte man damit die Zahl der Zusammenstöße erhöhen. Dadurch ließe sich die Intensität der Verbrennung verstärken. Mit dem bloßen Aufeinandertreffen der Moleküle ist es aber noch nicht getan. Es kann durchaus vorkommen, dass das Molekül A auf die falsche Ecke von Molekül B trifft. Die Wahrscheinlichkeit, dass es tatsächlich zur Reaktion kommt, ließe sich deutlich erhöhen, wenn es gelänge, die Moleküle immer richtig hinzudrehen. Den stärksten Effekt würde man allerdings wahrscheinlich erzielen, wenn man die Geschwindigkeit der Moleküle erhöhen würde. Je höher die Geschwindigkeit ist, desto größer ist die Energie, die beim Zusammenstoß eine Reaktion bewirken kann.

Um die Geschwindigkeit zu erhöhen, müsste man die Temperatur erhöhen. Das kann auf zwei Arten gelingen: Indem man Wärme zuführt oder indem man

---

[3] Grundsätzlich denkbar wäre allerdings auch, dass die erhöhte Geschwindigkeit der Atome, die man in der Episode sieht, das Resultat eines subatomaren Eingreifens von Kes ist. Gelänge es ihr, die Verbrennung durch subatomare Eingriffe zu beschleunigen, dann würde das letztlich zu einer höheren Temperatur führen. Dadurch würden sich die Atome und Moleküle entsprechend schneller bewegen.

verhindert, dass die Flamme Wärme abführt. Vom Grundsatz her wäre das das Einfachste. Es hätte letztlich aber wenig mit einer atomaren (oder gar subatomaren) Beeinflussung der Flamme zu tun, wie Kes das tut. Wie es physikalisch realisiert werden könnte, steht sowieso nochmal auf einem ganz anderen Blatt.

Trotzdem wäre es denkbar, die Geschwindigkeit der Teilchen zu erhöhen, ohne Energie zuführen zu müssen. Die Moleküle bewegen sich unterschiedlich schnell. Vereinfacht gesagt gibt es relativ wenige langsame Moleküle, viele mittelschnelle Moleküle und wieder relativ wenig schnelle Moleküle. Je höher die Temperatur ist, desto höher ist die Durchschnittsgeschwindigkeit. Bei einer hohen Temperatur ist der Anteil der ausreichend schnellen Moleküle für eine Reaktion größer. Grundsätzlich sind jedoch selbst bei tiefen Temperaturen immer ein paar Moleküle vorhanden, die schnell genug sind. Der Anteil ist lediglich deutlich geringer. Deshalb zündet ein Brennstoff erst, wenn er eine gewisse Temperatur erreicht. Selbst wenn vereinzelt Reaktionen zwischen Molekülen stattfinden, die Wärme der Reaktionen wird zu schnell an die Umgebung abgeführt. Dadurch kann sich das System nicht selbst hochheizen, weswegen die Geschwindigkeit der Reaktion nicht ansteigen kann. Es ist jetzt nicht so, dass es drei Gruppen von Molekülen gäbe: langsame, mittelschnelle und schnelle. Alle Geschwindigkeiten kommen vor. Nur mit unterschiedlicher Häufigkeit. Oder, auf das einzelne Molekül bezogen: Mit unterschiedlicher Wahrscheinlichkeit. Stellen wir uns nun einmal zwei Moleküle vor, die jeweils eine Geschwindigkeit haben, die zu gering für die Reaktion ist. Gelänge es Kes, Bewegungsenergie zwischen den Molekülen umzuverteilen, dann könnte man sich zumindest vorstellen, dass sie fast die ganze Energie auf eines der beiden Moleküle übertrüge. Dieses wäre dann sehr schnell und könnte bei einem Zusammenstoß eine Reaktion auslösen. Das andere wäre dann sehr langsam. Doch das macht letztlich keinen großen Unterschied. Seine Energie hat schließlich vorher schon nicht für eine Reaktion gereicht. Auf diese Art könnte man theoretisch, ohne Energie zuführen zu müssen, die Verbrennung intensivieren.

Soweit die Theorie. Damit kommen wir zur wahren Herausforderung. Wie beeinflusst man einzelne Atome, ganze Moleküle oder gar (auf subatomarer Ebene) Elektronen telekinetisch? Genau wie bei der (bei Star Trek öfter anzutreffenden) Telepathie, wissen wir bei der Telekinese nicht wirklich, wie das Gehirn einer Ocampa Dinge beeinflussen soll, die außerhalb ihres Körpers liegen.

Besonders herausfordernd dürfte es auf jeden Fall werden, Dinge auf (sub)atomarer Ebene zu kontrollieren. Um das tun zu können, muss man das entsprechende Ding zunächst einmal erfassen. Man muss die Atome, Moleküle oder Elektronen gewissermaßen vor seinem inneren Auge sehen. Die Mindestforderung wäre, Ort und Geschwindigkeit der Moleküle erkennen zu können.[4] Zusätzlich wäre es zumindest sehr hilfreich, wenn man ihre Beschaffenheit erkennen könnte. Dabei geht es letztlich einfach darum, zu wissen, um was für ein Molekül es sich handelt. Man sollte also nicht nur erkennen, dass da etwas ist, sondern auch was es ist. Wir wissen nicht genau, wie das entsprechende Sinnesorgan beschaffen sein soll. Klar ist aber, dass ein Sinnesorgan wohl kaum Dinge erfassen kann, die kleiner sind als die Zellen, aus denen es besteht. Biologische Zellen sind mikroskopisch klein.[5] Verglichen mit Atomen und Molekülen sind sie hingegen riesig. Und damit fangen die Probleme erst an. Kes „sieht" schließlich nicht Atome in ihrem Gehirn, sondern weit entfernte Atome. Man könnte einwenden, dass Tuvoks Meditationslampe direkt vor Kes steht und damit alles andere als weit entfernt sei. Chemisch gesehen ist ein Meter aber eine unvorstellbar große Entfernung. Nicht nur gemessen an der Größe der Atome, sondern auch gemessen am deutlich größeren Abstand zwischen den Molekülen, ist ein Meter eine sagenhafte Distanz. Das Problem wird deutlich, wenn man sich bewusstmacht, was alles dazwischenliegt. Selbst wenn die Ocampa ein entsprechendes Sinnesorgan außerhalb der Schädeldecke besitzen (was schon mal erspart, durch den recht kompakten Knochen hindurchblicken zu müssen), dann ist immer noch etwa ein Meter Luft dazwischen. Die Teilchendichte in Gasen mag verhältnismäßig gering sein. Etwa 30 Trilliarden Moleküle finden sich bei Standardbedingungen trotzdem in einem Liter Luft. Die sprichwörtliche Suche nach der Nadel im Heuhaufen ist wahrscheinlich keine treffende Metapher mehr dafür. Es ist viel schlimmer. Durch so viele Moleküle hindurch, inmitten unvorstellbar vieler anderer Moleküle, einzelne Moleküle zu erfassen ist... nun ja... sagen wir mal anspruchsvoll.[6]

---

[4] Die Heisenbergsche Unschärferelation, die wir noch kennenlernen werden, käme an dieser Stelle als weitere Herausforderung dazu. Das wollen wir hier aber erstmal nicht weiter betrachten.

[5] Dieses Beispiel verdeutlicht wieder, dass selbst das Erkennen von Dingen, die genauso groß wie die entsprechenden Sinneszellen sind, nicht möglich ist. Zumindest nicht, wenn man ortsaufgelöst erkennen will, wo das Ding ist oder gar wie es im Detail aussieht. Grundsätzlich wahrnehmen lassen sich Moleküle allerdings schon. Genau das tun unsere beiden chemischen Sinne (Geschmack und Geruch). Diese Sinne können aber eben nur grundsätzlich erkennen, dass die entsprechenden Moleküle da sind. Außerdem müssen die Moleküle zum Körper kommen. Der Geruchssinn ist kein Fernsinn, der Moleküle ohne direkten Kontakt wahrnehmen könnte.

[6] Der eine oder andere mag an dieser Stelle einwenden, dass man durch einen Meter Luft ohne Probleme sehen kann. Für ein Sinnesorgan, das wie das menschliche Auge verhältnismäßig große Objekte optisch erfasst, ist das in der Tat kein Problem. Für ein Sinnesorgan,

Selbst wenn man das „Sehen" der Atome in den Griff bekommt, gehen die Schwierigkeiten weiter. Als nächstes muss man sie beeinflussen. Wenn wir Menschen irgendwelche Dinge außerhalb unseres Körpers beeinflussen, dann berühren wir sie dazu. Die Biologie kennt darüber hinaus noch ein paar chemische Methoden, bei denen Stoffe ausgeschüttet werden, die Dinge außerhalb des Körpers beziehungsweise der Zelle beeinflussen. All das geschieht bei der Telekinese nicht. Hier müssen Dinge berührungslos aus der Ferne beeinflusst werden, ohne einen anderen Stoff dazuzugeben. In unserem Fall: Moleküle müssen aus der Ferne in ihrer Bewegung beeinflusst werden. Kann das überhaupt funktionieren?

Im Fall von Sauerstoffmolekülen würde es tatsächlich schwierig werden. Diese, für die Verbrennung essenziellen Moleküle, sind elektrisch völlig neutral. Nicht nur, dass sie keine Nettoladung besitzen, innerhalb des Moleküls sind Elektronen und Atomkerne so verteilt, dass es keine lokalen Ladungskonzentrationen gibt. In der Chemie nennt man so ein Molekül unpolar. Es wäre schwierig, dieses Molekül berührungslos zu beeinflussen. Das gilt indes nicht für alle Moleküle, die bei der Verbrennung auftreten. Etliche der Zwischenprodukte sind durchaus polar. Das heißt, sie haben am einen Ende des Moleküls eine positive und am anderen Ende eine negative Ladung. In Summe sind sie elektrisch neutral. Kleinräumig sind jedoch Ladungen vorhanden. Damit könnte man zumindest theoretisch etwas anfangen. Außerdem treten bei der Verbrennung einzelne ionische Spezies auf, das heißt, einzelne, wenn auch nur kurzlebige, Moleküle sind tatsächlich elektrisch geladen. Diese sogenannten Ionen lassen sich nochmal besser beeinflussen. Auf subatomarer Ebene finden wir schließlich die Elektronen. Die sind negativ geladen und ließen sich dadurch – rein prinzipiell zumindest – beeinflussen und innerhalb des Moleküls verschieben. Das hätte einen enormen Einfluss auf die chemischen Bindungen.

Um geladene Teilchen aus der Ferne zu beeinflussen, hat man zwei verwandte, aber doch unterschiedliche Effekte, die man nutzen kann. Man könnte entweder ein elektrisches oder ein magnetisches Feld anlegen. Mit einem elektrischen Feld kann man ein geladenes Teilchen direkt in eine Richtung bewegen. Mit einem Magnetfeld kann man zumindest bewegte, geladene Teilchen beeinflussen.

Vom Grundsatz her ist es nicht sonderlich schwierig, ein elektrisches oder magnetisches Feld zu erzeugen. Für ein elektrisches Feld muss man beispielsweise lediglich eine Metallplatte positiv aufladen und eine andere Metallplatte negativ. Dazwischen bildet sich dann ein elektrisches Feld. Ein magnetisches Feld kann man mit einer Spule erzeugen. Dazu wickelt man einen Leiter spiralförmig

---

das (auf welche Weise auch immer) einzelne Moleküle „sieht", sind die Moleküle der Luft hingegen wahrscheinlich doch ein Problem.

auf und leitet elektrischen Strom durch. Schon hat man ein Magnetfeld. Technisch ist das alles kein Problem. Biologisch ist es dagegen erheblich schwieriger. Zwar können Lebewesen elektrischen Strom erzeugen. Unsere Nerven basieren genau darauf. Zur Beeinflussung einzelner (geladener oder zumindest polarer) Atome wäre auch gar nicht sonderlich viel Strom nötig. Kes beeinflusst allerdings ziemlich viele Atome gleichzeitig, wenn sie die Verbrennung in der Flamme ernsthaft verstärkt. Durch ein Ocampa-Gehirn müssten dementsprechend zum einen ziemlich heftige Ströme fließen und zum anderen eine Vielzahl verschiedener Ströme, um verschiedene Moleküle gleichzeitig zu beeinflussen. Ein menschliches Gehirn würde das wohl kaum überleben (und könnte sie auch schlichtweg nicht erzeugen). Doch Kes demonstriert ja recht deutlich, dass Gehirne von Ocampa deutlich mehr leisten können als die von Menschen.

Die eigentliche Herausforderung liegt aber ohnehin an einer ganz anderen Stelle. Dieses Problem ist letztlich mit dem oben beschriebenen Problem des „Sehens" der Moleküle eng verwandt. Um die Verbrennung mit der Kraft seiner Gedanken zu beeinflussen, muss man sehr viele, sehr kleine, sehr weit entfernte und sehr schnelle Teilchen gleichzeitig kontrollieren. Wie soll man zielgerichtet nur die Atome in der Flamme beeinflussen, wenn zig Trilliarden Atome zwischen dem eigenen Gehirn und der Flamme liegen? Ein Gehirn (das sich deutlich von einem menschlichen unterscheidet) könnte vielleicht ein elektrisches oder magnetisches Feld erzeugen. Dieses Feld deutlich über den Bereich des Schädels auszudehnen, wird dann schon erheblich schwieriger. Das Feld auf einen konkreten Bereich (die Flamme) weit weg vom Gehirn zu fokussieren, macht die Sache nochmal etwas anspruchsvoller.

Und das Hauptproblem ist schließlich noch ein ganz anderes. Es gibt zwar durchaus chemische Reaktionen, die dadurch angetrieben werden, dass positiv geladene Teilchen in einem elektrischen Feld auf die eine Seite und negativ geladene auf die andere Seite gezogen werden. Das nennt man Elektrolyse. Die Verbrennung so zu beeinflussen, wie Kes das tut, ist hingegen etwas ganz anderes. Um die Verbrennung zu intensivieren, muss man die sich sonst zufällig bewegenden Moleküle gezielt mit ihren Reaktionspartnern zusammenführen. Man muss dazu ihre Richtung und Geschwindigkeit beeinflussen. Dabei muss man eines beachten: Die richtige Richtung ist für jedes Teilchen eine andere. Anders als bei der Elektrolyse sollen nicht alle in die gleiche Richtung wandern. Jedes Teilchen muss in eine andere Richtung gelenkt werden. Das elektrische oder magnetische Feld müsste daher für jedes Molekül anders ausgerichtet sein. Alle paar Nanometer müsste es eine andere Ausrichtung haben. Und damit nicht genug. Kaum hat man ein Teilchen an sein Ziel gelenkt, tritt ein neues Teilchen in den gleichen Raumbereich ein. Wer sagt, dass dieses Teilchen in die gleiche

Richtung gelenkt werden soll? Die Ausrichtung des elektrischen oder magneti-
schen Felds müsste deshalb geändert werden – binnen Bruchteilen von Milli-
oder eher von Mikrosekunden. Dazu müssten die Moleküle alle einzeln beobachtet werden, wobei die oben beschriebenen Probleme aufträten. Basierend auf
dieser Beobachtung müsste die Telekinetin innerhalb absurd kurzer Zeit Aber-
milliarden Entscheidungen über die Neuausrichtung lokaler elektrischer Felder
treffen und diese Entscheidungen umsetzen. Ohne Kes beleidigen zu wollen: Das
scheint doch (vorsichtig gesagt) sehr anspruchsvoll.

Die Verbrennung auf molekularer, atomarer oder sogar subatomarer Ebene
bei den einzelnen Elektronen zu betrachten, wäre auf jeden Fall sehr spannend.
Sie direkt auf dieser Ebene beeinflussen zu wollen, ist jedoch weit jenseits von
allem, was unser Verständnis der molekularen Vorgänge als realistisch erscheinen
lässt. Letztlich unterscheidet sich der Ansatz grundlegend von dem, was Chemie
in der Praxis ist. In der Chemie muss man zwar verstehen, was mit den einzelnen Molekülen vorgeht. Letztlich handhabt man aber so gut wie nie einzelne
Moleküle, sondern immer viele Trillionen oder Trilliarden gleichzeitig. In einem
chemischen Labor werden immer so viele Moleküle gleichzeitig zugegeben, dass
man sie gar nicht abzählt, sondern abwiegt. Dementsprechend kommt im Chemie-
labor auch niemand auf die Idee, die Moleküle einzeln beeinflussen zu wollen.
Stattdessen ändert man die Temperatur oder den Druck, gibt Lösungsmittel dazu,
ergänzt einen Katalysator, um die Reaktion zu beschleunigen, oder führt ein Ausgangsstoff (Edukt genannt) der Reaktion zu. Das ist letztlich, was ein praktisch
denkender Chemiker tun würde, um die Flamme zu intensivieren. Statt zu versuchen, mit der Kraft der Gedanken die einzelnen Atome zu beeinflussen, würde
man eher versuchen, die Luftzufuhr zur Verbrennung zu verbessern.

3.2   Winzige Atome

Menschen, die auf die Größe von Ameisen oder kleiner geschrumpft werden, sind
ein beliebtes Thema in einer ganzen Reihe von Filmen. Die naturwissenschaftlichen Hintergründe dazu werden allzu oft aber sehr unpräzise behandelt. Star Trek
gibt sich dabei geradezu vorbildlich Mühe, indem Aspekte berücksichtigt werden,
die sonst gern vergessen werden. Aber was müsste bei einem Schrumpfungsstrahl
oder einer ähnlichen Technologie eigentlich alles an naturwissenschaftlichen
Fragestellungen berücksichtigt werden?

Ein Beispiel dafür können wir in der 14. Episode der 6. DS9-Staffel, *„Das
winzige Raumschiff"*, sehen. Die Crew der Raumstation ist mit der USS Defiant zu einer Forschungsmission unterwegs. Um eine Subraumanomalie näher zu

untersuchen, haben Jadzia Dax, Miles O'Brien und Dr. Julian Bashir das Shuttle Rubicon bestiegen und sind in die Anomalie hineingeflogen. Diese Subraumanomalie verursacht starke Raumverzerrungen, die dazu führen, dass Objekte, die ihr zu nahe kommen, stark schrumpfen. Um das Shuttle und seine Besatzung einigermaßen vor den Auswirkungen dieses Effekts zu schützen, hält die Defiant die Rubicon mit dem Traktorstrahl erfasst. Dummerweise befinden wir uns aber gerade in der sechsten Staffel der Serie und damit im Jahr 2374. In anderen Worten: auf dem Höhepunkt des Konflikts mit dem Dominion. Es kommt, wie es kommen muss: Die Jem'Hadar greifen genau im falschen Moment an. Es wäre ja schon schlimm genug, dass sie die Defiant kapern und übernehmen. Zusätzlich bricht dadurch aber auch der Traktorstrahl ab und die arme Rubicon samt ihrer dreiköpfigen Besatzung bleibt in der Subraumanomalie zurück. Zwar schaffen die drei es wieder aus dieser zu entkommen, doch gibt es ein Problem. Sie sind nicht wieder größer geworden. Im Nachhinein soll sich dieses ärgerliche Missgeschick als glücklicher Zufall erweisen, da es dazu beiträgt, die Jem'Hadar wieder von der Defiant zu vertreiben. Und natürlich gelingt es zum Schluss der Folge auch den Schrumpfungsprozess wieder rückgängig zu machen. Erst einmal stellt es die drei auf der Rubicon aber vor gewaltige Herausforderungen und wirft auch für uns einige naturwissenschaftlich-chemische Fragen auf.

Zunächst einmal stellt sich die Frage, was eigentlich mit den Atomen und Molekülen passiert. Miniaturisierung heißt in der heutigen Technik, dass man etwas in einem kleineren Format herstellt. Wenn man beispielsweise das Modell eines realen Gegenstands im Maßstab eins zu zehn produziert, dann verwendet man ein Tausendstel des Materials, das man beim Original verwenden würde.[7] Doch kann sich die Menge beim Schrumpfen in einer Subraumanomalie einfach verringern? Oder anders gefragt: Was würde biochemisch denn dann passieren? Da die Rubicon und ihre Besatzung nachher genauso aussieht wie vorher (nur halt bedeutend kleiner), kann nicht einfach an einem Ende etwas weggenommen worden sein. Vielmehr hätte das entfernte Material gleichmäßig aus dem Inneren

---

[7] Wenn man ein Objekt maßstabsgetreu so verkleinert, dass das Originalobjekt mit einem Durchmesser von beispielsweise 1 m nur noch 10 cm misst, dann verringert sich die Masse auf ein Tausendstel, weil das Volumen (und bei konstanter Dichte damit auch die Masse) kubisch mit dem Durchmesser skaliert. Das heißt, wenn man die Länge mit einem Faktor ein Zehntel multipliziert, dann wird das Volumen mit einem Faktor ein Zehntel hoch drei multipliziert; in anderen Worten: ein Tausendstel.

des Körpers entfernt werden müssen. Wenn es sich nicht einfach in Nichts aufge-
löst hat[8], dann hätte es irgendwie aus dem Körper entweichen müssen. Da Dax,
O'Brien und Bashir beim Schrumpfen nicht explodiert sind, was unweigerlich die
Folge davon wäre, ist das offensichtlich nicht geschehen.

Aber auch wenn die überschüssigen Moleküle einfach so verschwinden, ergeben sich durchaus Probleme. Denn all diese Moleküle haben im Organismus
ja eine Funktion. Stellen wir uns eine biologische Zelle vor. Dort gibt es im
Zellkern die DNS[9], auf der die Erbinformation gespeichert ist. Daneben gibt es
unheimlich große Zahl von Proteinen, die eine genau definierte Molekularstruktur
besitzen, die es ihnen ermöglicht, ihre Funktion zu erfüllen. Würde man gleichmäßig verteilt aus dem Körper Atome entfernen (und beim Schrumpfen eines
1,70 m großen Menschen auf die Größe von 1 cm reden wir darüber, 99,99998 %
aller Moleküle zu entfernen), dann würden selbst von einem sehr großen Protein
nur noch wenige Atome zurückbleiben. Es bliebe vom Proteinmolekül also so
gut wie nichts mehr übrig. Damit wäre die Struktur des Moleküls zerstört, seine
Funktion wäre dahin und Dax, O'Brien und Bashir würden auf der Stelle sterben. Selbst wenn der geschrumpfte Organismus es irgendwie schaffen würde, den
Ausfall, beispielsweise der Enzyme kurzzeitig zu überleben, dann könnten diese
nicht neu gebildet werden. Zunächst einmal hätte das Verschwinden der meisten
Atome die Ribosomen, an denen Proteine gebildet werden, sicherlich ebenfalls
zerstört. Darüber hinaus wäre vom Erbgut, auf dem die Baupläne der Proteine
gespeichert sind, genauso wenig übrig, weil die DNS dasselbe Schicksal erleiden
würde wie die Proteine.

Die Macher von Star Trek waren sich dieses Problems offenbar bewusst. So
verschwinden die Atome an Bord der Rubicon nicht einfach, sondern sie werden
kleiner. Doch was hätte das für Folgen?

In der Naturwissenschaft gibt es einige wenige unumstößliche Prinzipien.
Eines davon ist die Erhaltung der Masse. Egal was passiert: Die Masse bleibt
gleich. Ein Mensch kann seine Masse zwar durchaus verringern (sonst wären Diä-
ten schließlich sinnlos). Trotzdem bleibt die Gesamtmasse erhalten. Zwar ändert
sich die Masse des Menschen, aber die Masse des Universums bleibt die gleiche. Atome, die vorher in unseren Fettzellen steckten, sind anschließend lediglich

---

[8] Die deutsche Redewendung „in Luft aufgelöst" würde hier auch nicht passen, da Luft
ja immer Materie ist und obendrein das Volumen beim Übergang in die Gasphase nicht
abnimmt, sondern stark ansteigt.

[9] Die Abkürzung DNS steht für *Desoxyribonukleinsäure*; auch im Deutschen hat sich aber
mittlerweile weitgehend die englische Abkürzung DNA für „deoxyribonucleic acid" einge-
bürgert.

irgendwo anders. Die Atome sind nicht kleiner und leichter geworden. Der Prozess der Gewichtsveränderung von Menschen funktioniert auch in die andere Richtung, wie die meisten von uns aus leidvoller Erfahrung wissen. Es gilt jedoch wieder das gleiche Prinzip. Die zusätzliche Masse kommt nicht aus dem Nichts, sondern steckte zuvor in den Dingen, die wir gegessen haben. Die Änderung der Masse (und damit der Atomzahl) ist immer gleich der – beispielsweise als Nahrung – zugeführten Masse (beziehungsweise Atomzahl) minus der abgeführten Masse/Atomzahl:

Änderung der Atomzahl in der Zelle = zugeführte Zahl an Atomen – abgeführte Zahl an Atomen.

Wenn die Atome schrumpfen würden, dann würde das bedeuten, dass sie sich in irgendwelche (heute noch nicht bekannten) neuen Teilchen umgewandelt haben. Dass sich beispielsweise Neutronen, die in den Atomkernen vorkommen, in andere Elementarteilchen umwandeln, ist an sich ein durchaus bekannter Prozess. Beim sogenannten Beta-Zerfall wandelt es sich gleich in drei Teilchen um. Es entsteht zunächst ein Proton und darüber hinaus ein Elektron (das Beta-Teilchen) und ein Neutrino (oder etwas genauer: ein Antineutrino). Würde man die Masse der neuen Teilchen messen, dann würde man feststellen, dass sie nahezu der Masse des zerfallenen Neutrons entspricht. Ein winziger Unterschied besteht nur darin, dass die Ruhemassen von Proton, Elektron und Neutrino in Summe geringfügig kleiner sind als die Masse des Neutrons. Elektron und Neutrino sind aber sehr schnell und haben damit eine erhebliche kinetische Energie. Durch diese Energie wird die Massenbilanz wieder geschlossen. Die Gesamtmasse bleibt dabei also doch konstant. Der Unterschied in den Massen und deren Kompensation durch die Energie wird durch eine sehr bekannte Gleichung beschrieben: $E = m \cdot c^2$ aus Einsteins allgemeiner Relativitätstheorie.

Die Gleichung sagt letztlich nichts anderes, als dass Energie E und Masse m gleichwertig sind. Wenn bei einem Vorgang Energie frei wird, dann verringert sich dabei scheinbar die Masse. Da die freiwerdende Energie aber äquivalent zur Masse ist, bleibt die Masse dennoch irgendwie erhalten. Da die Lichtgeschwindigkeit (die ist mit dem Parameter c gemeint) sehr groß ist, entspricht sehr wenig Masse sehr viel Energie. Deswegen kann man die Massenänderung meistens überhaupt nicht feststellen. Wenn bei einer chemischen Reaktion wie einer Verbrennung Wärme frei wird, dann kann man die entsprechende Energiemenge in eine Masse umrechnen und feststellen, dass das fast gar nichts ist. Wenn man die Ausgangsstoffe und Produkte wiegt, dann erhält man deshalb als Ergebnis immer, dass die Massen gleich sind. Der Unterschied ist kleiner als die Messgenauigkeit. Ein Beispiel, bei dem die Massenunterschiede zwischen Ausgangsstoff und Produkt etwas größer sind, sind Kernprozesse. Aus diesem Grund müssen

Kernbrennstäbe nach ihrem Einsatz erstmal über Jahre in einem Zwischenlager deponiert werden, damit sie abkühlen können. Durch die radioaktiven Zerfallsprozesse in ihnen wird permanent Energie freigesetzt, weil die Zerfallsprodukte auch dann noch leichter sind als die schweren Ausgangsnuklide, wenn man die Masse der beim Zerfall freiwerdenden Alphateilchen (der Chemiker würde sagen: Heliumatomkerne) mitrechnet. Infolgedessen heizen sie sich ständig selbst nach und kühlen nicht einfach innerhalb weniger Stunden oder Tage ab.

Ähnliche Kernprozesse, bei denen eine Umwandlung von Masse in Energie sehr viel schneller erfolgt, kennt man im Zusammenhang mit einer Erfindung der 1940er-Jahre: der Atombombe. Die Spaltprodukte haben eine deutlich geringere Masse als die Ausgangsstoffe. Es geht zwar erstmal nur um einen sehr kleinen Massenunterschied, multipliziert mit der Lichtgeschwindigkeit zum Quadrat ist das aber eine Menge an Energie. Und die wird schlagartig frei. Genauso wie beim Schrumpfen der Rubicon.

Bei der Atombombe, die über Hiroshima abgeworfen wurde, wurde eine Energiemenge frei, die in etwa einem Gramm an Masse entspricht. Wenn ein Mensch auf eine Größe von einem Zentimeter geschrumpft wird, dann wiegt er anschließend weniger als 1 g. Wohlgemerkt: Das wäre die Masse die übrigbliebe. Seine gesamte restliche Ursprungsmasse würde als Energie freigesetzt. Pro Menschen würden also – abhängig von der konkreten Person – schätzungsweise etwa 75 kg an Masse zu Energie. Das entspräche 75.000 Hiroshimabomben. Beim Schrumpfen der Rubicon müsste dagegen die Masse von drei erwachsenen Menschen[10] plus eines kleinen Raumschiffs in Energie umgewandelt werden. Die daraus resultierende Explosion dürfte wahrscheinlich selbst ein Raumschiff wie die Defiant noch in vielen Kilometern Entfernung vollständig zerstören. Bei diesem Teil der Episode sollte Albert Einstein besser nicht so genau hinsehen.

Dafür haben die Macher von Star Trek aber an einen Aspekt gedacht, den Filmemacher sonst bei Schrumpfungen von Personen völlig übersehen. Nachdem die Rubicon zur Defiant zurückgekehrt und durch eine Plasmaöffnung in das Schiff hineingeflogen ist, stellen ihre drei geschrumpften Besatzungsmitglieder fest, dass diese von den Jem'Hadar geentert wurde. Bevor man sich um das wieder groß werden kümmern kann, besteht die Hauptaufgabe dementsprechend zunächst darin, bei der Befreiung des Schiffs zu helfen. Um die Kontrolle über das Schiff wiederzuerlangen, muss Chief O'Brien die Verschlüsselungssubprozessoren manuell umleiten. Dazu muss Dax ihn in das entsprechende

---

[10] Entschuldigung. Es handelt sich natürlich um zwei erwachsene Menschen und eine Trill. Für die Rechnung spielt die Frage, ob es sich um Menschen oder Außerirdische handelt, aber weiter keine Rolle.

Schaltkreisgehäuse beamen. Der Chief ist von dieser Idee aus zwei Gründen wenig begeistert. Zum einen ahnt er, dass ein Ein-Zentimeter-Mann beim Wandern durch das Schaltkreisgehäuse beim kleinsten Fehler gebraten würde. Zum anderen weist Dr. Bashir auf einen wichtigen Umstand hin: Die Sauerstoffmoleküle außerhalb der Rubicon sind alle normal groß. Die Hämoglobinmoleküle im Blut des Chiefs hingegen sind winzig klein (noch winziger als „normale" Moleküle ohnehin schon sind). Der Sauerstoff könnte also gar nicht an sein Hämoglobin binden, sodass der Sauerstoff nicht im Körper transportiert werden kann. Als Folge würde er in kürzester Zeit ersticken (abgesehen davon, dass sich die Probleme beim Binden des viel zu großen Sauerstoffmoleküls an den Transportstoff Hämoglobin bei den biochemischen Prozessen im Inneren des Körpers fortsetzen würden). Zum Glück haben wir es aber mit schlauen Sternenflottenoffizieren zu tun. Darauf kalkulierend, dass das Gehäuse luftdicht[11] ist, beamt Jadzia Dax zuerst etwas Luft aus dem Shuttle in das Innere des Gehäuses. So kann der Chief dort für etwa 20 min atmen und das Schiff vor den Jem'Hadar retten.

An dieser Stelle kann man wirklich einmal stolz auf Star Trek sein, denn ich kenne sonst keinen einzigen Film mit einem Schrumpfungsstrahl oder ähnlichem, bei dem an dieses Problem gedacht worden wäre.

Exkurs

Mit welchen Problemen kämpfen 1 cm große Menschen?
Welchen Schwierigkeiten oder auch Vorteilen sähen sich Menschen, die nur 1 cm groß sind, eigentlich sonst noch ausgesetzt? Nehmen wir einmal an, dass unsere Miniaturmenschen nicht wie die Besatzung der Rubicon geschrumpft sind, sondern aus ganz normalen Atomen und Molekülen aufgebaut sind. In der Natur können wir unzählige Tiere dieser Größenklasse oder kleiner beobachten. Grundsätzlich spricht also nichts dagegen, dass höhere Lebewesen derartig klein sein könnten. Doch was für Konsequenzen hätte eine so geringe Größe für einen Menschen?

---

[11] Mit der Dichtigkeit ist es in diesem Fall genaugenommen so eine Sache. Selbst wenn das Gehäuse luftdicht ist, dann ist es luftdicht für normale Sauerstoffmoleküle. Die von Dax hineingebeamten Moleküle sind aber ja um ein Vielfaches kleiner. Gase kleiner Moleküle tendieren sehr viel stärker dazu, durch alle noch so kleinen Ritzen oder sogar durch das Material der Wandung selbst hindurch zu diffundieren, als große Moleküle das tun (Wer einmal versucht hat etwas so abzudichten, dass Wasserstoff, das kleinste aller realen Molekül, nicht entweichen kann, kennt das Problem; bei den noch kleineren Molekülen von der geschrumpften Rubicon wird dieses Problem sicher noch ausgeprägter sein).

Ein Problem dürfte das Gehirn darstellen. Zwar kann ein derartig kleines Lebewesen ebenfalls ohne Weiteres ein Gehirn haben. Dieses Gehirn wäre aber natürlich erheblich kleiner. Sehr viel kleiner sogar. Der ganze Ein-Zentimeter-Miniaturmensch hätte, bezogen auf die Masse, nicht mal ein Zehntausendstel der Größe eines durchschnittlichen menschlichen Gehirns. Unsere Miniaturmenschen wären demzufolge wohl kaum zu besonderen geistigen Leistungen imstande – ganz zu schweigen davon, so schlau zu sein wie Jadzia Dax, Miles O'Brien und Dr. Julian Bashir. Um die geistigen Fähigkeiten eines Menschen zu erreichen, müssten die Gehirne der Miniaturhumanoiden deshalb sehr viel effizienter aufgebaut sein. Biologisch wäre da einiges denkbar. Das menschliche Gehirn umfasst große Areale, die wenig genutzt werden. Tatsächlich werden die kognitiven Fähigkeiten des Menschen in einem bemerkenswert kleinen Teil des Gehirns erbracht. Mit einer anderen Gehirnstruktur ließe sich demnach einiges rationalisieren. Trotzdem wäre das Gehirn der Miniaturmenschen immer noch viel zu klein, um auch nur durchschnittliche Intelligenz zu erreichen.

Könnte man das Gehirn also auf einer kleineren Skala effizienter machen? Das wird ebenfalls schwierig. Biologische Gehirne basieren auf Nervenzellen und deren Verknüpfungen untereinander. Diese Zellen haben einfach eine gewisse Größe. Es gibt da eine gewisse Schwankungsbreite, aber die Größenordnung ist fix. Würde man versuchen, Gehirnzellen zu züchten, die sehr viel kleiner wären, dann wären diese Zellen wahrscheinlich nicht mehr lebensfähig.

Daneben könnte die Speicherung von Informationen (besser bekannt als Gedächtnis) ein Problem werden. Das Gehirn speichert Informationen langfristig biochemisch. So wie die entsprechenden Moleküle im menschlichen Gehirn untergebracht sind, würde ein Ein-Zentimeter-Mann (oder eine Ein-Zentimeter-Trillfrau) wahrscheinlich nur über eine sehr geringe Gedächtniskapazität verfügen. Allerdings weisen Studien zu sogenannten Inselbegabungen darauf hin, dass der Mensch grundsätzlich in der Lage wäre, sehr viel größere Mengen an Informationen zu speichern, als die meisten von uns das tun. Die Gehirnstruktur der Miniaturmenschen müsste also deutlich anders sein als die unsere. Es wäre vom Prinzip her jedoch denkbar, dass sie die gleichen Gedächtnisleistungen aufweisen könnten wie wir.

Ein weiteres Problem, dem sich Miniaturmenschen ausgesetzt sähen, wäre, dass die Oberfläche ihrer Körper sehr groß wäre. Auf den ersten Blick scheint das widersinnig und tatsächlich ist die Oberfläche eines Ein-Zentimeter-Menschen natürlich sehr viel kleiner als die eines normal großen Menschen. Relativ zum Körpervolumen ist sie jedoch riesig. Wie wir oben bereits gesehen haben verringert sich das Volumen beim Verkleinern mit einem Exponenten von drei im Vergleich zum Durchmesser. Deswegen nimmt das Volumen (und mit ihm die Masse) sehr viel schneller ab als die Längenabmessungen. Auch die Oberfläche nimmt schneller ab als der Durchmesser. Hier liegt der Exponent aber nur bei zwei. Das heißt, dass ein halb so großer Mensch (halbe Höhe) bei gleichbleibenden Körperproportionen nur ein Achtel (ein halb hoch drei) des Volumens hätte. Die Oberfläche würde auf ein Viertel sinken (ein halb hoch zwei). In der Konsequenz hätte die Körperoberfläche relativ zum Volumen also um einen Faktor zwei zugenommen.

$$\text{Oberfläche:} \quad \frac{1}{2^2} = \frac{1}{4}$$

$$\text{Volumen:} \quad \frac{1}{2^3} = \frac{1}{8}$$

$$\text{Fläche pro Volumen:} \quad \frac{1/4}{1/8} = \frac{8}{4} = 2$$

Dieses Spiel kann man weitertreiben. Wenn man sich einen 1,70 m großen Menschen auf 1 cm verkleinert vorstellt, dann hat sich seine Körperoberfläche auf ein 28.900stel verkleinert (1 durch 170 hoch 2). Sein Volumen betrüge aber nur noch knapp über einem Fünfmillionenstel (genaugenommen ein 4.913.000stel = 1 durch 170 hoch 3) des ursprünglichen Werts. Sein Oberflächen-Volumen-Verhältnis wäre dadurch auf das 170-Fache angewachsen.

$$\text{Oberfläche:} \quad \frac{1}{170^2} = \frac{1}{28.900}$$

$$\text{Volumen:} \quad \frac{1}{170^3} = \frac{1}{4.913.000}$$

$$\text{Fläche pro Volumen:} \quad \frac{1/28.900}{1/4.913.000} = \frac{4.913.000}{28900} = 170$$

Warum ist das nun wichtig?

In der technischen Chemie spielt das Oberflächen-Volumen-Verhältnis eine große Rolle. Das liegt daran, dass sämtliche Austauschvorgänge über die Oberfläche erfolgen. In chemischen Prozessen spielt es eine große Rolle, dass beispielsweise Stoffe möglichst schnell von einem Partikel aufgenommen oder abgegeben werden. Je kleiner die Partikel sind, desto schneller geht das, weil

die Oberfläche im Vergleich zum Volumen größer ist. Um es an einem Beispiel aus dem täglichen Leben zu verdeutlichen: Das ist der Grund, warum es
Puderzucker gibt. Die gleiche Menge Puderzucker hat eine viel größere Oberfläche als normaler Streuzucker. Dadurch löst er sich bei Kontakt mit Wasser
schneller auf. Infolgedessen geht vom Puderzucker ein größerer Teil bereits
im Mund in Lösung und trägt zur Süße bei. „Normaler" Zucker hingegen löst
sich langsamer auf, weil die großen Zuckerkörner eine geringere Oberfläche
relativ zum Volumen haben. Deswegen steht nur ein Teil des Zuckers bereits
im Mund zur Verfügung, um einen süßen Geschmacksreiz auszulösen. Ein
ähnlicher Effekt würde unsere Miniaturmenschen betreffen. Menschen ver-
dunsten große Mengen Wasser über die Körperoberfläche. Der Vorgang ist
als Schwitzen bekannt und dient der Regulierung der Körpertemperatur. Wenn
die Körperoberfläche relativ zum Körpervolumen 170-mal so groß ist, dann
ist in erster Näherung auch die Verdunstung 170-mal größer relativ zu den
Wasservorräten des Körpers. Die Miniaturmenschen müssten deshalb sehr viel
trinken, um nicht zu verdursten.

Tatsächlich würden die Miniaturmenschen aber ohnehin kaum schwitzen.
Ihr Problem wäre eher das genaue Gegenteil. Es gibt noch einen zweiten Aus-
tauschvorgang, der über die Oberfläche erfolgt und in der technischen Chemie
ebenfalls eine große Rolle spielt. Das ist der Wärmeaustausch. Im Inneren
des Körpers laufen permanent chemische Prozesse ab, bei denen Wärme freigesetzt wird. Der Sinn und Zweck dieser Prozesse ist die Bereitstellung von
Energie für alle möglichen Körperfunktionen. Allen voran: Muskelkontraktion,
das heißt Bewegung. Die dabei freiwerdende Wärme ist erstmal gewissermaßen ein Verlust. Diese Energie kann ja nicht zur Bewegung von Muskeln
benutzt werden. Die Wärme ist aber nicht nutzlos. Sie sorgt dafür, dass die
Körpertemperatur dauerhaft über der Umgebungstemperatur liegt. Das schützt
uns nicht nur im Winter davor, zu Eisblöcken zu gefrieren. Es hilft uns vor
allem auch die Körperfunktionen vernünftig aufrecht zu erhalten. Die Biochemie läuft nämlich bei einer Temperatur von etwa 37 °C am besten ab. Die
permanente Wärmeproduktion im Körperinneren wird durch die permanente
Wärmeabfuhr über die Körperoberfläche mittelfristig genau ausgeglichen. Die
Körpertemperatur bleibt konstant. Wenn die Körperoberfläche relativ zum Körpervolumen hingegen 170-fach vergrößert ist, dann gibt der Körper eben auch
in etwa das 170-Fache an Wärme pro Körpervolumen ab. Zum Ausgleich
müsste jede Zelle also das 170-Fache an Kohlenhydraten oder Fetten pro Zeiteinheit umsetzen. Was erst einmal nach einem fantastischen Diätprogramm
klingt, führt dazu, dass die Minaturmenschen permanent essen müssten. Das
ist einer der Gründe dafür, weswegen es zwar sehr kleine Tiere gibt, unterhalb

der Größe einer Maus aber alle Tiere wechselwarm sind. Das heißt, sie heizen ihren Körper nicht gezielt auf eine Temperatur von etwa 37 °C, sondern passen sich an die Umgebungstemperatur an. Der Energiebedarf wäre sonst einfach zu groß. Dieser Zusammenhang zwischen Körpergröße und Wärmeabgabe führt unter anderem dazu, dass Tiere, die in einem polaren Klima leben, oft deutlich größer sind als ihre Verwandten aus den Tropen und ist als Bergmansche Regel bekannt. Sie gehört zu den sogenannten ökogeographischen Regeln, die beschreiben, wie sich die Merkmale eng verwandter Lebewesen in unterschiedlichen Lebensräumen unterscheiden. Ein Ein-Zentimeter-Mensch mit den gleichen Körperproportionen wie ein 1,70 m großer Mensch würde demnach permanent frieren. Die Episode berichtet nicht darüber, aber es lässt sich vermuten, dass Jadzia Dax die Temperaturregler an Bord der Rubicon deshalb auf 35 oder 36 °C hochgestellt hat.

Einen großen Vorteil hätten Miniaturmenschen durch das hohe Flächen-Volumen-Verhältnis jedoch (der allerdings nicht wirklich chemischer Natur ist): Nicht nur die Körperoberfläche steigt im Vergleich zum Volumen. Auch die Querschnittsfläche steigt im Vergleich zu Volumen und Masse. Bezogen auf die Querschnittsfläche müssen ihre Knochen damit nur ein 170stel des Gewichts tragen. Das ist bei Stürzen enorm hilfreich. Beobachten kann man das bei Insekten. Wenn eine Ameise aus dem zehnten Stock fiele, dann würde sie sich nicht ernsthaft verletzen. Zum einen muss sie bezogen auf die Querschnittsfläche kaum Körpergewicht abfangen. Zum anderen fällt sie nicht sehr schnell, da sie wegen des hohen Oberflächen-Volumen-Verhältnisses einen großen Luftwiderstand relativ zum Körpergewicht erfährt.[12] Das Gleiche gilt für die Miniaturmenschen. Wenn der geschrumpfte Miles O'Brien im Schaltkreisgehäuse von einem 1,5 cm hohen Bauteil herunterfällt, dann ist das auf seine Körpergröße bezogen zwar ein erheblicher Absturz, passieren würde ihm aber nicht viel (sofern nicht seine Befürchtung eintritt und er in einen Stromkreis stürzt).◄

3.3   Winzige Atome – Teil 2

Ebenfalls im Jahr 2374 spielt sich ein Ereignis ab, das weitere Fragen im Zusammenhang mit Dingen aufwirft, die kleiner sind als Atome. Zwischen dem Vorfall

---

[12] Das soll bitte nicht als Aufforderung missverstanden werden, Kleintiere aus dem Fenster zu werfen, um zu testen, ob sie sich wirklich nicht verletzen.

der geschrumpften Rubicon und diesem Geschehen liegt zwar kaum Zeit, dafür liegt selbst für die Verhältnisse von Star Trek eine sehr große Distanz dazwischen. Dieses zweite Ereignis spielt sich am anderen Ende der Galaxie ab. Genauer gesagt: im Delta-Quadranten. Die Crew des dort gestrandeten Raumschiffs Voyager muss auf seiner siebenjährigen Heimreise so einiges mitmachen. Die Ereignisse der 7. Episode der 4. VOY-Staffel, *„Verwerfliche Experimente"*, kosten sogar ein Crewmitglied das Leben. Ganz abgesehen davon werfen sie wieder einige chemische Fragen auf. Was war geschehen?

Die Srivani sind eine technisch hochentwickelte Spezies. Um ihre Forschung voranzubringen, bedienen sie sich mitunter äußerst fragwürdiger Methoden. Dazu gehört unter anderem die Durchführung bestimmter medizinischer Experimente. Diese Tests führen sie nicht an sich selbst durch, sondern an der Crew der Voyager.

Nun gibt es ethische Grundsätze, die für die Wissenschaft gelten. Diese sind vor allem für die medizinische und biochemische Forschung relevant. Das betrifft vor allem Versuche an Tieren und Menschen. An lebenden Tieren dürfen unter anderem nur Versuche durchgeführt werden, wenn der entsprechende Versuch unvermeidlich ist, um beispielsweise eine Heilung für eine Krankheit zu finden (Tierversuche für Kosmetika sind – zumindest innerhalb der EU – dagegen grundsätzlich verboten und sogar der Import entsprechender Kosmetika ist untersagt). Die Frage, ob ein Versuch an lebenden Tieren wissenschaftlich gerechtfertigt ist, ist natürlich eine Frage, die jeder Wissenschaftler selbst genau hinterfragen muss. Das gebietet die wissenschaftliche Ethik. Das ist aber nur der erste Schritt. Wenn Wissenschaftler selbst zu dem Schluss kommen, dass ein Versuch an Wirbeltieren unvermeidlich und ethisch gerechtfertigt ist, dann muss der Versuch trotzdem ergänzend von einer externen Stelle genehmigt werden. Kein Wissenschaftler kann sich so einen Versuch selbst genehmigen. Für Versuche mit Menschen, die bei der Entwicklung von Medikamenten früher oder später doch immer erforderlich sind, gelten noch deutlich strengere Regeln.[13]

---

[13] Wann, welche Versuche in welchem Umfang gerechtfertigt sind, ist eine schwierige ethische Frage, über die es sehr unterschiedliche Ansichten gibt. Diese verschiedenen Ansichten haben wahrscheinlich durchaus alle ihre Berechtigung. In Deutschland gibt es mit den äußerst länglichen Paragraphen 7 bis 10 des Tierschutzgesetzes dazu gesetzliche Vorgaben. Aber das entbindet niemanden davon, immer wieder selbst die entsprechenden ethischen Fragen zu stellen. An dieser Stelle bin ich wirklich froh, dass ich selbst an chemischen Energiespeichern und physikochemischen Grundlagen forsche. Aber auch wenn dabei keine Versuche an Lebewesen zum Einsatz kommen, sollte sich jeder Wissenschaftler immer wieder Gedanken über die ethischen Fragen im Zusammenhang mit seiner Forschung machen. Nicht nur, wenn man an Lebewesen oder Atombomben forscht, lohnt es sich, die eigene Forschung immer wieder neu mit Blick auf ihre ethischen Konsequenzen zu hinterfragen.

In der Wissenschaft kommt man mit der Ethik immer wieder in Berührung (selbst wenn man kein Philosoph oder Theologe ist). Ein Beispiel dafür ist die sogenannte Peer-Review. Wissenschaftliche Ergebnisse werden nicht einfach irgendwie auf einer Homepage veröffentlicht und wenn sie in einer wissenschaftlichen Fachzeitschrift veröffentlicht werden, dann entscheidet der zuständige Redakteur nicht einfach allein, ob der entsprechende Artikel veröffentlicht wird. Kommt der Redakteur eines seriösen Wissenschaftsjournals[14] zum Schluss, dass ein Beitrag grundsätzlich geeignet sein könnte, so fragt er externe Wissenschaftler an, die selbst in diesem Themengebiet tätig und deshalb potenziell in der Lage sind, aktuelle Forschung aus diesem Bereich zu bewerten. Diese Wissenschaftler erstellen Gutachten, in denen sie Empfehlungen zur Annahme, Ablehnung und gegebenenfalls Verbesserung des Beitrags abgeben. Dabei sollen die Gutachter („peer reviewer") verschiedene Aspekte prüfen. Der Wichtigste ist natürlich die wissenschaftliche Methodik. Das heißt: Ist die Vorgehensweise geeignet, um die entsprechende Fragestellung zu beantworten, und wurde dabei sauber vorgegangen. Daneben gibt es aber noch andere Fragen der *guten wissenschaftlichen Praxis* für die Gutachter zu prüfen. Eine Fragestellung, die ein Gutachter dabei bewerten soll, ist, ob er oder sie ethische Bedenken bezüglich der entsprechenden Forschung hat.[15]

Die Wissenschaftsethik hat also eine hohe Bedeutung. Zumindest für die irdische Wissenschaft. Die Srivani sehen das ganz offensichtlich weniger eng. Offenbar sind sie sich der Tatsache bewusst, dass ihre Experimente äußerst unerfreuliche Konsequenzen für die Probanden haben können. Deshalb wollen sie die Experimente nicht an sich selbst durchgeführt wissen.[16] Deshalb entschließen sie sich zu heimlichen Versuchen an den Besuchern aus dem Alpha-Quadranten.

---

[14] Der Punkt „seriös" ist leider ein großes Problem. Es gibt eine große Anzahl sogenannter „predatory publisher" (deutsch: Raubverlage), die gegen Geld alles veröffentlichen. Das ist einer der Gründe, weswegen es in der Wissenschaft eine nicht unerhebliche Rolle spielen kann, wo etwas veröffentlicht ist. Bei einer bekannten, seriösen Fachzeitschrift kann man davon ausgehen, dass der Prüfungsprozess ordnungsgemäß abgelaufen ist. Das Journal diesbezüglich einordnen zu können, erfordert aber eine gewisse Erfahrung bei den Wissenschaftlern und ist für Laien oft schwer nachvollziehbar.

[15] Diese Frage zielt natürlich sehr stark auf Versuche an Lebewesen, aber sie ist keineswegs darauf beschränkt. In den Onlineplattformen einiger Journale zur Einreichung der Gutachten muss man sogar explizit eine Auswahl treffen, ob man irgendwelche ethischen Probleme bei der entsprechenden Forschung sieht (das System stellt einem als Gutachter diese Frage mitunter sogar automatisch, wenn es um eine theoretische Arbeit zu Energiespeichern geht).

[16] An der Stelle kann man natürlich die Frage stellen, ob die menschliche Entscheidung, entsprechende Versuche an anderen Spezies durchzuführen, nicht Parallelen zum Verhalten der Srivani hat. Ganz offensichtlich praktizieren die Srivani die entsprechenden Versuche

Sie ahnen offenbar voraus, dass die Crew der Voyager wenig begeistert von diesen Experimenten sein und selbst bei freundlichem Nachfragen die Zustimmung dazu verweigern würde. Dementsprechend kommen sie einfach ungefragt und unbemerkt an Bord. Um das zu tun, bedienen sie sich einer hochentwickelten Tarntechnologie, die nicht nur ihre beiden an der Voyager angedockten Schiffe verbirgt, sondern auch sie selbst. Die phasenverschobenen Srivani können so ungestört durch das Schiff wandern und der Crew die verrücktesten, ebenfalls unsichtbaren Dinge implantieren. Die dabei verwendete Phasenverschiebung wirft einige physikalische Fragen auf. Insbesondere eines der Implantate wirft darüber hinaus auch spannende chemische Fragen auf: eine Markierung auf der DNS.

Die DNS, in der unsere genetische Information gespeichert ist, ist vereinfacht gesagt ein großes Molekül. Viele Atome sind darin in zwei langen Ketten aufgereiht, die vielfach miteinander verbunden und zu einer Doppelhelix verdreht sind. Mithilfe eines von ihr entwickelten Scanners gelingt es B'Elanna Torres nun, die DNS von Chakotay zu untersuchen. Untersuchungen von DNS sind selbst heutzutage nichts Ungewöhnliches mehr. Es gibt eine ganze Reihe biochemischer Verfahren, um das zu tun. Der von Torres entwickelte Scanner ist allerdings ein Mikroskop mit Möglichkeiten, die unsere heutigen Optionen weit übersteigen. Dieser Scanner zeigt scharfe Bilder der DNS, auf denen man sogar die einzelnen Atome erkennen kann. Das ist schon mal ganz gut, aber das wirklich Bemerkenswerte kommt erst. Man erkennt nämlich noch mehr. Auf einzelnen Atomen der DNS sitzen kleine Markierungen, die entfernt an Strichcodes aus dem Supermarkt erinnern. Selbst die Betrachter aus dem 24. Jahrhundert sind über ein solches Niveau an submolekularer Technik erstaunt. Die Sternenflotte ist davon selbst weit entfernt. Das ist letztlich kein Wunder. Das Bild dieser winzigen, von den Srivani angebrachten Zeichen wirft nämlich aus Sicht des Chemikers gleich drei Fragen auf. Erstens: Wie kann man es eigentlich sehen? Zweitens: Wie kann es auf der Oberfläche eines Atoms sitzen? Drittens: Wie kann es überhaupt existieren?

Fangen wir mal mit Frage Nummer eins an. Wie kann B'Elannas Scanner überhaupt ein Bild dieser Markierung erzeugen? Ganz offensichtlich erzeugt dieser Scanner kein Bild mithilfe des sichtbaren Lichts. In der Praxis ist die Auflösung eines Mikroskops oft bereits durch Faktoren wie die Qualität der optischen Linsen beschränkt. Wenn man technisch allerdings alles ausreizt, dann kommt man irgendwann an eine andere Grenze für die Auflösung: Die Wellenlänge des

---

aber nicht nur, sondern kennen auch keinerlei Gründe, diese aus irgendwelchen ethischen Gründen irgendwie zu beschränken.

Lichts. Vereinfacht gesagt kann man keine Strukturen auflösen, die kleiner sind als die Wellenlänge des verwendeten Lichts.

Beim für uns Menschen sichtbaren Licht liegt die Wellenlänge etwa zwischen 380 und 750 nm. Das kurzwellige Licht mit 380 nm (oder etwas mehr) ist violett. Das langwellige mit 750 nm (und etwas darunter) ist rot. Zwischen diesen beiden Extremen spannt sich das gesamte Spektrum des Regenbogens auf.[17] Wenn man ein Bild eines DNS-Moleküls mit sichtbarem Licht aufnehmen will, dann würde es schwierig werden, dabei auch nur die einzelnen Atome zu erkennen. Ein Kohlenstoffatom hat lediglich einen Durchmesser von etwa 140 Pikometer. Die meisten anderen Atome in der DNS sind nochmal etwas kleiner. Lediglich die wenigen Phosphormoleküle sind mit 200 Pikometern geringfügig größer. Vergleicht man diese Größen, fällt auf, dass selbst die größten Atome kleiner sind als die Wellenlänge des kurzwelligsten sichtbaren Licht. Der Unterschied wird vor allem dann eklatant, wenn man nicht nur auf die Zahlenwerte achtet, sondern auch auf die Einheit. Die Einheit der Wellenlänge ist Nanometer. Das ist ein Millardenstel Meter. Die Einheit der Atomdurchmesser ist Pikometer. Das ist ein Billionstel Meter. Die Atome sind dementsprechend um mehr als einen Faktor 1000 zu klein, um sie mit sichtbarem Licht erkennen zu können – ganz zu schweigen vom Auflösen etwaiger noch kleinerer Strukturen darauf.

Mit kurzwelligerem, für das menschliche Auge nicht mehr unmittelbar sichtbarem Licht kann man die Untergrenze der Auflösung nach unten verschieben. Wird die Wellenlänge nur ein bisschen reduziert, so spricht man von ultraviolettem Licht. Wird die Wellenlänge weiter reduziert, dann kommt man schließlich in den Bereich der Röntgenstrahlung. Mit sehr harter Röntgenstrahlung kommt man in der Tat langsam in einen Bereich, in dem Auflösungen in der Größenordnung von einzelnen Atomen im Prinzip denkbar wären. Chemiker benutzen im

---

[17] Das Spektrum des Lichts hat in der Chemie eine große Bedeutung. Schon im ersten Semester (und hoffentlich vorher schon im Chemieunterricht in der Schule) muss jeder Chemiestudent Praktikumsversuche zur Flammenfärbung durchführen. Hält man beispielsweise ein Natriumsalz in eine Flamme, so ändert sich die Farbe der Flamme infolge der charakteristischen Spektrallinien des Natriums und wird gelb. Bei einem Lithiumsalz würde sie rot und bei einem Kaliumsalz violett. Jedes chemische Element hat seine eigenen charakteristischen Spektrallinien, anhand derer man es optisch identifizieren kann. Einzelne Elemente wurden sogar so entdeckt. Eines davon wurde beispielsweise im Jahr 1868 entdeckt, als man bei der Untersuchung der Chromosphäre der Sonne während einer Sonnenfinsternis eine unerklärliche, helle gelbe Spektrallinie fand. Da diese Linie keinem bekannten Element zugeordnet werden konnte, wurde gefolgert, dass sie von einem bisher unbekannten Element stammt. Dieses Element nannte man schließlich nach dem griechischen Wort für Sonne Helium.

Grunde schon heute solche Techniken. So dient die Röntgenbeugung (XRD; „x-ray diffraction") beispielsweise dazu, die Anordnung der Atome in Kristallen zu bestimmen. Die Röntgenphotoelektronenspektroskopie (XPS; „x-ray photoelec-tron spectroscopy") wird verwendet, um die chemische Zusammensetzung von Oberflächenschichten, die nur wenige Atome dick sind, zu analysieren. Solche Techniken kommen unter anderem bei der Untersuchung von Katalysatoren zum Einsatz. Um Mikroskopie mit noch höherer Auflösung zu betreiben, verlässt man den Bereich der elektromagnetischen Wellen zu denen Licht und Röntgenstrah-lung gehören. Stattdessen kann man sich Elektronenstrahlen bedienen. Dabei darf man aber nicht vergessen, dass selbst Elektronen eine Wellenlänge besitzen. Bei sehr energiereichen Elektronen ist diese aber recht klein, weswegen Auflösungen von etwa 100 Pikometern zwar anspruchsvoll, aber grundsätzlich möglich sind. Das einzelne Atom kommt für die Chemiker von heute also tatsächlich langsam in den Bereich des Sichtbaren. Strukturen kleiner als ein Atom sind indes auf absehbare Zeit noch weit außerhalb des realistischen Bereichs. Neben der bis-her nicht erreichten technischen Umsetzung wäre gegenwärtig sogar noch nicht einmal eine Strahlungsart bekannt, mit der etwas derart Kleines aufgelöst werden könnte. Wenn wir uns Anfang des 21. Jahrhunderts aber langsam schon der Auflö-sung einzelner Atome nähern, dann scheint das für die Mitte des 24. Jahrhunderts allerdings nicht völlig abwegig zu sein. Selbst wenn wir aktuell überhaupt nicht sagen können wie.

Schwieriger wird die zweite Frage: Kann eine winzige, submolekulare Struktur überhaupt einfach so auf der Kugeloberfläche eines Atoms angebracht werden? Mit welchem Werkzeug das geschehen soll, ist sogar B'Elanna Torres ein Rätsel. Doch gehen wir einmal davon aus, dass es ein solches Werkzeug gibt. Es bleibt die Frage: Gibt es überhaupt die Kugeloberfläche des Atoms, auf der die Struktur angebracht wird?

So wie sich das klassische Atommodell Atome vorstellt, gibt es tatsächlich eine feste Oberfläche des Atoms. An sich impliziert das bereits der Begriff Atom. Das griechische Wort „atomos" bedeutet unteilbar. Die Vorstellung war also, dass das Atom das kleinste Teil überhaupt ist und dass es dementsprechend nicht aus anderen, kleineren Bestandteilen besteht. Die moderne Chemie hat diese Vorstel-lung dagegen bereits Anfang des 20. Jahrhunderts aufgegeben. Heute wissen wir, dass Atome aus zwei Teilen bestehen: dem Atomkern und den Elektronen.[18] Der innere Aufbau eines Atoms ist eine etwas komplizierte Sache, die noch komplizierter wird, wenn man nicht einzelne Atome betrachtet, sondern Atome,

---

[18] Genaugenommen besteht der Atomkern (abgesehen vom einfachsten Wasserstoffisotop) wiederum aus mehreren kleineren Teilchen; allen voran die Protonen und Neutronen, die dann wiederum durch Vermittlung von weiteren Teilchen zusammengehalten werden. Für

die zu Molekülen gebunden sind. Eine wegen ihrer Einfachheit bis heute sehr populäre Vorstellung davon gibt das sogenannte Bohrsche Atommodell, das wir schon beim Thema Wasserstoff angeschnitten haben. Es wurde von Niels Bohr 1913 entwickelt und ist grundsätzlich hervorragend geeignet, einem Star-Trek-Fan zu gefallen. Das Bohrsche Atommodell geht nämlich davon aus, dass Atome wie kleine Sonnensysteme aufgebaut sind. In der Mitte befindet sich ein großer, schwerer Stern (der Atomkern) und um dieses Zentralgestirn kreisen ein oder mehrere kleine Planeten (die Elektronen).[19] Stellen wir uns als ersten Schritt das Atom einmal so vor und denken uns außerdem noch die von den Srivani angebrachten Markierungen dazu. Wo sollen diese dann angebracht sein? Das Atom ist keine Kugel mit einer Oberfläche. Es ist ein Sonnensystem mit (im Fall von Kohlenstoffatomen sechs) Elektronen genannten Planeten. Dementsprechend kann man nicht einfach etwas auf einer äußeren, nicht vorhandenen Oberfläche anbringen.

Nun war das Bohrsche Atommodell zwar ein wichtiger Schritt auf dem Weg zum Verständnis des Atomaufbaus. Doch es ist noch lange nicht der Weisheit letzter Schluss. In der Realität sind die Elektronen keine festen Teilchen, die um den Atomkern kreisen würden. Genauso wie das Licht besitzen Elektronen eine Doppelnatur: Sie sind zugleich Welle und Teilchen.

Die Doppelnatur des Lichts führt oft zur Verwirrung, weil Leute fragen, ob Licht nun eine Welle oder ein Teilchen ist. Die Antwort ist wirklich: Beides zugleich.

Die Wellennatur des Lichts macht sich beispielsweise bei der Lichtstreuung bemerkbar. Beobachtet man Wasserwellen, die auf ein Hindernis treffen, so stellt man fest, dass sie am Hindernis scheinbar um die Ecke biegen. Ein weiteres Beispiel ist die Überlagerung von Wellen, die sogenannte Interferenz. Je nachdem, wie sich zwei Wellen überlagern, können sie sich verstärken oder abschwächen. Was man auf einer Wasseroberfläche beobachten kann, das kann man bei kohärentem Licht ebenfalls beobachten. Das Michelson-Morley-Experiment, die grundlegende Entdeckung, die zur speziellen Relativitätstheorie führte, basiert genau darauf.

Gleichzeitig wird Licht in Form von Teilchen, den Photonen, übertragen. Letztlich basiert die Photovoltaik oder die biochemische Umwandlung von Kohlenstoffdioxid und Wasser zu Sauerstoff und Zucker in der Photosynthese darauf.

---

die Chemie ist nicht immer, aber doch zumeist (und so auch hier) die Zweiteilung in Atomkern und Elektronen ausreichend, da chemische Bindungen über die Elektronen vermittelt werden.

[19] Was dem Trekkie bei diesem Modell nur noch fehlt, um endgültig glücklich zu sein, sind Monde, die um die Elektronen kreisen. Dann wäre es wirklich perfekt.

Beide Naturen sind immer vorhanden. Es gibt jedoch eine Tendenz, dass der Teil-
chencharakter stärker in den Vordergrund tritt, wenn das Licht sehr kurzwellig,
das heißt sehr energiereich, ist. Andersherum wirkt sich der Wellencharakter vor
allem aus, wenn Licht eher langwellig ist.
      Diese Doppelnatur ist allerdings nicht auf Licht beschränkt. Alle Teilchen sind
zugleich Wellen. Je energiereicher (praktisch gesprochen meistens: je massenreicher) sie sind, desto weniger tritt die Wellennatur hervor. Bei schweren Teilchen
ist die Wellenlänge deutlich kleiner als das Teilchen selbst. So ist die Vorstellung,
dass der Atomkern ein Teilchen und keine Welle ist, in der Regel bereits eine
sehr gute Annahme. Bei den sehr viel leichteren Elektronen tritt die Wellennatur
dagegen deutlich stärker zutage.
      Statt als Teilchen, die ähnlich Planeten um das Zentrum kreisen, kann man
sich die Elektronen deshalb besser als Wolke vorstellen. Der Aufenthaltsort des
Elektrons ist dabei nicht wirklich eindeutig definiert, sondern es gibt nur einen
Orbital genannten Bereich innerhalb dessen sich das Elektron aufhält. Dabei hat
es aber wie gesagt keinen klar definierten Ort, sondern nur eine Wahrscheinlichkeit mit der es sich an den einzelnen Punkten im Orbital befindet. Da jedes Orbital
maximal zwei Elektronen aufnehmen kann, besitzen alle Atome mit Ausnahme
von Wasserstoff und Helium, mehrere Orbitale. Diese zusätzlichen Orbitale sind
dann obendrein nicht mehr kugelförmig, sondern nehmen komplexe Formen an,
um möglichst effizient den Raum um den Atomkern herum auszufüllen. In der
Praxis stellt man sich das Atom trotzdem oft einfach als Kugel mit klar definierter
Oberfläche vor. Für viele Fragestellungen ist das eine vernünftige und durchaus
praktikable Annäherung an die Realität. Eine feste Kugeloberfläche auf der man
eine Markierung anbringen könnte, besitzt ein Atom jedoch nicht.

Noch ein paar Details

Bei genauerer Betrachtung des Bilds der DNS, das B'Elannas Scanner auf-
zeichnet, stellt man übrigens fest, dass die Oberfläche des kugelförmigen
Atoms nicht einheitlich ist, sondern eine gewisse Schattierung besitzt. Hier
haben sich die Macher von Star Trek mal wieder als sehr genau erwiesen,
denn die nur durch eine Wahrscheinlichkeitsdichte beschriebene Verteilung
der Elektronen unterliegt ebenfalls Fluktuationen (im Bohrschen Atommodell
kann man sich das vereinfacht so vorstellen, dass die Elektronen um den Kern
kreisen und manchmal sind eben mehr Elektronen auf der einen Seite als
auf der anderen). Da die Elektronen negativ, der Atomkern positiv geladen ist,
führt das zu einer Ungleichverteilung der Ladung im Atom und es entsteht ein
sogenannter spontaner Dipol. Insgesamt ist das Teilchen elektrisch zwar noch

neutral, aber es besitzt kurzzeitig ein positives und ein negatives Ende. Dies kann wiederum einen Dipol in einem benachbarten Atom oder Molekül induzieren (sprich: Elektronen werden innerhalb des Moleküls verschoben, sodass dieses Molekül ebenfalls kurzzeitig zum Dipol wird). Da die positive Seite des spontanen Dipols der negativen Seite des induzierten Dipols näher ist als dessen positiver Seite (oder andersherum), ziehen sich die beiden Moleküle an. Dieser Effekt ist die Ursache für die sogenannten van-der-Waals-Kräfte zwischen Molekülen.◄

Zum Schluss bleibt noch eine dritte, bereits angedeutete Frage, die die submolekulare Markierung der Srivani aufwirft: Kann es eine derartig kleine Struktur überhaupt geben?

Jede bekannte Struktur ist aus chemischen Elementen und Verbindungen aufgebaut. Die bestehen jedoch alle aus Atomen. Einen Strichcode auf ein Atom zu drucken, erfordert also ein Material, das nicht aus Atomen besteht. So etwas gibt es nicht. Weder gibt es das heute, noch scheint es B'Elanna Torres im 24. Jahrhundert bekannt zu sein. Die Srivani sind da offensichtlich deutlich weiter. Wie sie das genau anstellen, können wir nicht sagen, aber ist es grundsätzlich undenkbar?

In der Chemie hat man es in der Regel mit nicht mehr als drei Elementarteilchen zu tun: Elektronen, Protonen und Neutronen. In der Praxis des Chemikers sind es sogar eigentlich fast immer nur die ersten beiden.[20] Es gibt aber noch sehr viel mehr Elementarteilchen im Universum. Hunderte sind schon heute entdeckt und die Namen vieler dieser Elementarteilchen sind Zuschauern von Star Trek sicherlich geläufig. Zwar hätte heute niemand eine Ahnung wie eine chemische Verbindung, basierend auf anderen Elementarteilchen, aussehen könnte.[21] Das

---

[20] Elektronen sind in der Chemie enorm wichtig, weil sie letztlich die Bindung zwischen Atomen zu Molekülen vermitteln. Außerdem werden sie bei einer sehr wichtigen Klasse von chemischen Reaktionen, den Redoxreaktionen, von einem Atom auf ein anderes übertragen. Protonen werden ebenfalls bei einem bestimmten Reaktionstyp übertragen. Das sind die sogenannten Protolysen oder Säure-Base-Reaktionen. Dabei wird kein Elementarteilchen aus einem Atomkern herausgenommen und auf einen anderen Kern übertragen. Vielmehr handelt es sich einfach nur um ein positiv geladenes Wasserstoffatom (oder besser -ion). Der Atomkern des wichtigsten Wasserstoffisotops besteht schlichtweg nur aus einem einzelnen Proton und wenn man diesem Atom sein einziges Elektron wegnimmt, dann bleibt als Wasserstoffion nur noch das Proton zurück. Bei der Protolyse werden diese Protonen von einem Säuremolekül auf ein Basemolekül übertragen.

[21] Das Myonium könnte man als eine Art Atom aus anderen Elementarteilchen verstehen. Bei diesem, 1960 von einem Team um Vernon W. Hughes entdeckten Gebilde kreist (wie

bedeutet aber natürlich noch lange nicht, dass es nicht möglich sein könnte. Prinzipiell denkbar wäre es, Strukturen aus anderen Elementarteilchen aufzubauen, die sehr viel kleiner sind als die Elementarteilchen, aus denen die Materie besteht, die uns umgibt und aus der wir selbst bestehen. Doch würde man versuchen, daraus Strukturen aufzubauen, die deutlich kleiner sind als Atome, dann würde man Ärger mit einem Herrn namens Werner Heisenberg bekommen.

Die von ihm 1927 formulierte Heisenbergsche Unschärferelation besagt, dass der Aufenthaltsort und die Geschwindigkeit eines Teilchens nicht beliebig genau bestimmt werden können. In der Praxis ist diese Grenze der Genauigkeit zumeist völlig irrelevant, weil die praktisch erreichbare Messgenauigkeit deutlich schlechter ist. Würde man jedoch die Messtechnik bis ins letzte ausreizen und die bestmögliche Messung durchführen, dann kann man trotzdem niemals genauer als die Heisenbergsche Unschärferelation messen. Tatsächlich sagt die Heisenbergsche Unschärferelation nicht, dass man Ort oder Geschwindigkeit nicht beliebig genau bestimmen kann. Tut man es aber, so wird die jeweils andere Größe beliebig ungenau.[22]

Wenn wir nun aus welchen Elementarteilchen auch immer bestehende Miniaturatome verwenden, um damit derartig kleine Mikrostrukturen aufzubauen, wie die Srivani es tun, dann müssten wir den Ort der einzelnen Atome unheimlich genau bestimmen. Um so etwas wie chemische Bindungen auszubilden, müsste jedes Miniaturatom eine Position relativ zu den anderen Miniaturatomen haben, die enorm präzise bestimmt ist; viel genauer als bei normalen Molekülen. In der Konsequenz würde die Geschwindigkeit der Teilchen sehr ungenau werden. Wie

---

bei konventionellen Atomen) ein Elektron um ein Antimyon. Das Myonium hat damit eine gewisse Ähnlichkeit mit einem Wasserstoffatom. Seine Masse ist aber deutlich kleiner. Gleiches gilt indes auch für seine Lebensdauer. Die liegt im Bereich von Mikrosekunden.

[22] Strenggenommen geht es bei der Heisenbergschen Unschärferelation nicht um eine Unschärfe in der Geschwindigkeit, sondern im Impuls. Der Impuls ist das Produkt aus Masse und Geschwindigkeit. Wenn wir mal davon ausgehen, dass die Masse eines Teilchens fix ist, dann ist es letztlich die Geschwindigkeit, deren Genauigkeit über die Heisenbergsche Unschärferelation mit dem Ort gekoppelt ist. Die Grenze in der Genauigkeit ergibt sich aus dem Produkt der Genauigkeit von Ort und Impuls. Dieses Produkt kann nicht größer sein als das Planksche Wirkungsquantum. Da dieses Wirkungsquantum mit einem Wert von etwa 0,00000000000000000000000000000000066 J·s sehr klein ist, fällt der Effekt in der Praxis kaum ins Gewicht. In unserem Fall verursacht die Heisenbergsche Unschärferelation hingegen ernsthafte Probleme.

man Moleküle mit einer derartig unbestimmten Geschwindigkeit zu einer festen Struktur formen will, ist eine bisher völlig ungeklärte Frage.[23]

Dass es bei Star Trek eine Lösung dafür gibt, darf allerdings angenommen werden. In der 12. Episode der 6. TNG-Staffel, *„Das Schiff in der Flasche"*, erfahren wir beispielsweise, dass die Transporter einen Heisenbergkompensator besitzen. Die Heisenbergsche Unschärferelation würde das Beamen eigentlich unmöglich machen. Zum Glück haben die Ingenieure bei Star Trek dafür eine Lösung gefunden. Wie der Heisenbergkompensator funktioniert, erfahren wir aber leider nicht.

---

[23] Der gleiche Effekt hätte höchstwahrscheinlich auch der Besatzung der geschrumpften Rubicon aus unserem vorherigen Beispiel Schwierigkeiten bereitet. Die 1 cm großen Menschen hätten ihn noch nicht sichtbar beobachten können, aber mit den geschrumpften Atomen hätte ihre Biochemie wahrscheinlich bereits angefangen, sich deutlich anders zu verhalten, als sie eigentlich soll.

Die Chemie und ihre Geschwindigkeit 4

4.1 Der Salzvampir von M-113

Die 5. Episode der 1. TOS-Staffel, „*Das Letzte seiner Art*", war eine der ersten Episoden von Star Trek überhaupt. Darin trifft Dr. McCoy auf dem Planeten M-113 seine Jugendliebe Nancy Crater wieder. Wie sich im weiteren Verlauf der Folge herausstellt, ist die mittlerweile nicht nur verheiratet, sondern sogar eine ganze Weile schon tot. Das außerirdische Wesen, das sie gefressen hat, ist allerdings in der Lage, jede Gestalt anzunehmen und gibt sich nun als Nancy aus. Wobei! So richtig gefressen hat es sie nicht. Es brauchte nur einen einzigen Bestandteil ihres Körpers: Salz.

An den Händen dieser Lebensform befinden sich viele Saugnäpfe. Mithilfe dieser scheint die Kreatur in der Lage zu sein, seinen Opfern alles Salz aus dem Körper zu saugen. Für diesen Salzvampir, wie er von Star-Trek-Fans gern genannt wird, ist Kochsalz (chemisch: Natriumchlorid; $NaCl$) offenbar von ganz zentraler Bedeutung. Das ist eine Aussage, die erstmal genauso für den menschlichen Organismus gilt. Ohne Salz können wir nicht leben. Der tägliche Bedarf eines Menschen nach Kochsalz liegt andererseits nur bei wenigen Gramm. Salz ist heute, anders als früher, sehr leicht verfügbar. Unsere Körper sind jedoch immer noch darauf konditioniert, möglichst viel von diesem lebenswichtigen und in der freien Natur teilweise knappen Mineralstoff zu bekommen. Infolgedessen haben wir als moderne Menschen in Europa vor allem das Problem, dass wir dazu neigen, zu viel Salz zu essen. Das hat teils nicht unerhebliche medizinische Folgen.

Ganz ohne Salz funktioniert unsere Biochemie freilich auch nicht. Würde ein Salzvampir vom Planeten M113 uns das gesamte Natriumchlorid binnen Sekunden aus dem Körper saugen, dann wäre das tatsächlich tödlich. Und zwar

K. Müller, *Chemie und Science Fiction*,
https://doi.org/10.1007/978-3-662-64385-3_4

ebenfalls binnen Sekunden, was einige Crewmitglieder der Enterprise am eigenen Leib erfahren müssen. Der Grund dafür ist einfach. Salz hat eine Reihe lebenswichtiger Funktionen im Körper. Auf der Stelle umbringen würde uns das Entfernen von jeglichem Salz aus den Nerven. Dort spielt es eine Rolle bei der Weiterleitung von Nervenimpulsen. Ohne Nervenimpulse gibt es keine Kontraktion von Muskeln. Ohne Kontraktion von Muskeln gibt es keinen Herzschlag. Ohne Herzschlag keine Sauerstoffversorgung des Gehirns und anderer Organe. Das würde binnen kürzester Zeit den Tod des Opfers bedeuten.

Der Bedarf an Salz ist bei den Salzvampiren von M-113 nochmal deutlich größer als bei uns Menschen.[1] Wozu genau sie das Salz brauchen wird leider nicht geklärt. Aus chemischer Sicht ist jedoch klar, dass der Konsum von Salz nicht wirklich als Energiequelle dienen kann. Salz mag zwar ähnlich aussehen wie Zucker. Dessen Funktion als Energieträger kann es trotzdem nur sehr eingeschränkt übernehmen. Salz lässt sich nicht oxidieren, um damit Energie für irgendwelche Körperfunktionen zu gewinnen. Auch sonst gibt es eigentlich keine chemische Reaktion mit Kochsalz als Ausgangsstoff, die sich als Energielieferant für Lebewesen eignen würde. Doch wäre es wirklich undenkbar, dass außerirdische Lebewesen Salz zur Energiegewinnung nutzen?

Es gibt tatsächlich einen Kraftwerkstyp, der auf Salz basiert: Das sogenannte Osmosekraftwerk. Dazu braucht man Wasserquellen mit unterschiedlichen Salzkonzentrationen. In der Praxis findet man das zum Beispiel an der Mündung von Flüssen ins Meer. Dort stehen große Mengen sowohl von Salz- als auch von Süßwasser bereit. In einem Osmosekraftwerk macht man sich, wie der Name bereits nahelegt, einen Effekt namens Osmose zunutze. Die Osmose werden wir im Folgenden noch näher kennenlernen. In Kürze gesagt, nutzt man bei Osmosekraftwerken den Umstand, dass Süßwasser selbst dann durch bestimmt Membranen tritt, wenn sich auf der anderen Seite Salzwasser befindet, das einen deutlich höheren Druck hat als das Süßwasser. Dadurch lässt sich im Salzwasser ein noch höherer Druck aufbauen, den man in einer Turbine zur Energiegewinnung nutzen kann. Möglich ist das. Über das Stadium von einzelnen Demonstrationsanlagen

---

[1] Der Salzbedarf scheint sogar so hoch zu sein, dass die Spezies letztlich ausgestorben ist, weil irgendwann alles Salz auf M-113 verbraucht war. Wirklich verbraucht werden kann es eigentlich nicht. Egal welche chemische Reaktion man mit dem Salz macht: Die Natrium- und Chloratome aus denen es aufgebaut ist, bleiben als solche bestehen und die Gesamtmenge auf dem Planeten ändert sich nicht. Trotzdem wäre es denkbar, dass irgendwann alles Kochsalz in dem Sinn „verbraucht" ist, wie wir Wasser „verbrauchen". Wasser wird beim Waschen und Trinken genauso wenig vernichtet. Es ist immer noch Wasser. Es wird dabei jedoch kontaminiert, das heißt, es ist nach dem Gebrauch dreckiger als vorher. Es ist also in dem Sinne „verbraucht", dass es zwar noch da ist, aber praktisch nicht mehr unmittelbar genutzt werden kann. Ähnliches könnte mit dem Salz auf M-113 passiert sein.

hat es diese Technologie bisher allerdings noch nicht gebracht. Auf absehbare Zeit ist wohl nicht zu erwarten, dass Osmosekraftwerke eine wesentliche Rolle in unserer Energieversorgung spielen werden. Nichtsdestotrotz ist es damit jedoch möglich, Energie aus Salz zu gewinnen. Zumindest solange man irgendwoher auch eine Lösung mit niedriger Salzkonzentration herbekommt. Wie wir noch sehen werden, wird das für einen Salzvampir etwas schwierig. Doch wer weiß, wozu deren Organismus das Salz tatsächlich so dringend braucht? Vielleicht hat es ja eine ganz andere Funktion für ihre Biochemie.

Die viel spannendere Frage ist aber ohnehin, wie der Salzvampir seinen Opfern das Salz aussaugt. An seinen Händen befinden sich wie gesagt etliche Saugnäpfe. Nun ist es aber nicht so, dass die Körper von Menschen oder andere Lebewesen über Zapfstellen verfügen, an denen er mit seinen Saugnäpfen andocken könnte, um das Salz abzusaugen. Ein „normaler Vampir" hat es da erstmal deutlich leichter. Zwar gibt es am menschlichen Körper ebenfalls keine Zapfstelle für Blut. Es ist allerdings relativ einfach, selbst eine zu schaffen. Wie wir aus unzähligen Vampirbüchern und -filmen wissen, muss der Vampir dazu sein Opfer nur mit seinen spitzen Zähnen in der Nähe einer Arterie anstechen. Zur Not könnte er dafür sogar eine Vene, von denen sich mehrere in der Nähe der Körperoberfläche befinden, anstechen. Dann müsste er zwar etwas stärker selber saugen, da der Druck des Bluts dort niedriger ist. Vom Grundsatz her ist es trotzdem noch ein ziemlich simpler Vorgang. Sehr viel komplizierter sieht die Sache für einen Salzvampir aus.

Das Problem ist die Verteilung des Salzes. Es gibt im menschlichen Körper keine Salzkammer, selbst wenn sich die Salzkonzentration in den verschiedenen Organen leicht unterscheiden mag. Im Großen und Ganzen ist das Salz ziemlich gleichmäßig im menschlichen Körper verteilt. Das gilt nicht nur für Menschen, sondern letztlich für alle höheren Lebewesen. Es ist also nicht damit getan, dass der Salzvampir analog zu den Zähnen seines blutsaugenden Namensvetters seine Saugnäpfe an der richtigen Stelle ansetzt, denn es gibt schlichtweg keine richtige Stelle. Egal wo er anfängt sein Opfer auszusaugen: Er saugt nicht einfach das Salz heraus, sondern jeden flüssigen oder gelösten chemischen Stoff.

Sehen wir uns die Salzvampire von M-113 nochmal etwas genauer an. An ihren Händen befindet sich wie gesagt eine Art Saugnäpfe. Die Funktion eines Saugnapfs ist normalerweise nicht das Aus-, sondern das Festsaugen. Tintenfische und andere Tiere haben ihre Saugnäpfe nicht, um Beutetiere auszusaugen, sondern um sich festzusaugen. Dazu kann einerseits der namensgebende Effekt dienen. Durch das Erzeugen eines Unterdrucks an den Saugnäpfen hält sich das Tier an einer Oberfläche fest (diese Oberfläche kann dann wiederum der Körper eines Beutetiers sein). Neben dem Unterdruckeffekt können bei Saugnäpfen auch noch eher chemische Effekte zum Tragen kommen. Manche Tiere sondern Drüsensekrete ab, um sich festzuhalten. So ein Sekret kann nicht nur der (sehr wichtigen) Abdichtung eines Unterdrucks dienen. Es kann darüber hinaus auch selbst zum Anheften beitragen. Den Effekt nennt man Adhäsion und er ist ein wesentlicher Wirkmechanismus für Klebstoffe. Zwischen Molekülen bestehen Anziehungskräfte. Die Stärke dieser Anziehungskräfte kann sich indes stark unterscheiden. Viele Faktoren kommen dabei zum Tragen. Eine große Rolle spielen unter anderem die Größe der Moleküle und ihre chemische Struktur. Vereinfacht gesagt muss ein Tier ein Drüsensekret so über seine Saugnäpfe ausbringen, dass dieses einerseits den Kontakt zwischen Oberfläche und Saugnapf möglichst großflächig bewirkt. Andererseits müssen die Moleküle des Sekrets selbst starke Anziehungskräfte sowohl zur Oberfläche als auch zum Körper des Tiers haben.

Der Salzvampir saugt sich aber gar nicht an seinem Opfer fest. Während er ihnen das Salz entzieht, scheinen die Opfer geradezu paralysiert zu sein. Das legt den Verdacht nahe, dass er tatsächlich ein Sekret absondert, welches die Opfer auf chemischem Wege kampfunfähig macht. Die eigentliche Funktion des Salzsaugens kann es hingegen nicht erklären. Hierfür braucht er etwas, was es ihm erlaubt, nur das Salz aufzunehmen. Die anderen Bestandteile des Körpers seiner Beute müssen hingegen bleiben, wo sie sind. Dementsprechend brauchen die Wesen von M-113 keine Öffnungen (wie einen Mund), sondern Membranen. Nur so kann Salz aufgenommen und alles andere an der Membran zurückgehalten werden. Damit scheint das Rätsel gelöst. Die Saugnäpfe stellen Membranen dar, durch die der Salzvampir selektiv[2] das Salz aus dem Körper seiner Beute heraussaugt.

Selbst wenn das die Antwort ist, dann wirft es gleich drei neue Fragen auf:

1. Wie kann eine Membran Salz durchlassen und alles andere zurückhalten?
2. Wie bringt der Salzvampir das Salz überhaupt dazu, durch die Membran zu gehen?
3. Wie kann er seinen Opfern das Salz so schnell entziehen?

---

[2] Selektiv ist ein Begriff, der in der Chemie öfter auftaucht. Selektivität bedeutet, dass nur eine von mehreren möglichen chemischen Reaktionen abläuft oder, wie im Fall der Membran, nur die Moleküle eines bestimmten Stoffs durchgelassen und alle anderen zurückgehalten werden. In der Praxis gibt es leider selten Selektivtäten von 100 %. Stattdessen hat man sehr oft damit zu kämpfen, dass Nebenreaktionen auftreten beziehungsweise andere Stoffe mit durch die Membran hindurchtreten. Das Ziel ist deshalb in der Praxis oft eine möglichst hohe Selektivität (viel gewünschter Stoff, wenig unerwünschter).

Fangen wir mal mit der ersten Frage an. Wir brauchen eine Membran, die es erlaubt, Salz von Wasser abzutrennen. Das Blut oder die Lymphflüssigkeit enthalten das gewünschte Salz zusammen mit viel Wasser (daneben gibt es noch viele andere Dinge, aber das sind alles größere Moleküle oder sogar ganze Partikel, die sich leicht abtrennen lassen). Membranen, die Wasser und Salz trennen, gibt es. In der Technik setzt man sie zum Beispiel in der Meerwasserentsalzung ein. Der Prozess heißt Umkehrosmose. Wie der Name bereits andeutet, leitet sich das Prinzip von einem anderen Effekt ab, der in der Technik „umgekehrt" wird: Dem biologischen Effekt der Osmose. Bei der Osmose (genauso wie bei der Umkehrosmose) gibt es selektive Membranen. So eine selektive Membran lässt einen Stoff durch (der Chemiker sagt: sie ist für ihn *permeabel*). Den anderen Stoff lässt sie nicht durch (dafür ist sie *impermeabel*).

Die Zellmembranen, die nicht nur die Zellen von uns Menschen, sondern die Zellen aller Lebewesen umschließen, sind solche semipermeable Membranen. Die lateinische Vorsilbe „semi-" bedeutet halb. Die Hälfte wird durchgelassen, die andere Hälfte nicht. Ob es wirklich genau die Hälfte ist, sei einmal dahingestellt. Entscheidend ist etwas anderes. Die Membran ist permeabel für Wasser und impermeabel für Salz. In anderen Worten: Genau der falsche Stoff wird durchgelassen. Das Salz, das der Salzvampir eigentlich durchlassen will, kommt nicht durch.

Es bräuchte deshalb einen ganz anderen Typ von Membran. Eine Membran, die für Salz permeabel, für Wasser hingegen impermeabel ist. An dieser Stelle bräuchte der Salzvampir also in seinen Saugnäpfen eine Membran, die sich von dem, was die bekannte Biologie bietet, deutlich unterscheidet. Das ist gar nicht ganz trivial. Verglichen mit den weiteren Herausforderungen ist es aber doch eher das kleinste Problem. Als erheblich kritischer erweist sich die zweite Frage: Wie bringt man das Salz überhaupt dazu, durch die Membran zu gehen?

Gehen wir einmal davon aus, dass der Salzvampir eine hypothetische, perfekte Membran besäße. Diese Membran wäre nicht nur zu hundert Prozent selektiv. Das heißt, sie ließe lediglich das gewünschte Salz durch, während es nicht einem einzigen Wassermolekül oder anderem Stoff gelänge hindurchzukommen. Gleichzeitig wäre der Diffusionswiderstand für Salz außerdem vernachlässigbar klein. Bei Membranen besteht oft das Problem, dass der gewünschte Stoff zwar hindurch kommt, dennoch wird er durch die Membran abgebremst. Die unerwünschten Stoffe werden lediglich noch stärker verlangsamt. Dadurch kommt die Trennwirkung der Membran zustande. Unsere perfekte Membran stelle jetzt einfach mal gedanklich überhaupt kein Hindernis für Salz dar. Wir nehmen an, dass sich das Salz einfach so durch die Membran bewegen kann, als wäre sie gar nicht da, sondern die Membran würde auf magische Weise nur das Wasser behindern. Was würde Salz in wässriger Lösung dann an dieser Membran tun? Stellen wir uns so eine Membran vor. Auf der einen Seite befindet sich salzhaltiges Wasser und auf der anderen Seite der Membran ebenfalls. Sowohl die Natrium- als auch die Chloridionen, die das Salz bilden, können ungehindert durch die Membran hindurchtreten. Das Wasser hingegen nicht. Sagen wir, auf der linken Seite der Membran befände sich das Blut von Captain Kirk. Auf der rechten Seite befindet sich das Blut des Salzvampirs, der dem Captain gerade alles Salz entziehen will. Den Natrium- und Chloridionen stünde nichts im Wege, um durch die Membran zum Salzvampir zu wandern. Da das Wasser zurückgehalten würde, würde der arme Captain im Lauf der Zeit immer mehr Salz verlieren. Zumindest wenn da nicht das Salz auf der anderen Seite wäre. Im Blut des Salzvampirs befindet sich ja ebenfalls Salz. Selbst wenn anfangs überhaupt kein Salz in seinem Blut gewesen wäre, würde sein Blut ebenfalls Salz enthalten, sobald er nennenswert welches extrahiert hätte. Dieses Salz auf der rechten Seite könnte ebenfalls durch die Membran wandern und den Salzvorrat von Kirks Körper wieder auffüllen. Entscheidet ist letztlich der Nettosalzaustausch. Damit ist nichts anderes gemeint als die Salzmenge, die von links nach rechts wandert, minus die Salzmenge, die von rechts nach links wandert.

Versetzen wir uns gedanklich auf die molekulare Ebene. Das meint in diesem Zusammenhang die Größenordnung der Ionen des Salzes. Um durch die Membran zu wandern, muss ein Ion erst einmal auf die Membran treffen. Je mehr Ionen pro Zeiteinheit auf die Membran treffen, desto mehr wandern durch die Membran. Unter dem Strich gibt es also eine Nettowanderung von Ionen von der Seite, auf der viele Ionen auf die Membran treffen, zu der Seite, auf der wenige Ionen pro Zeiteinheit auf die Membran treffen. Die Anzahl der Ionen, die pro Zeiteinheit auf die Membran treffen, hängt von zwei Faktoren ab: der Temperatur und der Konzentration.

Die Moleküle und Ionen in Salzwasser sind nicht starr angeordnet, sodass jedes seinen festen Platz hätte, sondern sie bewegen sich mehr oder minder frei. Je höher die Temperatur ist, desto schneller bewegen sie sich. In der Folge treffen pro Zeiteinheit mehr Ionen auf die gleiche Fläche. Unterschiedliche Temperaturen auf beiden Seiten der Membran sind aber keine wirklich praktikable Methode, um einen Stoff durch eine Membran zu treiben. Zum einen gleichen sich die Temperaturen auf den beiden Seiten einer dünnen Membran sehr schnell an. Zum anderen scheinen sich die Körpertemperaturen von Menschen und Salzvampiren nicht stark zu unterscheiden. Viel wichtiger ist der Effekt der Konzentration. Wenn die Konzentration hoch ist, dann sind viele Ionen im gleichen Volumen vorhanden und damit treffen viele Ionen pro Zeiteinheit auf eine gegebene Membranfläche. Herrscht auf der linken Seite eine hohe Salzkonzentration und auf der rechten eine niedrige, dann gibt es eine Nettowanderung der Ionen des Salzes von links nach rechts. Es wandern zwar auch Ionen von rechts nach links, es wandern aber viel mehr Ionen von links nach rechts. Das ist die Nettowanderung, die man Diffusion nennt. Zusammenfassend gilt die Regel: Ein Stoff diffundiert aus einem Bereich mit hoher Konzentration in einen Bereich mit niedriger Konzentration. Das gilt letztlich unabhängig davon, ob eine Membran dazwischen ist oder nicht. Die Membran kann die Diffusion höchstens unterbinden, nicht aber herbeiführen.

Das hat für den Salzvampir eine ganz entscheidende Konsequenz: Er muss in seinem Blut eine niedrigere Salzkonzentration haben als im Blut seines Opfers. Das klingt erst einmal nicht so schwierig. Am Anfang ist es das auch nicht. Wenn er jedoch seinem Opfer mehr und mehr Salz entzieht, dann ändert sich dadurch die Salzkonzentration auf beiden Seiten. Auf der linken Seite (in Captain Kirks Körper) wird sie geringer. Auf der rechten Seite (im Salzvampir) steigt sie. Wollte der Salzvampir seinem Opfer wirklich sämtliches Salz entziehen, dann müsste er dazu die Konzentration in dessen Körper auf null herabsenken. Damit die Ionen des Salzes dann noch durch die Membran zum Salzvampir wandern, müsste er die Salzkonzentration in seinem Blut ebenfalls auf null gesenkt halten (strenggenommen sogar unter null, was chemisch jedoch keinen Sinn ergäbe). Da in seinen Körper jedoch permanent das Salz aus dem Körper seines Opfers strömt, ist das etwas schwierig. Da sein Körper offensichtlich nicht unendlich groß ist, wird die Salzkonzentration zwangsweise ansteigen. Die Extraktion des Salzes wird deshalb zum Erliegen kommen, sobald die Konzentrationen auf beiden Seiten gleich sind. Wenn wir einmal annehmen, dass Salzvampire in etwa so groß sind wie ein durchschnittlicher Mensch und zu Beginn des Extraktionsprozesses keinerlei Salz in seinem Körper wäre (was erklärt, warum er dringend welches braucht), dann könnte er höchstens die Hälfte des Salzes seines Opfers stehlen. Sobald er die Hälfte extrahiert hat, wären die Salzkonzentrationen aufgrund des annähernd gleichen Körpervolumens ausgeglichen. Die Nettodiffusion käme zum Erliegen und das Opfer hätte einen massiven Salzmangel. Komplett alles Salz wäre ihm allerdings nicht entzogen, sondern eben nur die Hälfte.[3]

Ist der Salzvampir also zu einem grausamen Tod durch Salzmangel verurteilt, weil sein Prozess zur Salzaufnahme aus menschlichen Opfern überhaupt nicht

---

[3] Ein bisschen mehr könnte theoretisch gehen, wenn das Blut des Salzvampirs eine erheblich höhere Löslichkeit für Salz hätte als das von Menschen. Da Wasser aber bereits eines der besten Lösungsmittel für Kochsalz ist, dürfte es chemisch schwer werden, einen geeigneten Stoff zu finden.

richtig funktioniert? Nun, es ist in der Tat schwierig. Eine Möglichkeit gäbe es
trotzdem noch: Elektrodialyse.

Salze bestehen aus Ionen. Im Fall von Kochsalz sind das Natriumionen und
Chloridionen. Die Natriumionen sind positiv geladene Kationen, die Chloridionen
negativ geladene Anionen. Legt man ein elektrisches Feld an, so bewegen sich
die Natriumionen zum Minuspol und die Chloridionen zum Pluspol.[4] Ein ausreichend starkes elektrisches Feld kann die Ionen durchaus dazu bringen, entgegen
des Konzentrationsgefälles zu wandern; sprich: aus einem Bereich mit niedriger
Konzentration in einen Bereich mit hoher Konzentration.

Für einen Salzvampir ist es allerdings nicht damit getan, einfach ein elektrisches Feld zu erzeugen und damit die Ionen des Salzes zu sich herüberzuziehen.
Lädt er seine Saugnäpfe beispielsweise positiv, dann zieht er die Anionen (also
das Chlorid) an. Die Kationen (das Natrium) würde hingegen abgestoßen werden.
Damit würde ihm nicht nur die Hälfte entgehen. Nach kürzester Zeit wäre seine
positive Ladung weg, da die angezogenen negativen Chloridionen die positive
Ladung kompensieren würden. Andersherum würde das gleiche gelten, wenn er
seine Saugnäpfe negativ auflüde, um die Natriumionen anzuziehen. Hier kommt
die Elektrodialyse ins Spiel. Bei diesem Verfahren bedient man sich einer Kombination aus Membranen und einem elektrischen Feld. Die Methode ist in der
technischen Chemie durchaus verbreitet. In biologischen Lebewesen ist sie bisher nicht bekannt, doch wer weiß, was die Natur auf M-113 alles hervorbringt.
Sehen wir uns das Verfahren einmal an (Abb. 4.1).

Zunächst bräuchte es außen an den Saugnäpfen eine Membran, die beide Ionen
durchlässt. Im Inneren der Saugnäpfe müsste der Salzvampir ein elektrisches Feld
erzeugen. Technisch gesehen hätten wir es mit einem elektrischen Kondensator
zu tun. Innerhalb dieses Kondensators befinden sich wiederum zwei verschiedene Arten von Membranen, die für die Chemie zuständig sind. Die Membranen
unterscheiden sich darin, was sie durchlassen. Da sind zum einen Anionentau-
schermembranen. Die lassen (wie der Name vermuten lässt) nur Anionen durch.
Wenig überraschend handelt es sich beim zweiten Typ um Kationentauschermem-
branen. Die lassen nur Kationen durch. Diese Membranen werden senkrecht zum
elektrischen Feld (das heißt parallel zu den Platten des Kondensators) angeordnet. Wenn die negativ geladenen Chloridionen in Richtung des Pluspols wandern,
dann treffen sie auf eine Anionentauschermembran. Weil sie selbst Anionen
sind, kommen sie hier ohne Probleme durch. Andersherum treffen die positiv

---

[4] Den Minuspol nennt man auch Kathode, woher der Begriff Kationen kommt, weil diese
dorthin wandern. Der Pluspol heißt Anode, woher analog der Begriff Anion stammt.

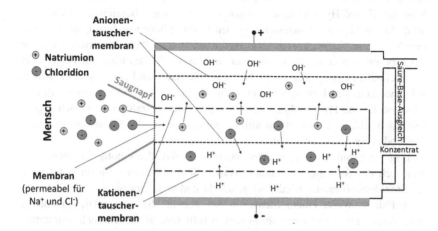

Abb. 4.1 Schematische Darstellung einer Elektrodialyse mit der der Salzvampir seinen Opfern selektiv nur das Salz entziehen könnte

geladenen Natriumionen bei ihrer Wanderung schließlich auf eine Kationentauschermembran. Als Kationen kommen sie da ebenfalls weitgehend ungehindert durch. Damit ist es allerdings noch nicht getan. Wir hätten jetzt Natrium- und Chloridionen getrennt. Dadurch käme es zu starken Ansammlungen elektrischer Ladung. Diese Ladungen müssen ausgeglichen werden. Dazu müsste sich der Salzvampir anderer Ionen bedienen. Die naheliegende Lösung wären positive Wasserstoffionen H^+ und negative Hydroxidionen OH^-.[5] Diese beiden Ionen sind in Wasser immer vorhanden. Durch die sogenannte Autoprotolyse spalten sich Wassermoleküle permanent zu diesen beiden Ionen, die sich dann wieder zu Wassermolekülen vereinigen. Durch eine weitere Anionentauschermembran können Hydroxidionen zu den Natriumionen gelangen. Durch eine Kationentauschermembran gelangen Wasserstoffionen zu den Chloridionen. Dadurch werden die elektrischen Ladungen wieder ausgeglichen.

Als letztes Problem bleibt damit nur noch der pH-Wert. Der pH-Wert gibt an, ob eine wässrige Lösung sauer (dann ist er kleiner als 7) oder alkalisch ist

---

[5] Strenggenommen gibt es dabei keine einzelnen Wasserstoffionen H^+, die im Wasser herumschwimmen würden. Stattdessen verbinden sich die Wasserstoffionen mit Wassermolekülen zu Oxoniumionen H_3O^+. Vereinfachend wollen wir hier aber so tun als handele es sich um einfache Wasserstoffionen. Für das Verständnis des Grundprinzips der Elektrodialyse macht das keinen Unterschied.

(dann ist er größer als 7). Ganz grob ist er ein Maß für die Konzentration der Wasserstoff- und Hydroxidionen. Sammeln sich in einem Bereich sehr viele Wasserstoffionen an (beziehungsweise werden Hydroxidionen entfernt), so liegt dort eine Säure vor. Sammeln sich viele Hydroxidionen an (beziehungsweise werden Wasserstoffionen entfernt), so hat man eine Lauge. Beides wäre auf lange Sicht unvorteilhaft. Deswegen ist es wichtig, dass die Säure und Lauge jeweils neutralisiert werden. Das lässt sich bewerkstelligen, indem man sie vermischt. Treffen Wasserstoff- und Hydroxidionen aufeinander, dann neutralisieren sie sich gegenseitig und bilden ein Wassermolekül. Genau das müsste der Salzvampir in seinen Elektrodialyse-Saugnäpfen tun.

Insgesamt sind damit quasi zwei getrennte Blutkreisläufe nötig. In einem sammelt sich das Salz an. Im anderen werden Säure (Wasserstoffionen) und Base (Hydroxidionen) immer wieder ausgetauscht und so neutralisiert.

Auf diese Weise einem Menschen das gesamte Salz zu entziehen und es dem Körper eines anderen Lebewesens zuzuführen, wäre sicherlich anspruchsvoll. Allein schon die Frage, wie ein biologisches Lebewesen ein entsprechendes elektrisches Feld erzeugen soll, wäre nochmal alles andere als trivial. Die entsprechend verschachtelten und von verschiedenen Blutsystemen durchströmten Membranen wären ebenfalls komplex. Wenn man sich ansieht, was es in der Natur alles an Lebewesen gibt, dann erscheint zumindest dieser Teil gar nicht mal so abwegig. Der Salzvampir könnte demnach grundsätzlich also Realität sein.

Zum Schluss sollten wir aber auch nochmal einen Blick auf die dritte Frage werfen. Wie kann er seinem Opfer das Salz so schnell entziehen? Seine Opfer sind alle binnen weniger Sekunden tot und komplett salzlos. Wenn Dr. McCoy nicht schnell genug einen Phaser benutzt hätte, um ihn zu stoppen, dann hätte Captain Kirk in kürzester Zeit das Schicksal etlicher Crewmitglieder geteilt. Die Geschwindigkeit, mit der Salz durch eine Membran wandern kann, ist allerdings begrenzt.

Je größer die Membranfläche ist, desto schneller geht es. Diese Fläche ist jedoch eher überschaubar, weil er nur über seine Handflächen das Salz aufnimmt. Selbst wenn die Salzaufnahme durch die Membran schnell genug ginge, so bliebe immer noch die Frage, wie das Salz so schnell dorthin kommt. Im menschlichen Körper ist das Salz wie gesagt mehr oder minder gleichmäßig verteilt. Selbst wenn alles im Blut wäre (was keineswegs der Fall ist), so dauert es doch sicherlich einige Minuten, bis das gesamte Blut einmal an der Hand des Salzvampirs vorbeigeflossen ist. Außerdem befindet sich das meiste Salz nicht im Blut, sondern innerhalb der Zellen des Körpers. Diese sind von Zellmembranen umgeben, die nichts anderes als Osmosemembranen sind. Sie lassen Wasser durch. Salz hingegen kommt nicht so einfach raus. Infolgedessen wird das meiste Salz von den Membranen in den Zellen gehalten und gelangt nicht unmittelbar ins Blut. Es würde deshalb sehr lange dauern, wollte man einem Menschen alles Salz entziehen.

Für die grundsätzliche Funktionsweise der Salzentziehung haben wir zwar eine mögliche Erklärung gefunden. Die Geschwindigkeit bleibt indes eines der Rätsel, die es in den unendlichen Weiten des Weltraums noch zu lösen gilt.

Exkurs

Der wolkenförmige Eisenvampir
Der Salzvampir aus „*Das Letzte seiner Art*" ist nicht das einzige außerirdische Lebewesen, das Menschen einen wesentlichen Stoff entzieht. Ein anderes Beispiel ist das auf Dikironium[6] basierende, wolkenartige Lebewesen, auf das die Enterprise einige Zeit später in der 18. Episode der 2. TOS-Staffel, „*Tödliche Wolken*", trifft. Dieses körperlose Lebewesen ernährt sich vom Hämoglobin seiner Opfer. Hämoglobin ist eine sehr komplexe chemische Verbindung. In seiner Mitte befindet sich ein Eisenion, um das herum sich vier komplexe Proteine anordnen. Hämoglobin ist lebenswichtig, da Sauerstoff daran bindet. Dadurch trägt es dazu bei, den lebenswichtigen Sauerstoff aus der Lunge zu den anderen Organen zu transportieren. Ohne Hämoglobin würden wir binnen kürzester Zeit sterben, was einige Besatzungsmitglieder selbst erfahren müssen.

Das Entziehen von Hämoglobin aus dem menschlichen Blut ist nochmal erheblich anspruchsvoller als das Entziehen von Salz. Während die Ionen des Salzes im Blut und dem Wasser im Inneren der Zellen gelöst sind, ist das Hämoglobin Teil der roten Blutkörperchen (auch wenn diese selbst zu etwa 90 % aus Hämoglobin bestehen). Es handelt sich daher nicht um freie Moleküle, die man einzeln extrahieren könnte. Zuerst müssen daher erst einmal Bindungen gespalten werden, um Hämoglobin freizusetzen. Das Dikironium-Wolkenwesen könnte dazu ein entsprechendes Enzym in das Blut seiner Opfer injizieren. Anschließend muss das Hämoglobin auf irgendeinem Wege aus dem Körper herausgeholt werden. Das selektiv zu tun, ist nochmal erheblich anspruchsvoller, weil man es nicht mit kleinen einatomigen Ionen zu tun hat, sondern mit einem großen, hochkomplexen Molekül. Gezielt das Hämoglobin von den roten Blutkörperchen abzuspalten und dann nur das Hämoglobin zu entziehen, während alle anderen Proteine im Körper verbleiben, wäre eine echte Meisterleistung der kosmischen Biologie. Das Dikironium-Wolkenwesen

---

[6] Die chemische Natur von Dikironium wäre ebenfalls eine spannende Frage. Leider wird dieser Stoff wohl erst in ferner Zukunft entdeckt werden.

ist allerdings ohnehin eine sehr viel höher entwickelte Lebensform als der
Salzvampir oder wir Menschen.◀

4.2   Ein durstiges Virus

In der 25. Episode der 2. TOS-Staffel, „*Das Jahr des roten Vogels*", macht
ein Außenteam der Enterprise eine seltsame Entdeckung. Die Gruppe war an
Bord des Sternenflottenraumschiffs USS Exeter gebeamt worden. Dort treffen
sie jedoch niemanden an. Das Einzige, was sie vorfinden, sind die Uniformen der
Crew. Diese liegen einfach so auf dem Schiff verteilt herum. Leer, ohne die dazu-
gehörigen Menschen darin. Na ja, fast leer. Das Außenteam findet darin noch ein
paar Krümel. Kleine Kristalle, die als einziges von der Besatzung übriggeblieben
sind.

Wie sich im weiteren Verlauf herausstellt, sind alle an Bord tot. Dahingerafft
von einem Virus. Wirklich bemerkenswert ist aber, was dieses Virus mit den
Menschen angestellt hat. Es führte dazu, dass ihren Körpern sämtliches Wasser
entzogen wurde. Alles was zurückblieb sind die Kristalle. Diese enthalten alles,
was kein Wasser im menschlichen Körper war.

Was sich an Bord der Exeter abspielt, ist nicht nur eine äußerst bedrohli-
che Situation. Immerhin droht dem Außenteam von der Enterprise das gleiche
Schicksal. Es ist außerdem noch ein hochgradig faszinierender Vorgang.

Das Ganze wirft gleich eine ganze Reihe von Fragen auf. Die Entfernung des
Wassers aus dem Körper eines mehrzelligen Organismus durch einen Virus ist
bemerkenswert. Zunächst einmal stellt sich die Frage, wie der Virus das anstellt.
Und zum anderen fragt man sich, warum er es eigentlich tut. Um das zu verstehen, müssen wir uns zunächst einmal überlegen, was Viren eigentlich sind und
was sie tun.

Viren sind mikroskopisch kleine... Nun ja, was eigentlich? Womit man es in
der Biologie zu tun hat, das sind Organismen. Doch Viren sind keine Organismen. Was einen Organismus auszeichnet ist, dass er einen Stoffwechsel hat. Das
bedeutet, dass chemische Stoffe von ihm umgewandelt werden. Beispielsweise
nehmen Organismen Zucker auf und setzen diesen mit Sauerstoff so um, dass
sie die freiwerdende Energie nutzen können. Oder sie verbinden Aminosäuren
an ihren Ribosomen so, dass daraus Proteine entstehen, um damit die Strukturen
der Zelle zu bauen. Ein Virus hingegen tut nichts davon. Wenn man ihn näher
betrachtet, dann stellt man fest, dass man nicht mal eine richtige Zelle vor sich
hat. Praktisch alles, was eine Zelle ausmacht, fehlt. Es gibt keine Ribosomen,

keine Mitochondrien. Eigentlich gibt es nur die Erbinformation und eine Hülle, die diese umgibt. Das ist alles.

Deshalb kann sich ein Virus nicht selbst vermehren. Er besitzt schließlich keinen Stoffwechsel. Vermehrung bedeutet, dass aus einem „Organismus" zwei (oder mehr) werden. Dazu muss alles verdoppelt werden. Im Fall des Virus muss die Nukleinsäure mit der Erbinformation verdoppelt werden. Ebenso muss die Proteinhülle verdoppelt werden. Beides wäre eine chemische Reaktion. Genau das kann ein Virus nicht tun. Er hat nämlich keinen Stoffwechsel. Er kann die nötigen chemischen Bausteine für die neue Nukleinsäure und die neuen Proteine überhaupt nicht bereitstellen. Und selbst wenn sie da wären, dann könnte er trotzdem nichts damit anfangen. Dazu bräuchte er einen eigenen Stoffwechsel. Um sich trotzdem zu vermehren, bedienen sich Viren einer ganz anderen Strategie. Sie benutzen Organismen und bringen sie dazu, diese Arbeit für sie zu erledigen.

Die Hülle von Viren ist so beschaffen, dass Wirtszellen beim Kontakt die Viren aufnehmen. Das Virus täuscht der Zelle sozusagen vor, dass es etwas wäre, was sich lohnt aufzunehmen. Statt wertvoller Nährstoffe oder ähnlichem bekommt die Zelle jedoch nur die Nukleinsäure des Virus. Diese virale Erbinformation ist nun in der Zelle. Einige ausgefuchste Viren legen dann gar nicht gleich los. Statt sich gleich zu vermehren, integrieren sie ihre Erbinformation erstmal in die ihres Wirts. Früher oder später beginnen dann aber alle Viren mit der Vermehrung. Nur machen sie das nicht selbst. Ihre Nukleinsäuren mit der viralen Erbinformation wird im Inneren der Zelle repliziert. Der gleiche chemische Vorgang, der bei der Teilung der Zelle deren Erbgut verdoppeln soll, vervielfacht nun die Erbinformation des Virus. Diese Nukleinsäure tut indes noch etwas anderes. Normalerweise dienen Nukleinsäuren wie DNS oder RNS dazu, dass mit der auf ihnen gespeicherten Information Proteine gebildet werden. Dazu lagern sich Aminosäuren an den Ribosomen so zusammen, wie es die Nukleinsäure vorgibt. Nur ist es jetzt eben nicht mehr die Nukleinsäure der Zelle, sondern die des Virus. Die Ribosomen beginnen also damit, die Proteine für Virenhüllen zu produzieren, statt Dingen die für die Zelle nützlich wären. Das verbraucht wertvolle Ressourcen der Zelle. Wenn genügend virale Nukleinsäuren und Proteine für Virenhüllen gebildet wurden, dann treten diese wieder aus der Zelle aus. Im für die Zelle schlimmsten Fall platzt diese dabei auf. Im besten Fall treten die Viren über die Zellmembran aus, ohne die Zelle zu töten. Die Zelle muss dann nur immer weiter neue Viren produzieren und ihre eigenen Ressourcen für das Virus verbrauchen.

Diese Beschreibung der Wirkmechanismen von Viren ist zweifelsohne stark vereinfacht. Sie genügt jedoch, um zu verstehen, was mit der Crew der Exeter passiert ist beziehungsweise wo die Probleme dabei liegen. Bevor wir uns der

Frage zuwenden, wie das außerirdische Virus das macht, fragen wir zunächst einmal, warum es das tut. Warum entzieht es dem Körper seiner Wirte alles Wasser? Da es keinen Stoffwechsel besitzt, kann es das Wasser selbst nicht aufnehmen. Vielmehr muss es seine Wirtszellen dazu bringen, alles Wasser an die Umgebung abzugeben. Damit tötet es seinen eigenen Wirt und legt die Zellen, in denen es repliziert wird, trocken. Warum sollte es die Zellen also dazu bringen, Wasser an die Umgebung abzugeben?

Die Erklärung könnte die gleiche sein, weswegen man bei einer Erkältung husten oder niesen muss: Um das Virus zu verbreiten. Ein Virus hat nicht nur ein Interesse daran, dass die Wirtszellen seine Nukleinsäure und Proteinhülle replizieren. Es will sich außerdem verbreiten. Andere Wirte sollen infiziert werden, sonst bleibt seine Fortpflanzung letztlich sehr beschränkt. Darum veranlassen viele Viren irgendwelche Vorgänge, die zu ihrer Verbreitung dienen. Husten oder Niesen sind Beispiele dafür.

Gelingt es einem Erkältungsvirus, seinen Wirt zum Niesen zu bringen, dann atmet dieser dabei sehr schnell aus. Dabei werden kleine Wassertröpfchen mitgerissen. Es bildet sich ein Aerosol. Viele kleine Tröpfchen schweben in der Luft. In diesen kleinen Tröpfchen befinden sich Viren. Atmet jemand anderes diese Tröpfchen ein, dann kann er sich dadurch selbst infizieren. Die Viren können nun auch seinen Körper zu ihrer Vermehrung nutzen. Vielleicht tun die Viren an Bord der USS Exeter etwas ähnliches. Sie könnte (durch irgendeinen deutlich ausgefuchsteren Mechanismus als Niesen oder Husten), das Wasser im Körper ihrer Wirte in der Luft verteilen. Nicht als Dampf, denn dann würden die Wassermoleküle, alle einzeln durch die Luft schweben. An einem einzelnen Wassermolekül kann sich ein Virus nicht festklammern, um sich transportieren zu lassen. Er ist immerhin selbst um ein Vielfaches größer als ein Wassermolekül. Stattdessen ist es für ein Virus zielführender, einen Nebel zu bilden. Dieser besteht aus vielen kleinen Tröpfchen. Und in denen könnten sich dann Viren befinden. Das würde erklären, warum sich die gesamte Crew der Exeter so schnell infiziert hat. Wenn wirklich die gesamte Luft mit virusbeladenen Aerosoltröpfchen belastet ist, dann kann man sich dagegen schließlich schlecht wehren.

Die Tatsache, dass es an Bord der Exeter nicht neblig ist, heißt nicht zwingend, dass das Wasser aus den Körpern der Crew keinen Nebel gebildet hat. Immerhin vergeht einige Zeit bis zum Eintreffen der Enterprise. Inzwischen könnten sich die Tröpfchen abgesetzt haben. Je kleiner die Tröpfchen in einem Aerosol sind, desto länger dauert das. Nach mehreren Tagen dürfte dieser Vorgang aber sicher abgeschlossen sein.

Es bleibt dabei aber immer noch die Frage, wie der Virus das Wasser dazu bringt den Körper zu verlassen. Da das Außenteam auf der Exeter nicht ständig in

Pfützen tritt, scheint das Wasser wohl tatsächlich in die Gasphase übergegangen zu sein. Ob es dabei verdampft ist (also sich molekülweise in die Luft verabschiedet hat) oder sich in Form von kleinen Tröpfchen als Aerosol in der Luft verteilt hat (wie gerade schon spekuliert), das wissen wir nicht. Wie der Virus den Wirt dazu bringt, das zu tun, ist eine weitere interessante Frage. Wirklich mysteriös ist allerdings, wie es ihm gelingt, das vollständig zu tun. Ein Virus besitzt, wie oben beschrieben, keinen eigenen Stoffwechsel. Er kann deshalb eigentlich gar nichts selbst tun. Dazu muss er immer seinen Wirt dazu bringen, es für ihn zu tun.

Sehen wir uns zunächst einmal die Sache auf der Ebene der Zelle an. Wenn die infizierte Zelle genügend Viren gebildet hat, dann könnte der Virus das Aufreißen der Zellmembran herbeiführen. Dadurch werden die neu produzierten Viren freigesetzt und können andere Zellen infizieren. Dabei verliert die auslaufende Zelle ihr gesamtes Wasser. Na ja, zumindest falls sie – im wahrsten Sinne des Wortes – auf dem Trockenen sitzt. Die meisten Zellen (und das schließt die Zellen im menschlichen Körper ein) befinden sich in einer Umgebung, die vor allem aus Wasser besteht. Die Zellmembran zu zerstören, könnte ein wichtiger Beitrag zum Entziehen sämtlichen Wassers aus dem Körper sein. Es kann die eigentliche Austrocknung indes nicht erklären. Außerdem wäre das Aufreißen der Zellmembran gar nicht zwingend erforderlich. Wie wir im Zusammenhang mit dem Salzvampir gesehen haben, sind Zellmembranen semipermeabel. Wasser kann ohne Weiteres durch sie hindurch diffundieren. Ein Loch würde den Vorgang nur gegebenenfalls etwas beschleunigen.

Das viel größere Problem wäre aber ohnehin die Osmose. Das Virus aus der Episode „Das Jahr des roten Vogels" tut auf gewisse Weise das genaue Gegenteil dessen, was der Salzvampir aus „Das letzte seiner Art" tut. Der Salzvampir entzog alles Salz aus dem Körper. Das Wasser blieb zurück. Das Virus hingegen zieht sämtliches Wasser aus dem Körper ab. Alles andere, einschließlich das Salz, bleibt zurück. Die beiden mögen das genaue Gegenteil von dem tun, was der jeweils andere tut. Das Problem ist am Ende für beide allerdings das Gleiche. Es mag am Anfang gelingen, den aus dem Körper zu entfernenden Stoff aus dem Körper abzuziehen, sei es Salz oder Wasser. Dabei sinkt dessen Konzentration im Inneren der Zelle. Das Virus mag auf gewisse Weise zwar das leichtere Spiel haben. Immerhin geht Wasser einfach so durch die Zellmembranen hindurch. Salz dagegen nicht. Relativ schnell würde der Transport jedoch zum Erliegen kommen. Man hätte eine Diffusion von Bereichen mit niedriger Konzentration in Bereiche mit hoher Konzentration. Hier hat das Virus das gleiche Problem wie der Salzvampir.

Für das Virus kommt dann noch dazu, dass es keinen eigenen Körper hat, mit dem es etwaige Maßnahmen zur Extraktion ergreifen könnte. Es muss sich

dazu der infizierten Wirtszellen bedienen. Anfangs mögen die Zellen bei irgendwelchen erzwungenen Maßnahmen zur Abgabe von Wasser noch mitmachen.
Beliebig lange geht das aber nicht. Das hat nichts damit zu tun, dass die Zellen
irgendwann keine Lust mehr haben oder einsehen, dass das gar nicht gut für sie
ist. Irgendwann sterben sie einfach. Das geschähe deutlich bevor sämtliches Wasser aus dem Körper abgezogen ist. Die Zelle würde einfach irgendwann sterben.
Und das sicherlich bevor der letzte Rest Wasser abgeführt wurde. Da das Virus
selbst nichts tun kann, ist es deshalb nicht in der Lage, dem Körper tatsächlich
sämtliches Wasser zu entziehen.

Soviel zu den stärker biologisch geprägten Aspekten dieses Falls. Dazu kommt
noch eine rein chemische Frage: Die Frage nach der Stoffmengenbilanz. Sowohl
die Massenbilanz als auch die Atombilanz geben Rätsel auf.

Zunächst gilt für jeden Vorgang, dass die Gesamtmasse sich nicht ändern kann.
Ein Virus mag chemische Reaktionen in Gang setzen. Dabei wird Stoff A zu Stoff
B. Zusätzlich kann ein chemischer Stoff (Wasser in unserem Fall) von Ort A zu
Ort B transportiert werden. Trotzdem gilt: Die Gesamtmasse bleibt erhalten. Was
vorher ein Kilogramm war, das ist hinterher immer noch ein Kilogramm.

Erweitert zur Atombilanz bedeutet das, dass nicht nur die Masse erhalten
bleibt, sondern auch die Menge an jeder einzelnen Atomsorte. Wenn das Virus
also sämtliches Wasser aus dem Körper entfernt, dann verringert sich die Zahl der
Wasserstoff und Sauerstoffatome (zumindest im Körper selbst; sie sind jetzt halt
an einem anderen Ort). Alle anderen Atome bleiben hingegen, wo sie sind. Das
gilt für das Kalzium in den Knochen, für das Eisen im Hämoglobin, für den Phosphor aus der DNS, für den Stickstoff und den Schwefel aus den Proteinen, für
den Sauerstoff aus den Kohlenhydraten und für den Wasserstoff und Kohlenstoff
aus... Na ja, eigentlich aus allem, was im Körper vorkommt. Der menschliche
Körper besteht zwar zu einem sehr großen Anteil aus Wasser. Aber das ist nicht
alles. Da ist eben zusätzlich noch jede Menge an Kohlenstoff. Die feinen Kristalle, die von den Menschen zurückbleiben, passen nicht wirklich ins Bild. Wenn
man einem Menschen alles Wasser entzöge, dann blieben nicht einfach solche
weißen Kristalle übrig. Das hat eine Reihe von Gründen.

Da ist zum einen die Sache mit der Menge. Es ist richtig, dass der menschliche
Körper überwiegend aus Wasser besteht. Die restlichen Stoffe machen allerdings
deutlich mehr aus als den mickrigen Haufen an Kristallen, die das Enterprise-
Außenteam an Bord der Exeter vorfindet. Dafür müsste dem menschlichen Körper
deutlich mehr als nur das Wasser entzogen werden.

Dazu kommt noch ein weiteres Problem. Der menschliche Körper ist ein wil-
des Gemisch aus tausenden verschiedenen chemischen Stoffen. Entzieht man
lediglich das Wasser, dann erhält man nicht einfach schöne, weiße Kristalle. Aus

den Metallen im Körper (Kalzium, Eisen, Natrium & Co.) ließen sich sicherlich solche Kristalle erzeugen. Dabei ließe sich zusätzlich ein Teil der Nichtmetalle verwenden. Ein Teil des Sauerstoffs, der Phosphat- und Chloridionen könnte mit den Metallen Salze bilden. Aus denen mögen die vorgefundenen Kristalle entstehen. Doch was ist mit dem Kohlenstoff?

Weiße Kristalle, die sich aus Kohlenstoffverbindungen bilden, sind nichts völlig Ungewöhnliches. Man denke nur an Zuckerkristalle. Zum Teil ist der Kohlenstoff im Körper tatsächlich in Form von Zuckern gebunden. Daraus könnten wie gesagt Kristalle entstehen. Zum Teil ist der Kohlenstoff jedoch in Stoffen wie Fetten gebunden. Im Körper verschiedener Menschen mag unterschiedlich viel Fett vorhanden sein. Grundsätzlich machen Fette jedoch einen erheblichen Anteil eines jeden menschlichen Körpers aus. Zuckerkristalle kennen wir alle. Doch wann haben wir das letzte Mal von Fettkristallen gehört? Hier müssen wir uns einmal den Zusammenhang von chemischer Struktur und Kristallbildung ansehen.

Ein Kristall ist ein hochgeordnetes Gebilde. Das bedeutet, dass alle Atome, Ionen oder Moleküle im Kristall nicht nur einen eigenen, festen Platz haben (um den herum sie abhängig von der Temperatur etwas schwingen). Entscheidend ist darüber hinaus: Die festen Plätze sind regelmäßig angeordnet. In einem Kochsalzkristall wechseln sich beispielsweise Natrium- und Chloridionen ab. Deren Anordnung ist so gleichmäßig, dass man von einem Gitter spricht. Natrium- und Chloridionen lassen sich sehr einfach zu einem Kristall zusammenfügen. Beide Ionen sind nahezu kugelförmig. Kugeln lassen sich gut zu einem Ionengitter anordnen. Wenn die Teilchen dagegen unsymmetrisch werden, dann wird es schwieriger, sie zu einem regelmäßigen Gitter anzuordnen.

Sieht man sich die molekulare Struktur von chemischen Stoffen an, dann kann man daraus oft bereits Aussagen über den Schmelzpunkt ableiten. Dafür muss man zwei Regeln kennen. Erstens, je größer das Molekül ist, desto höher ist in der Regel der Schmelzpunkt. Zweitens, je unsymmetrischer das Molekül ist, desto niedriger ist der Schmelzpunkt. Die zweite Regel lässt sich aus der Kristallbildung erklären. Schmelzen ist nichts anderes als das Gegenteil von Kristallisieren. Je leichter ein Stoff kristallisiert, desto weniger ist er bereit, diese Kristallform wieder zu verlassen. Der Schmelzpunkt ist entsprechend hoch. Umgekehrt hat ein Stoff, bei dem sich die Moleküle schlecht zu einem regelmäßigen Gitter anordnen lassen, einen niedrigen Schmelzpunkt. Je unsymmetrischer Moleküle sind, desto schlechter lassen sie sich zu Kristallen zusammenpacken. Darum sind die Schmelzpunkte unsymmetrischer Moleküle zumeist niedriger als die von gleichgroßen, symmetrischen Molekülen.

Sind Moleküle sehr unsymmetrisch, dann kann es sogar dazu kommen, dass die Bildung eines Kristalls praktisch unmöglich ist. Bei niedrigen Temperaturen scheinen solche Stoffe trotzdem fest zu sein. Dann hat sich allerdings kein Kristall gebildet. Die Atome oder Moleküle sind immer noch unregelmäßig angeordnet wie in einer Flüssigkeit. Sie können sich lediglich nicht mehr frei bewegen. Man hat den Eindruck, dass sie fest sind. Ein Kristall wird beim Erstarren solcher Stoffe jedoch nicht gebildet. Man bezeichnet diesen Zustand als amorph. Nach der strengen thermodynamischen Definition sind sie immer noch flüssig.[7]

Unabhängig davon, ob man solche Stoffe als Feststoffe oder als Flüssigkeiten ansehen will, bilden sie jedenfalls keine schönen, regelmäßigen Kristalle, wie man sie auf der USS Exeter findet. Genau hier liegt das Problem mit den Fetten. Fette bestehen aus einem Glyzerinmolekül, an dem drei Fettsäuremoleküle gebunden sind. Diese länglichen Fettsäuren sind aber keine geraden Stangen. Insbesondere ungesättigte Fettsäuren weisen Knicke auf. Außerdem zeigen die drei Fettsäurereste vom Glyzerin aus nicht unbedingt alle in die gleiche Richtung. Ein Fettmolekül ist deshalb alles andere als symmetrisch. Dazu kommt noch, dass es verschiedene Fettsäuren gibt. Dadurch sind die vom Glycerin wegragenden Fettsäurereste unterschiedlich lang. In einem biologischen Fett sind die Fettsäuren obendrein zufällig auf die einzelnen Fettmoleküle verteilt. Man hat es dementsprechend mit unsymmetrischen Molekülen zu tun, die obendrein unterschiedlich groß sind. Das Ganze ist in Abb. 4.2 illustriert. Wie soll daraus ein Kristall entstehen?[8] Viele Bestandteile des menschlichen Körpers mögen nach dem Entzug des Wassers als Kristalle zurückbleiben. Bei den Fetten wäre das nicht so einfach möglich.

Selbst wenn es möglich sein sollte, alle verbliebenen Bestandteile des Körpers zu kristallisieren, so bleibt trotzdem die Frage, warum das passieren sollte. Warum werden alle Stoffe kristallisiert? Und warum ziehen sich die einzelnen

---

[7] Das ist der Grund dafür, dass Glas manchmal als Flüssigkeit bezeichnet wird. Die Atome sind darin ebenfalls nicht regelmäßig angeordnet. Da Glas dezidiert keinen Kristall bildet, ist es strenggenommen kein Feststoff. Da es für die praktische Anwendung in der Regel nicht sinnvoll ist, so zu tun, als wäre Glas flüssig, gibt es eine zweite Definition für Feststoffe. Diese ist naturwissenschaftlich nicht ganz so sauber. Dabei definiert man einfach eine Grenze in der Viskosität. Das ist ein Maß für die Zähflüssigkeit. Überschreitet die Viskosität diese Grenze, so bezeichnet man den Stoff nach dieser Definition als Feststoff.

[8] Aus diesem Grund sind die Schmelzpunkte von Mischungen oft deutlich niedriger als die der entsprechenden Reinstoffe. Die unterschiedlichen Moleküle stören sich gewissermaßen gegenseitig beim Kristallisieren. Solche Mischungen, die einen niedrigeren Schmelzpunkt haben als die Reinstoffe, nennt man eutektisch. Ein bekanntes Beispiel dafür ist Streusalz im Winter. Wasser schmilzt bei 0°C. Das Salz schmilzt sogar erst bei mehreren hundert Grad Celsius. Ihre Mischung schmilzt jedoch selbst bei Temperaturen weit unter 0°C.

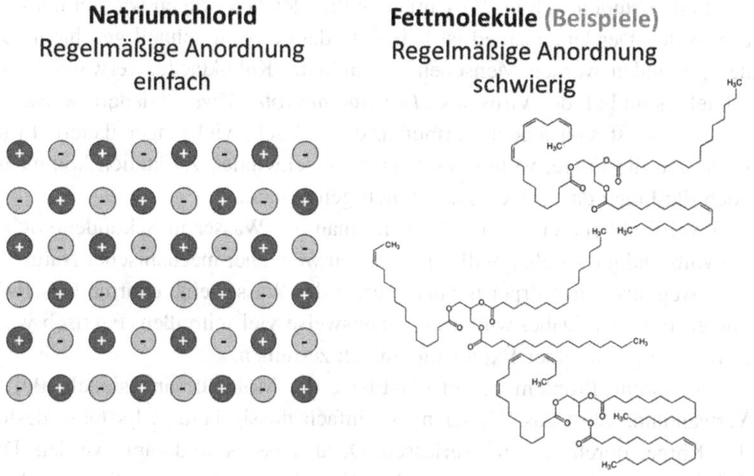

Natriumchlorid
Regelmäßige Anordnung
einfach

Fettmoleküle (Beispiele)
Regelmäßige Anordnung
schwierig

Abb. 4.2 Vereinfachte Darstellung der Ionen beziehungsweise Moleküle in festem Salz beziehungsweise Fett; im Fall des Natriumchlorids ist die Anordnung der Ionen in Form eines regelmäßigen Gitters recht einfach, während die Kristallisation bei den unsymmetrischen und unregelmäßigen Fettmolekülen schwierig ist

Kristalle zu einem kleinen Häufchen zusammen? Wenn man einem Körper alles Wasser entzieht, dann würde man als Resultat doch eher eine Art ausgetrockneter Mumie erwarten.

> **Exkurs**
>
> **Sehr schnelles Trocknen**
> Einen ähnlichen Vorgang kann man in der 21. Episode der 2. TOS-Staffel, *„Stein und Staub"*, beobachten. Darin trifft ein Außenteam der Enterprise auf eine Gruppe Kelvaner. Diese nehmen erst das Außenteam gefangen und schließlich erlangen sie Kontrolle über das ganze Raumschiff. Dazu bedienen sie sich eines technischen Geräts, das in ihre Gürtel eingebaut ist. Drücken sie auf einen Knopf an ihrem Gürtel, dann verwandeln sich Menschen in ein gipsartiges Gebilde in Form eines Kuboktaeders.[9] Wieder scheint einem menschlichen Körper sämtliches Wasser entzogen worden zu sein.

---

[9] Ein Kuboktaeder ist ein Polyeder mit insgesamt 14 Seitenflächen. Davon sind sechs Quadrate und 8 regelmäßige Dreiecke. Der Kuboktaeder gehört zu den sogenannten archimedischen Körpern.

Hierbei stellen sich im Wesentlichen die gleichen Fragen wie bei der Crew der Exeter. Der Unterschied ist lediglich, dass es sehr schnell geschieht. Binnen Sekunden werden Menschen in handliche Kuboktaeder verwandelt. Wie schnell es im Fall des Virus aus *„Das Jahr des roten Vogels"* dauert, wissen wir nicht. Es lässt sich jedoch vermuten, dass es sehr viel länger dauert. Erneut stellt sich die Frage, wohin das Wasser verschwindet. Zusätzlich kommt nun noch die Frage dazu, wie es so schnell gehen kann.

Zwei Probleme ergäben sich, wenn man das Wasser in Sekundenbruchteilen vollständig entziehen will. Eines davon wäre eher mechanischer Natur. Auf dem Weg aus dem Körper heraus, müsste das Wasser eine enorme Geschwindigkeit besitzen. Dabei würde es zwangsweise viel mitreißen. Faktisch würde es den Körper in einer Explosion einfach zerreißen.

Das zweite Problem ist auf der Ebene der Moleküle angesiedelt. Bei der Verwandlung läuft das Wasser nicht einfach flüssig heraus. Es muss deshalb den Körper durch die Luft verlassen. Dazu muss es verdampft werden. Dass das Gerät der Kelvanern die benötigte Energiemenge so schnell liefern kann, wollen wir einfach mal so akzeptieren. Sie gehören schließlich zu einer hochentwickelten Zivilisation. Wie sie diese Energie zielgerichtet auf das Opfer anwenden, sei einmal dahingestellt. Eines ist aber klar. Durch diese Energiezufuhr ließe sich Wasser vielleicht verdampfen. Dabei bräuchte es allerdings einen Anstieg der Temperatur. Um das komplette Wasser eines menschlichen Körpers in Sekundenbruchteilen zu verdampfen, müsste man Wärme bei einer sehr hohen Temperatur zuführen. Andernfalls wäre der Wärmeübergang in den Körper nicht schnell genug. Doch selbst wenn die Temperatur im Körper nicht über 100°C stiege, würde das ausreichen, um alle Proteine zu denaturieren. Es mag also – irgendwie – denkbar sein, dass die Kelvaner Menschen mit ihrem Gerät in etwas verwandeln, was wie ein Gips-Kuboktaeder aussieht. Der Vorgang wäre nur sehr schwierig zu realisieren. Die Rückverwandlung wäre allerdings wirklich herausfordernd. Wenn sämtliche Proteine denaturiert sind, dann wären die rückverwandelten Menschen mit Sicherheit tot.

Einen aus der irdischen Biologie bekannten Effekt kann man in der 5. Episode der 1. DSC-Staffel, *„Wähle deinen Schmerz"*, kennenlernen. Darin zieht sich der Tardigrade zu einem kleinen, kugelförmigen Gebilde zusammen und verliert dabei 99 % seines Wassers. Irdische Tardigrade zeigen dieses als Kryptobiose bekannte Verhalten tatsächlich. Dabei fahren sie ihren Stoffwechsel fast völlig herunter, um in unwirtlichen Umgebungen zu überleben. Dadurch können sie beispielsweise extrem niedrige Temperaturen oder Radioaktivität überleben. Das wurde unter anderem durch einen Raumflug im Jahr 2007 gezeigt. Tardigrade, auch Bärtierchen genannt, sind allerdings maximal 1,5 cm groß. Die meisten Arten sind sogar deutlich kleiner. Bei einem mehrere Meter großen Exemplar ergäben sich die umgekehrten Probleme, die wir vorher schon bei 1 cm großen Miniaturmenschen kennengelernt haben. Die Körper von Tierchen mit maximal 1 cm Durchmesser sind beispielsweise so aufgebaut, dass ein Großteil des Stofftransports einfach durch Diffusion geschieht. Aktives Pumpen wie beim Herz von Menschen ist für derartig kleine Tiere nicht wirklich wichtig. Durch die geringen Distanzen reicht es, wenn Stoffe einfach von einem Ende des Tierchens zum anderen diffundieren. Vergrößert sich das Tier auf mehrere Meter, so hat es auf einmal ein Problem. Der Transport von aufgenommener Nahrung ins Innere funktioniert nämlich nicht mehr wie gewohnt. Bei Elefanten funktioniert das zwar, aber deren Körper sind schließlich darauf ausgelegt, Wärme und chemische Stoffe im Inneren über mehrere Meter zu transportieren.

Wenn Riesentardigrade mit mehreren Meter Durchmesser in die Kryptobiose wechseln wollten, dann wird der Stofftransport hingegen zum Problem. Vom Grundsatz mag es möglich sein. Die Herausforderung ist jedoch die Geschwindigkeit. Irdische Bärtierchen können in der Regel ausreichend schnell in diesen Zustand wechseln, um das Auftreten extremer Bedingungen zu überleben. Ein derartiger Riese wie wir ihn auf der Discovery finden, würde hingegen sehr lange brauchen. Wenn der Transport des Wassers aus dem Inneren innerhalb von Sekunden ablaufen sollte, dann würde es das arme Tier wahrscheinlich auseinanderreißen.◄

4.3 Einfach ein Anderer sein

Es wäre manchmal schon ziemlich praktisch, wenn man einfach das Aussehen einer anderen Person annehmen könnte. Wenn man einfach die Form des eigenen Körpers jederzeit den Gegebenheiten anpassen könnte, dann wäre das schon nützlich. Formwandler sind uns in dieser Hinsicht weit voraus. Abgesehen von jeder Menge Schabernack, den man treiben könnte, und so manch krimineller Option, die sich auftäte, wären die Möglichkeiten gewaltig. Was aus Sicht der Kriminalitätsbekämpfung ein echtes Problem wäre, würde für den Datenschutz sagenhafte Chancen bieten.

Im Laufe der Zeit treffen die Helden der verschiedenen Star-Trek-Serien auf verschiedene, zumeist intelligente Lebensformen, die das Aussehen anderer Lebewesen annehmen können. Schon 1966 ließ Gene Roddenberry die Enterprise-Crew um Captain Kirk auf das M-113-Wesen treffen, das später als

Salzvampir berühmt werden sollte. Die Crew der Enterprise-D unter Captain Picard machte später in der 10. Episode der 2. TNG-Staffel, „Die Thronfolgerin", Bekanntschaft mit Allasomorphen. Sogar die komplette Voyager-Crew von Captain Janeway wird schließlich in der 24. Episode der 4. VOY-Staffel, „Dämon", durch das sogenannte Silberblut kopiert. Captain Archer wurde in der 18. Episode der 1. ENT-Staffel, „Gesetze der Jagd", von einer als Phantom bekannten Lebensform in die Irre geführt, die ihm als leichtbekleidete Frau erschien. Auch in den Star-Trek-Filmen treffen unsere Helden auf Formwandler, wie die Chamäleonide aus „Star Trek VI: Das unentdeckte Land". Bei Star Trek: Discovery gab es bisher noch keine richtigen neuen Formwandler, aber die Integration des Klingonen Voq in den Körper von Ash Tyler[10], die anschließend niemand nachweisen kann, geht ebenfalls ein bisschen in die Richtung. Das bekannteste und wahrscheinlich wichtigste Beispiel für eine formwandelnde Spezies sind jedoch zweifelsohne die Gründer aus Star Trek: Deep Space Nine.

Odo[11], der aus dem Volk der Gründer stammende Sicherheitchef der Raumstation Deep Space Nine, kämpft zwar etwas mit der authentischen Nachbildung humanoider Gesichter. Seine „geübteren" Artgenossen aus der sogenannten Großen Verbindung sind jedoch schon so gut, dass sie nicht nur täuschend echt als Menschen auftreten können. Sie können darüber hinaus sogar das Aussehen jedes Menschen annehmen. Dabei sind sie so gut, dass sie nicht nur das menschliche Auge täuschen können. Selbst die Sensoren, über die die Sternenflotte im 24. Jahrhundert verfügt, können die Täuschung nicht erkennen. Wenn Odo sich in einen Stein verwandelt, dann erkennt der Scanner nur einen Stein. Das ist eine beeindruckende Fähigkeit. Nichtsdestotrotz wirft sie wieder eine Reihe von chemischen Fragen auf.

Bereits zu Beginn der Serie demonstriert Odo seine formwandlerischen Fähigkeiten, als er in der 3. Episode der 1. DS9-Staffel, „Die Kohn-Ma", ein Gespräch zwischen dem bajoranischen Terroristen Tahna Los und den beiden Klingoninnen Lursa und B'Etor belauscht. Dazu verwandelt er sich in eine Ratte. Das ist ein sehr praktischer Trick, doch eine Frage bleibt unbeantwortet: Was geschieht mit dem Rest seiner Masse? Sehr große Ratten bringen vielleicht ein halbes Kilogramm auf die Waage. Die allermeisten Ratten wiegen deutlich weniger. Wir

---

[10] Dessen erster Auftritt erfolgt in der 5. Episode der 1. DSC-Staffel, „Wähle Deinen Schmerz".

[11] Odo hat seinen ersten Auftritt gleich in der 1. Episode der 1. DS9-Staffel, „Der Abgesandte", und in der Folge in fast jeder weiteren DS9-Episode.

wollen jetzt nicht über das Gewicht von Odo (und damit seines mittlerweile verstorbenen Darstellers René Auberjonois) spekulieren. Fest steht aber definitiv: Er wiegt mehr als ein halbes Kilogramm.

Eines der unumstößlichen Naturgesetze ist die Massenerhaltung. Egal welche chemische Reaktion abläuft, egal wie viel Stoff von einem Ort zum anderen diffundiert, die Masse bleibt erhalten. Sie befindet sich zwar möglicherweise an einem anderen Ort und die chemische Form hat sich geändert. Ihr Wert bleibt aber die ganze Zeit über gleich. Unter Umständen ändert sich die Dichte. Wenn eine Flüssigkeit verdampft, dann hat der Dampf eine viel geringere Dichte. Das heißt, seine Masse pro Volumen ist deutlich kleiner. Dieses Beispiel macht klar, warum es in diesem Zusammenhang so wichtig ist, von Masse und nicht von Gewicht zu sprechen. Wasserdampf steigt nach oben, während flüssiges Wasser nach unten fließt. Scheinbar hat Wasserdampf sogar ein negatives Gewicht, weswegen er nach oben steigt und in einem Ballon sogar Gewichte hochheben kann. Beim Verdampfen wird jedoch mitnichten die Masse oder das Gewicht negativ. Wenn man ein Kilogramm flüssiges Wasser verdampft, dann erhält man anschließend ein Kilogramm Wasserdampf. An der Masse ändert sich überhaupt nichts. Selbst das Gewicht ändert sich nicht. Mit dem Begriff Gewicht bezeichnet man die Kraft, mit der eine bestimmte Masse eines Stoffs durch die Schwerkraft angezogen wird. Bei einer Masse von einem Kilogramm beträgt diese Gewichtskraft auf der Erde etwa zehn Newton. Beim Verdampfen ändert sich nichts an der Masse und damit auch nichts am Gewicht. Was sich dagegen ändert, ist das Volumen. Aus etwa einem Liter Wasser wird (abhängig von den genauen Bedingungen) über ein Kubikmeter Wasserdampf. Dieser verdrängt deutlich mehr Luft, die wiederum selbst ein Gewicht hat. Das Gewicht der verdrängten Luft ist der sogenannte Auftrieb. Ist diese Auftriebskraft größer als die Gewichtskraft des Dampfs, dann steigt er nach oben. Bei Wasserdampf ist das der Fall. Die meisten anderen Dämpfe (z. B. von Ethanol) sind jedoch schwerer als Luft bei den gleichen Bedingungen. Es scheint fast so, als wäre sein Gewicht negativ.

Ein anderer Grund, weswegen es nur Sinn ergibt, von einer Massenerhaltung zu sprechen und nicht von einer Gewichtserhaltung, ist die Schwerkraft. Je stärker das Gravitationsfeld, desto geringer ist das Gewicht. Und das, obwohl sich am jeweiligen Körper nichts geändert hat. In der Schwerlosigkeit hingegen hat das Gewicht einen Wert von null. Trotzdem gilt die Massenerhaltung nicht nur auf der Erde, sondern im gesamten Universum. Daran müssen sich alle chemischen Stoffe halten. Unabhängig davon, ob sie zu einem Raumschiff, einer Topfpflanze, einem Menschen oder einem Außerirdischen gehören. Ganz offenbar gilt dieses fundamentale Prinzip der Chemie jedoch nicht für die als Gründer bekannten Formwandler. Wenn Odo auf die Größe einer Ratte schrumpft, dann verletzt er ein wesentliches Naturgesetz. Ein Umstand, der nicht einer gewissen Ironie entbehrt, wenn man bedenkt, wie sehr der Polizist Odo Wert auf die Einhaltung von Gesetzen legt.

Die Massenerhaltung ist indes nur die einfachste Form eines Erhaltungsgesetzes, das die Formwandlerei erschwert. Sieht man wirklich chemisch darauf, dann muss man außerdem die Atombilanz beachten. Dazu muss man bedenken, dass jeder Körper aus bestimmten chemischen Stoffen besteht. Das gilt unabhängig davon, ob es sich um belebte oder unbelebte Materie handelt. Nimmt ein Formwandler eine neue Form an, dann könnten in seinem Körper durchaus chemische Reaktionen ablaufen. Dabei können ohne Weiteres chemische Umwandlungen stattfinden. Die chemische Zusammensetzung seines Körpers kann ein Formwandler also durchaus ändern. Strikt gebunden ist er allerdings an die Atombilanz. Das bedeutet, dass er zwar beispielsweise ein Glukosemolekül ($C_6H_{12}O_6$) in zwei Alaninmoleküle ($C_3H_7NO_2$) umwandeln kann, um damit Proteine zu bilden. Er muss sich allerdings überlegen, was er mit den überschüssigen Sauerstoffatomen anstellen soll, denn zwei Alaninmoleküle enthalten in Summe nur vier Sauerstoffatome und nicht sechs wie das Glukosemolekül. Umgekehrt muss er irgendwoher noch zwei Wasserstoffatome hernehmen, denn das Glukosemolekül hatte nur zwölf, er braucht aber 14. Ganz zu schweigen vom Stickstoff, der in Glukose überhaupt nicht vorkommt, in Aminosäuren wie Alanin hingegen sehr wohl. Steht ein weiterer Stoff zur Verfügung, der den fehlenden Wasserstoff und Stickstoff liefert und den überschüssigen Sauerstoff aufnimmt, dann ist das chemisch allerdings möglich. Steht ein solcher Stoff nicht zur Verfügung, dann wird es schwierig.

Die Atombilanz sagt uns letztlich, dass die Anzahl der Atome eines jeden Elements erhalten bleiben muss. Nach der Verwandlung müssen genauso viele Sauerstoffatome vorhanden sein wie davor. Nicht mehr und nicht weniger. Das gleiche gilt für die Atome des Wasserstoffs, Stickstoffs, Kohlenstoffs, Schwefels, Phosphors und so weiter. Wenn sich Odo also in einen Stein verwandelt, dann besteht scheinbar nicht nur die Beschränkung durch die Massenerhaltung, dass es ein Stein mit etwa 75 kg sein muss. Es muss außerdem noch die Erhaltung für die Atome jedes einzelnen Elements gelten. Viele Steine enthalten sehr viel Silizium, das im menschlichen Körper nur sehr wenig vorkommt. Andererseits enthalten biologische Organismen sehr viel Wasserstoff und Kohlenstoff, was in Steinen in der Regel kaum vorkommt. Jedes Mal, wenn ein Formwandler nicht nur eine neue Form annehmen will, sondern eine wirkliche neue Gestalt, dann wird er vor diesem Problem stehen. Nicht nur die (schon aus der Physik bekannte) Massenerhaltung wird dem Formwandler enge Grenzen setzen. Darüber hinaus setzt ihm die Chemie mit der Atombilanz eine weitere Grenze bezüglich dessen, was er wirklich an Gestalten annehmen kann. Andernfalls kann der Formwandler nur die äußere Form annehmen, hätte in seinem Inneren jedoch eine ganz andere Zusammensetzung als die Person, deren Identität er annimmt.

Gehen wir mal davon aus, dass die Scanner der Sternenflotte erheblich weiterentwickelt sind als heutige Messgeräte. Dann stellt sich die Frage, wieso sie Formwandler nicht von den echten Menschen unterscheiden können. Sonst sind die Scanner doch auch in der Lage, alle möglichen Informationen über das Innenleben der gescannten Objekte zu enthüllen – einschließlich der chemischen Struktur. Es scheint also wirklich so zu sein, dass die Formwandler die komplette chemische Struktur derer, die sie kopieren, annehmen. Was wiederum die Frage aufwirft, wie sie sich nach der vollständigen Verwandlung wieder zurückverwandeln können.

Wenn sich ein Formwandler so vollständig verwandelt, dass die Scanner des 24. Jahrhundert trotz größter Anstrengungen der Sternenflotte nicht in der Lage sind, einen Gründer in Menschengestalt von einem Menschen zu unterscheiden, dann muss eine vollständige Übernahme der Form bis ins letzte chemische Detail stattgefunden haben. Es darf selbst im Körperinneren nichts mehr zurückbleiben, was den Formwandler als solchen verraten könnte. Was in der Konsequenz bedeutet, dass auch dasjenige Organ verwandelt werden muss, welches die Umwandlung kontrolliert. Einerseits muss sich das entsprechende Organ selbst verändern, was schon schwierig genug sein dürfte. Andererseits, und das ist wahrscheinlich deutlich dramatischer, ist es anschließend ja nicht mehr als solches vorhanden. Es wird deshalb schwierig für den Formwandler, sich wieder zurück zu verwandeln.

Das Verwandlungsorgan ist insgesamt nochmal eine spannende Sache. Denn wie bewirkt es eigentlich die Umwandlung? Zunächst einmal muss es dafür sorgen, dass alle benötigten Atome an die richtige Stelle des Körpers transportiert werden. Da, wo sich Knochen bilden sollen, muss also genügend Kalzium vorhanden sein. Da, wo sich ein Auge bilden soll, sollte andererseits nicht zu viel Kalzium sein. Ein Formwandler muss daher in der Lage sein, chemische Stoffe sehr schnell im Inneren seines Körpers zu transportieren. Welche Herausforderungen sich ergeben, wenn er sich so schnell verwandeln will, wie wir das aus Star Trek gewöhnt sind, werden wir im nächsten Abschnitt noch sehen.

Neben dem Transport der Stoffe muss es dann vor allem die chemischen Reaktionen kontrollieren. Diese Reaktionen sollen wiederum sehr schnell und selektiv ablaufen. Dafür benötigt der Formwandler entsprechende Katalysatoren. Der Begriff des Katalysators ist an sich bekannt. Katalysatoren sind allerdings nicht nur die Röhrensysteme mit Platinpartikeln, die sich im Abgasstrang von Benzinmotoren befinden, um Kohlenstoffmonoxid und Stickoxide chemisch umzuwandeln und damit unschädlich zu machen. Katalysatoren sind etwas in der Chemie sehr weit Verbreitetes. Allgemein handelt es sich bei Katalysatoren um feste oder flüssige Stoffe, die bestimmte chemische Reaktionen beschleunigen. Grundsätzlich werden sie dabei nicht verbraucht. Wenn man sich die chemischen Vorgänge dabei auf molekularer Ebene ansieht, dann nehmen sie allerdings durchaus an der Reaktion selbst teil. Durch die Zugabe eines Katalysators ändert sich der Reaktionsmechanismus. Das heißt, die Zwischenschritte der Reaktion sind andere. Sie nimmt chemisch einen anderen Weg. Man spricht auch von einem neuen Reaktionspfad. Ist dieser Reaktionspfad günstiger,[12] dann läuft die Reaktion mit Katalysator schneller ab als ohne. Katalysatoren sind für einen Formwandler nicht nur nötig, um sich schnell zu verwandeln, sondern auch, um sich in das richtige Ergebnis zu verwandeln. Es sollen schließlich nur die gewünschten Reaktionen ablaufen und möglichst wenig von den „falschen" Reaktionen, die chemisch ebenfalls möglich wären.

Gelingt es gezielt, die gewünschten Reaktionen zu beschleunigen und die unerwünschten nicht, dann kann man ein Reaktionssystem in eine gewünschte Richtung lenken. In der technischen Chemie bedient man sich dazu sehr oft Katalysatoren. Genauso macht es die Biochemie, die sich (zumeist) wasserlöslicher Katalysatoren bedient.[13] Die Katalysatoren der Biologie nennt man Enzyme. Will ein Lebewesen seine chemische Struktur ändern, so muss es im entsprechenden Teil des Organismus ein (oder mehrere) Enzyme produzieren (oder sie dorthin transportieren). Das ist erst einmal nichts Ungewöhnliches. In der Biochemie geschieht das ständig. Im Unterschied zu einer kompletten Umwandlung des ganzen Organismus geschehen im Organismus jedoch stets nur einzelne Reaktionen.

---

[12] Grob vereinfacht kann man sich das so vorstellen, dass der Weg weniger steinig wird. Für das Ablaufen einer Reaktion muss eine bestimmte Menge an Energie aufgewendet werden. Diese Energie wird anschließend wieder frei, aber zunächst einmal muss sie eben aufgewendet werden. Diese Energie nennt man Aktivierungsenergie. Ist die Aktivierungsenergie auf einem Reaktionspfad mit Katalysator niedriger, dann tut sich dadurch ein alternativer Weg mit weniger Hindernissen auf dem Weg auf. Darum läuft die Reaktion mit Katalysator schneller ab.

[13] In der Biochemie hat man es zumeist mit sogenannten homogenen Katalysatoren zu tun. Das sind Katalysatoren, die in der Reaktionsmischung gelöst sind. Homogene Katalysatoren können viele Reaktionen schon bei niedrigen Temperaturen möglich machen. Sie sind deshalb in der organischen Chemie sehr beliebt. Technisch sind sie in der Regel sehr unpraktisch, weil man den teuren Katalysator anschließend aus der Reaktionsmischung abtrennen muss. Deshalb verwendet man in der technischen Chemie gern heterogene Katalysatoren. Das sind Festkörper (wie der Drei-Wege-Katalysator im Auto), die mit der Reaktionsmischung in Berührung kommen, sich aber nicht in ihr auflösen. Hier ist die Trennung kein Problem. Für die Biochemie ist das andererseits wieder recht unpraktisch, da ein Organismus bei der Verwendung heterogener Katalysatoren entsprechende Partikel in sich tragen müsste.

Außerdem handelt es sich in den meisten Fällen um stationäre Prozesse. Das heißt, dass beispielsweise bei der Atmung permanent Zucker mit Sauerstoff zu Kohlenstoffdioxid und Wasser umgesetzt wird, was mit einer Reaktion gekoppelt ist, bei der ADP (Adenosindiphosphat) mit Phosphat zu ATP (Adenosintriphosphat) umgewandelt wird. ATP stellt wiederum die Energie für alle möglichen chemischen Vorgänge bereit und wird dabei wieder zu ADP und Phosphat. Der Kreislauf ist geschlossen und durch die Bildung und den Verbrauch von ATP kommt es nicht zu einer Anreicherung von ATP. Man spricht davon, dass sich das System in einem stationären Zustand befindet.[14] Ein Formwandler hingegen braucht für die Verwandlung keinen stationären Prozess. Er benötigt eine Reaktion, die zielgerichtet und schnell alle chemischen Stoffe seines Körpers in diejenigen chemischen Stoffe umwandelt, die in der anzunehmenden Gestalt vorkommen sollen.

Dafür wird der Formwandler sehr viele verschiedene Enzyme benötigen, um all diese Reaktionen ablaufen zu lassen. Diese Enzyme müssen sehr schnell in großer Menge hergestellt werden. Und er muss sehr genau wissen, welche Enzyme er verwenden soll. Das bedeutet, dass der Formwandler sich zunächst nur in Dinge verwandeln kann, die er zumindest vom Grundsatz her kennt. Will er sich in etwas (für ihn) unbekanntes, neues verwandeln, dann braucht er erst einmal Zeit, um zu lernen. Er wird herausfinden müssen, wie ein Enzym beschaffen sein muss, das genau die benötigte Reaktion beschleunigt, die zu dem Produkt führt, das er für seine Verwandlung braucht. Deshalb werden sich Formwandler schwertun, eine völlig neue Form anzunehmen. Für eine im weitesten Sinn humanoide, biologische Kreatur wie den Salzvampir von M-113 mag es durchaus denkbar sein, die Gestalt eines Menschen anzunehmen. Der Einsatz von Enzymen müsste allerdings beachtlich sein, um das in der gezeigten

---

[14] Stationarität sollte man nicht mit dem Gleichgewicht verwechseln. Bei einem stationären Prozess wird so viel gebildet beziehungsweise zugeführt, wie im gleichen Zeitraum verbraucht beziehungsweise abgeführt wird. Unter dem Strich bleiben die Konzentrationen deshalb gleich. Es kann aber sehr wohl eine Nettoreaktion vorliegen. Im Gleichgewicht kommt auch die Nettoreaktion zum Erliegen. Auf molekularer Ebene mag es noch viel Reaktion geben. Für jedes Produktmolekül, das gebildet wird, entsteht aber wieder ein Eduktmolekül. Dadurch bleibt die Zusammensetzung – auch ohne Zu- oder Abfuhr von Edukten und Produkten konstant. Aus diesem Grunde streben Chemiker nie nach ihrem „inneren Gleichgewicht", weil sie genau wissen, dass der Zustand des Gleichgewichts den Tod bedeutet (strenggenommen sogar erst nach völliger Verwesung, weil ein Leichnam nach dem Tode zwar nicht mehr in einem stationären Zustand ist, sondern durch die Verwesung erst langsam ins Gleichgewicht gelangt).

Geschwindigkeit zu bewerkstelligen. Die Fähigkeit der Gründer, sofort jede beliebige Gestalt anzunehmen, die nichts mit ihrer bisherigen Gestalt zu tun hat, ist dagegen enzymkatalytisch zumindest anspruchsvoll.

Ein anderes Wesen exakt zu kopieren, ist darüber hinaus noch aus einem ganz anderen Grund schwierig. Man muss schließlich erst einmal wissen, in was man sich verwandeln soll. Eigentlich klingt das nicht sonderlich kompliziert. In allen Szenen, in denen sich ein Formwandler entscheidet, die Gestalt eines anderen Lebewesens anzunehmen, hat er das entsprechende Lebewesen schließlich vorher schon gesehen. Er weiß also, in was er sich verwandeln muss. Oder etwa nicht?

Will ein Formwandler nur die grobe äußere Form annehmen, dann mag das reichen. Er hat zwar in einigen Szenen die Person, deren Identität er stehlen will, nur von einer Seite gesehen. Er verfügt dementsprechend nur über eine unvollständige Information. Diese kleine Unsauberkeit wollen wir mal beiseitelassen. Gehen wir mal davon aus, dass Formwandler sehr gute Augen haben. Dann mögen sie durchaus genügend Information besitzen, um das Aussehen eines Menschen soweit zu kopieren, um einen anderen Menschen zu täuschen. Doch die Scanner der Sternenflotten sollten sich davon nicht täuschen lassen. Um sich soweit an die Vorlage anzupassen, um selbst die Schiffssensoren zu täuschen, benötigt der Formwandler viel mehr Informationen.

Grundsätzlich kann der optische Eindruck eine Menge an Information liefern. Das schließt die Chemie mit ein. Licht transportiert sehr viel Information über die Stoffe, von denen es emittiert oder reflektiert wurde. Je nachdem, welche chemischen Stoffe mit Licht interagieren, kann es zu einer Veränderung der Wellenlänge kommen. Der Raman-Effekt ist ein Beispiel dafür.[15] Die sogenannte Raman-Spektroskopie basiert darauf und liefert wichtige Informationen über Stoffe und Mischungen von Stoffen. Außerdem ist nicht gesagt, dass Formwandler nur das für uns sichtbare Licht sehen. Wenn sie etwas längerwelliges Licht sehen können, dann haben sie zusätzlich die Information des infraroten Lichts (IR). In der Chemie dient genau dieser Wellenlängenbereich zur Aufklärung von

---

[15] In aller Kürze basiert der Raman-Effekt auf einer unelastischen Streuung von Licht an Molekülen. Wenn Atome oder Moleküle Licht absorbieren, dann werden sie angeregt. Das heißt, sie gehen in einen Zustand mit größerer Energie über. Wenn sie wieder in ihren Ausgangszustand zurückkehren, dann geben sie das Licht ab. Bei der Rayleigh-Streuung kehren sie wieder in ihren anfänglichen energetischen Zustand zurück. Dadurch geben sie die gleiche Menge an Energie wieder als Licht ab und das Licht hat die gleiche Wellenlänge wie zuvor. Es ist allerdings auch möglich, dass sie in einen etwas anderen Zustand zurückkehren. Dann ist die freiwerdende Energiemenge etwas anders als die vorher aufgenommene, wodurch sich die Wellenlänge ändert. Die Wellenlängenänderung ist charakteristisch für einen Stoff und kann so zu seiner spektroskopischen Identifikation dienen.

chemischen Strukturen mithilfe der IR-Spektroskopie. All diese Verfahren liefern jedoch nur Informationen über die Oberfläche. Wie es im Inneren aussieht, verraten sie nicht.

Um ins Innere hineinzusehen, bedarf es einer Strahlung, die nicht bereits an der Oberfläche oder dem obersten Millimeter der Haut komplett absorbiert wird. Röntgen oder Gammastrahlung könnten da helfen. Bezüglich dieser Strahlungsarten herrscht an den meisten Orten jedoch Finsternis. Das ist auch gut so, denn wir würden schließlich alle Krebs kriegen, wenn wir permanent nennenswerter Röntgen- oder Gammastrahlung ausgesetzt wären. Der Formwandler müsste deshalb selbst Röntgenstrahlung emittieren. Es steht zu vermuten, dass das den Raumschiffsensoren auffallen würde. Und es gibt noch ein weiteres Problem mit Röntgenstrahlung und anderen Strahlungen, die nicht an der Körperoberfläche komplett absorbieren. Der erstmal hilfreiche Umstand, dass sie durch den Körper durchgehen wird hier genau zur Herausforderung. Dadurch, dass sie durch den Körper hindurchdringen, wechselwirken sie kaum mit ihm. Sie enthalten entsprechend wenig Information. Wie sich die Knochen im Körper verteilen, kann man aus einem Röntgenbild noch ablesen. Mit einer sehr guten Röntgentechnik kann man auch noch etwas mehr als das erkennen. Aber wirklich viel Information über die Chemie erhält man nicht.

Eine Methode, um chemische Informationen zu gewinnen, wäre die Kernspinresonanzspektroskopie. Zumeist abgekürzt als NMR („nuclear magnetic resonance"). Die NMR-Methode liefert sehr genaue Informationen über chemische Strukturen und ist daher in der Chemie sehr weit verbreitet. Und noch viel besser: Sie lässt sich so modifizieren, dass sie nicht nur eine Information über die chemische Zusammensetzung liefert, sondern auch über die räumliche Verteilung der Stoffe im Körper. Diese Modifikation der NMR-Technik ist bekannt als MRT (Magnetresonanztomographie). Zwar müsste der Formwandler dazu (zumindest nach heutigem Stand der Technik) zunächst einmal um die Person, die er kopieren will, rotieren. Denkbar wäre es jedoch auf diese Art und Weise, wichtige Informationen zum Kopieren einer Person zu erhalten. Der Formwandler muss dazu allerdings Sinnesorgane besitzen, die alles uns biologisch Bekannte weit übersteigen. Und ganz nebenbei müsste er ein Magnetfeld erzeugen. Vom Grundsatz her müsste das erstmal nicht unbedingt besonders stark sein. Er könnte – zumindest hypothetisch – sogar einfach das Erdmagnetfeld dazu nutzen – zumindest sofern es am entsprechenden Ort im Weltraum ein solches gibt. In der chemischen Analytik verwendet man in der Regel allerdings aus gutem Grund sehr viel stärkere Magnetfelder. Je höher die Feldstärke ist, desto besser ist die Auflösung. Damit ist nicht nur eine räumliche Auflösung (im Sinne kleiner Pixel) gemeint, sondern vor allem präzise auswertbare Informationen darüber, welche chemischen Stoffe vorliegen. Will ein Formwandler eine genaue Kopie erstellen, dann benötigt er sehr genaue Informationen. Die Schiffssensoren dürften allerdings schnell Alarm schlagen, wenn ein Formwandler an Bord ein sehr starkes Magnetfeld erzeugen würde.

Eine letzte Herausforderung, mit der alle Formwandler, die wir bei Star Trek kennenlernen, zu kämpfen haben, wollen wir uns im nächsten Abschnitt ansehen. Es reicht nämlich nicht, nur Stoffe durch chemische Reaktionen schnell umzuwandeln. Die entsprechenden Stoffe müssen außerdem an den richtigen Ort transportiert werden. Das schnell zu bewerkstelligen, ist gar nicht so einfach.

4.4 Wieso verwandelt sich ein toter Formwandler in seine natürliche Form?

Als ich die bereits erwähnte 5. Episode der 1. TOS-Staffel, *„Das Letzte seiner Art"*, zum ersten Mal sah, da gab es einen kurzen Moment, in dem ich mich wunderte. Am Schluss der Episode stirbt der Salzvampir. Als Formwandler hatte er kurz vor seinem Tod die Gestalt von Nancy Crater angenommen. Um das Leben von Captain Kirk zu retten, musste Dr. McCoy den als Nancy erscheinenden Salzvampir schließlich mit seinem Phaser töten. Dieser fällt daraufhin zu Boden und bleibt tot liegen. Worüber ich mich wunderte? Warum behält er Nancys Gestalt? Müsste er sich, jetzt da er tot ist, nicht in seine natürliche Gestalt zurückverwandeln?

Es vergingen vielleicht ein oder zwei Sekunden, da begann die Rückverwandlung und nochmal eine Sekunde später, da war sie abgeschlossen. Ich hatte mich gewundert: Weil vielleicht zwei Sekunden nach dem Tod des Formwandlers, dieser immer noch die fremde Gestalt hatte. Diese lächerlich kurze Dauer hat gereicht, um einen Widerspruch zu einer Erwartung auszulösen. Ein Formwandler muss sich nach seinem Tod doch zurück in seine Ausgangsgestalt verwandeln! Und zwar unverzüglich!

Ich denke, es ist ein schönes Beispiel dafür, wie das, was man in zahllosen Filmen und Serien gesehen hat, die eigene Vorstellung prägt. Wir gehen davon aus, dass ein Formwandler nach seinem Tod wieder unverzüglich in seine „natürliche" Gestalt zurückkehrt. Das haben wir in etlichen Episoden von Star Trek und anderen Science-Fiction-Filmen gesehen. Alles andere überrascht uns. Selbst wenn es nur wenige Sekunden sind, bis es tatsächlich geschieht.

Warum sich Menschen von dem, was sie sehen, unbewusst so stark ein Bild aufprägen lassen, wäre sicher eine spannende psychologische Frage. In diesem

Buch soll es aber um Chemie gehen. Die Chemie hat zur Bildung von Erwartungshaltungen vielleicht wenig beizutragen. Zur Frage, ob sich ein Formwandler nach seinem Tod zurückverwandelt, hat sie aber einiges zu sagen. Wenn das hier so groß eingeführt wird, dann wird es da wohl einige Schwierigkeiten geben.

Zunächst einmal stellt sich die Frage, was die Rückverwandlung eigentlich antreibt. Wenn der Formwandler stirbt, dann kann er sich selbst nicht mehr aktiv in seine Ausgangsform zurückverwandeln. Schließlich ist bei seinem Tod auch das Organ gestorben, das die Formwandlung kontrolliert und initiiert. Wenn ein Mensch stirbt, während er eine Maske trägt, dann hat er diese Maske nach seinem Tod immer noch auf dem Gesicht. Zumindest bis irgendjemand sie vom Gesicht des Leichnams entfernt. Was sollte einen Formwandler dazu bringen, sich nach dem Tod nochmal zu verwandeln? Er wäre gar nicht mehr dazu in der Lage. Kann sich tote Materie an ihre Ursprungsform erinnern und darin zurückverwandeln?

Die Antwort kann durchaus lauten: Ja! Es gibt Stoffe, die sich an ihre frühere Form „erinnern" können. Bevor jetzt Anhänger der Homöopathie in Jubel ausbrechen, gleich die Enttäuschung vorweg: Es tut mir leid, es gibt kein molekulares Gedächtnis. Wenn man einen Stoff so stark verdünnt, dass er nicht mehr da ist, dann ist er nicht mehr da und kann nichts bewirken. Eine Erinnerung von Wassermolekülen an andere Moleküle, die mal da waren, gibt es nicht. Das (und die gesamte Homöopathie) ist leider nur ein Märchen (mit dem eine eigene Industrie aber gutes Geld verdient). Der sogenannte Formgedächtniseffekt hat damit überhaupt nichts zu tun.

Bekannt ist der Formgedächtniseffekt („shape-memory effect") sowohl in der organischen als auch in der anorganischen Chemie. In der organischen Chemie sind es sogenannte Formgedächtnispolymere und in der anorganischen Chemie sogenannte Formgedächtnislegierungen. Wie funktioniert das?

Stellen wir uns zunächst einmal einen relativ einfachen Fall eines Formgedächtnispolymers vor. Ein Feststoff bestehe aus zwei Komponenten. Eine davon ist elastisch, die andere thermoplastisch. Elastizität dürfte den meisten Menschen ein Begriff sein. Ein bekanntes Beispiel ist Gummi. Ein elastischer Gegenstand lässt sich verformen. Er übt jedoch permanent eine Kraft aus, um sich in seine Ursprungsform zurückzubewegen. Lässt die äußere, verformende Kraft nach, dann kehrt er in seine Ausgangsform zurück. Ein Beispiel für einen thermoplastischen Stoff ist Wachs. Bei tiefen Temperaturen ist es mehr oder minder fest. Bei hohen Temperaturen wird es flüssig. Kühlt man es wieder ab, so wird es wieder fest.

Nun stellen wir uns einen Stoff vor, der eigentlich ein Art Gemenge aus einem elastischen und einem thermoplastischen Stoff ist. Bei tiefen Temperaturen ist der Stoff fest. Steigt die Temperatur, dann schmilzt der Thermoplast. Durch seine enge Vermengung mit dem elastischen Stoff kann der geschmolzene Thermoplast nicht wegfließen und bleibt deswegen im Inneren verteilt. Da der thermoplastische Stoff nun flüssig ist, kann der elastische Stoff durch eine von außen aufgebrachte Kraft verformt werden. Kühlt man das Ganze wieder ab, dann wird der Thermoplast fest. Hat man bis dahin die verformende Kraft aufrechterhalten, dann konnte der Körper durch die elastische Komponente nicht in seine alte Form zurückgebracht werden. Sobald die thermoplastische Komponente erstarrt ist, kann die äußere Kraft weggenommen werden und der Körper bleibt in seiner neuen Form. Die elastische Komponente will ihn zwar in seine Ausgangsform zurückformen, der erstarrte Thermoplast verhindert das jedoch. Steigt die Temperatur allerdings wieder, dann wird der Thermoplast wieder weich oder sogar flüssig. Die elastische Komponente kann den Körper nun in seine Ursprungsform zurückbringen.

Diese Form des Formgedächtniseffekts bezeichnet man als Einweg-Memory-Effekt. Beim Zweiweg-Memory-Effekt gibt es zwei Formen, die sich der Stoff dauerhaft merkt. Eine für hohe und eine für niedrige Temperaturen. Bei einzelnen Materialien lässt sich die Umwandlung in die Ursprungsform außerdem durch andere Effekte als die Temperatur auslösen. Bei manchen Stoffen lässt sich der Effekt durch Magnetfelder oder Licht bestimmter Wellenlängen auslösen. Wie genau bei einem Formwandler die Rückverwandlung nach dem Tod ausgelöst werden soll, das bleibt ein Geheimnis, das es in den unendlichen Weiten des Weltalls noch zu ergründen gilt. Grundsätzlich ist es aber möglich, dass sich ein Formwandler nach dem Tod zurückverwandelt. Ob es nun eine Zwangsläufigkeit ist, dass sein Körper aus einem Formgedächtnismaterial besteht, das sei einmal dahingestellt. Ganz abwegig ist es allerdings nicht. Wenn der Formwandler gänzlich die kopierte Gestalt annehmen will, dann muss sich schließlich auch sein Formwandelorgan verwandeln. Um wieder in seine natürliche Gestalt zurückzukehren, wäre ein Formgedächtniseffekt zumindest eine interessante Option. Die Anforderungen an ein solches Formgedächtnismaterial übersteigen jedoch alles, was uns heute in diesem Bereich bekannt ist.

Der zweite Aspekt, der bei der Rückverwandlung nach dem Tod zu denken gibt, ist die Geschwindigkeit. Das ist nicht nur ein Problem, wenn der Formwandler nach seinem Tod in seine Ursprungsform binnen Sekunden zurückkehrt. Es ist selbst dann ein Problem, wenn er zu Lebzeiten binnen Sekunden eine neue Form annehmen will. Dabei ist es erforderlich, dass Stoffe sich sehr schnell von einem Teil des Körpers in einen anderen bewegen und dort genau an die richtige Position gelangen.

Sehr schnelle Umwandlungen dieser Art kennen wir aus Star Trek nicht nur von Formwandlern. Ein wichtiges Beispiel stammt aus der Medizin der Zukunft.

Der sogenannte Dermalregenerator tut letztlich nichts anderes als ein Formwandler, der binnen Sekunden eine neue Gestalt annimmt.[16] Der Dermalregenerator ist eines der medizinischen Geräte, die sich fast jeder manchmal wünschen würde. Ist die Haut eines Patienten schwer oder leicht verletzt, dann greifen Schiffsärzte der Sternenflotte zu genau diesem Gerät. Es wird aus etwa zehn Zentimetern Entfernung auf die verletzte Stelle gerichtet. Auf Knopfdruck tritt dann ein Strahl aus, der die Wunde binnen Sekunden verschwinden lässt. Dabei ist das Gerät sogar so gut, dass es selbst an der Haut klebende Blutstropfen einfach verschwinden lässt. Innerhalb weniger Sekunden ist der verletzte Sternenflottenoffizier wieder bei bester Gesundheit. Die Wunde ist verschwunden und alles ist gut. Wer wünscht sich das nicht schon heute?

Warum ist es in der Praxis leider nicht ganz so einfach? Wenn man sich heutzutage verletzt, dann gibt es bestenfalls eine Creme, die die Heilung beschleunigt. Doch dabei geht es nicht darum, dass die Heilung innerhalb von Sekunden erfolgen würde. Eine Wundcreme verkürzt eine mehrtägige (oder mehrwöchige) Heilung vielleicht um ein paar Tage. Mit dem medizinischen Wunder des Dermalregenerators hat das wenig gemeinsam. Warum hat bis heute niemand so ein Gerät erfunden? Und warum wird so schnell wohl auch niemand so etwas erfinden? Und was hat das mit sterbenden Formwandlern zu tun?

In beiden Fällen erleben wir, dass ein sehr schneller Stofftransport abläuft. Das heißt, dass chemische Stoffe von einem Teil des Körpers in einen anderen transportiert werden. Wieso soll das ein Problem sein? Menschen können sich doch schließlich innerhalb von Sekunden nicht nur um einige Zentimeter bewegen, sondern bis zu mehreren Metern in einer Sekunde zurücklegen.

Wenn ein Mensch sein Arm oder sein Bein bewegt, dann kann er das in der Tat sehr schnell tun. Dieser Bewegungsvorgang ist indes aus einem einfachen Grund recht simpel: Alles bewegt sich in die gleiche Richtung. Die Haut bewegt sich von Ort A zu Ort B. Die Muskeln bewegen sich von Ort A zu Ort B. Die Knochen bewegen sich von Ort A zu Ort B. Einfach alles, was zum Arm oder Bein gehört, bewegt sich von Ort A nach Ort B. Einen ernsthaften Widerstand gibt es dabei nicht zu überwinden. Der Weg ist faktisch frei. Das einzige, was im Weg ist, ist etwas Luft. Bei schnellen Bewegungen spürt man diese. Insbesondere wenn man schnell fährt, dann wird der Luftwiderstand durchaus bemerkbar. Selbst wenn ein Mensch seinen Arm sehr schnell bewegt, ist der Luftwiderstand aber letztlich doch überschaubar. Etwas Luft muss von Ort B zu Ort A strömen. Das ist eigentlich schon alles. Die Ursache dafür, dass der Widerstand gegen

---

[16] Dermalregeneratoren tauchen bei Star Trek in etlichen Episoden auf; ein Beispiel ist die 11. Episode der 4. DS9-Staffel, „Die Front".

Bewegung durch die Luft so gering ist, liegt in einer Eigenschaft namens Viskosität begründet. Viskosität ist etwas, was alle Flüssigkeiten oder Gase besitzen. Vereinfacht gesprochen ist sie die Zähflüssigkeit. Honig hat eine recht hohe Viskosität und Wasser eine eher niedrige. Dementsprechend ist der Widerstand sehr viel größer, wenn man versucht Honig zu rühren als wenn man Wasser rührt. Das Konzept der Viskosität lässt sich genauso auf Gase wie die Luft anwenden. Deren Viskosität ist sehr niedrig und entsprechend niedrig ist der Widerstand der Luft gegen Bewegungen in ihr.

Was hat das nun mit der Verwandlung von Formwandlern und Dermalregeneratoren zu tun? Nun, wenn ein Formwandler eine neue Form annimmt (das schließt die Rückkehr in die „natürliche Gestalt" mit ein), dann findet sehr viel Bewegung statt. Das fällt oft erstmal kaum auf. Wenn ein Formwandler von der Gestalt eines Menschen in die eines anderen Menschen wechselt, dann bleibt die äußere Gestalt schließlich weitgehend erhalten. Genauso verformt der Dermalregenerator den Patienten von außen aus gesehen nicht ernsthaft. In beiden Fällen müssen im Inneren des Körpers allerdings ganz beträchtliche Bewegungen erfolgen. Und die Schwierigkeit dabei ist, dass der Weg eben nicht frei ist.

Überlegen wir uns den Vorgang einmal am Beispiel des Dermalregenerator. Wir haben es mit einem Stück Haut zu tun, das durch irgendeine äußere Einwirkung verletzt wurde. Der Dermalregenerator muss nun mehrere Bewegungen gleichzeitig bewirken. Zunächst einmal müssen sämtliche Verunreinigungen, die in einer frischen Wunde vorkommen entfernt werden. In anderen Worten: Sie müssen herausbewegt werden. Hier haben wir schon die erste Schwierigkeit, denn es stellt sich die Frage nach dem Wohin. Da die Verunreinigungen raus aus dem Körper müssen, der Dermalregenerator offenbar jedoch selbst nichts absaugt und aufnimmt, bleibt nur die Luft übrig. Alle Verunreinigungen müssen also verdampft werden. Zum Verdampfen erhitzt man die zu verdampfende Sache normalerweise. Man hätte es deshalb zumindest punktuell mit sehr hohen Temperaturen zu tun. Zur Desinfektion der Wunde wäre das eventuell sogar hilfreich. Gleichzeitig würden die Proteine der noch nicht zerstörten Körperzellen allerdings denaturieren. Man spricht davon, dass das Eiweiß gerinnt. Die Hersteller von Dermalregeneratoren müssen aufpassen, dass ihre Geräte die Verletzung nicht schlimmer machen, statt zu heilen.

Richtig kompliziert wird dann erst der Transport der Zellen und der extrazellulären Matrix. Egal ob ein Dermalregenerator Haut repariert oder ob ein Formwandler seine Gestalt ändert. Immer müssen Zellen an die richtige Stelle bewegt werden. Und nicht nur das. Das Gleiche muss mit der extrazellulären Matrix geschehen. Was hat es nun wieder damit auf sich? Der menschliche Körper ist nicht einfach nur eine Ansammlung von Zellen. Wenn dem so wäre, dann würde er vereinfacht gesagt einfach auseinanderfallen. Denn was sollte die Zellen dann zusammenhalten? Deswegen gehört zur Biochemie des Menschen der gesamte Bereich zwischen den Zellen. Hier hält die extrazelluläre Matrix die Zellen zusammen. Die extrazelluläre Matrix erfüllt darüber hinaus nicht nur die Funktion, die Zellen zusammenzuhalten. Sie dient daneben unter anderem als Wasserspeicher.

Chemisch gesehen handelt es sich bei der extrazellulären Matrix um eine Ansammlung von Makromolekülen, die eben nicht direkt zu einer Zelle gehören. Als Makromoleküle bezeichnet man Moleküle, die nicht wie beispielsweise Sauerstoff oder Wasser aus zwei oder drei Atomen bestehen, sondern aus hunderten oder sogar tausenden. Oft sind Makromoleküle kettenförmig aufgebaut. Sie bilden nicht einfach einen Klumpen von miteinander verbundenen Atomen. Stattdessen sind Atome in einer (oder oft mehreren) Reihen angeordnet. Ein bekanntes Beispiel ist unser Erbgut. Dieses ist in Form von Desoxyribonukleinsäure (DNS oder DNA) gespeichert. Die DNS bildet die bekannte Doppelhelix. Viele Atome sind zu zwei Reihen angeordnet. Jede der beiden Ketten ist nicht nur eine Reihe von Atomen, sondern verfügt über kleine Abzweigungen. Die Atome dieser Abzweigungen bilden unter anderem eine Verknüpfung zur zweiten Kette. Dadurch sind die beiden Ketten nicht frei, sondern eng aneinandergebunden. Weil die beiden Ketten parallel verlaufende Spiralen bilden (Helices), spricht man von einer Doppelhelix.

Die DNS ist nur eines von vielen Beispielen für Makromoleküle. Ein weiteres Beispiel ist Stärke. Darin sind viele Zuckermoleküle zu einer langen Kette aufgereiht. Der in unserem Zusammenhang wichtigste Typ von Makromolekülen sind die Proteine. Diese, aus Ketten von Aminosäuren aufgebauten, Makromoleküle, erfüllen jede Menge Funktionen im Körper. Eine davon ist der Aufbau der Zellmembran genannten Hülle der Zellen. Die für uns in diesem Zusammenhang wichtige Funktion ist das Zusammenhalten der Zellen. Hierbei spielt vor allem eine Kollagene genannte Gruppe von Proteinen eine große Rolle. Als Bindegewebe halten diese vereinfacht gesagt die Zellen zusammen. Und genau hier haben wir unser Problem. Wir müssen nicht nur Zellen transportieren, sondern wir müssen sie durch Kollagen hindurch transportieren (abgesehen davon, dass wahrscheinlich auch Kollagen transportiert werden muss). Aus Kollagen hat man früher Leim hergestellt. Das gibt Sinn, da Kollagen schließlich im Körper genau dazu dient, Dinge zusammenzukleben. Es macht zugleich aber das Problem deutlich: Wir müssen die Zellen durch eine Masse hindurchbewegen, die chemisch genau dafür gemacht ist, Zellen festzuhalten. Das mag funktionieren. Doch eines ist es ganz sicher nicht: schnell.

Beim Regenerieren der Haut oder beim Formwandeln müssen nicht nur ganze Zellen transportiert werden. Mitunter sind es nur einzelne Stoffe. Man könnte sich vorstellen, dass zum Beispiel Aminosäuren im Körper von A nach B transportiert werden müssen, um Proteine zur Hautregeneration oder Formwandlung zu bilden. Durch ihre chemische Struktur sind Aminosäuren ganz gut wasserlöslich und können so einfach transportiert werden. Doch auch das dauert seine Zeit. Wir wollen schließlich nicht nur ein paar wenige Moleküle ein paar Mikro- oder vielleicht Millimeter weit bewegen. Genau hier sind wir beim Übergang zwischen zwei Disziplinen der Chemie: Der organischen Chemie auf der einen Seite und der technischen Chemie auf der anderen.

Organische (genauso wie anorganische) Chemiker sind in der Lage, alle möglichen Dinge chemisch zu synthetisieren. Da gibt es kaum etwas, was sie nicht herstellen können. Es gibt dabei nur ein Problem. Organische Chemiker stellen gern einige wenige Milligramm einer Substanz her. Manchmal produzieren sie ein paar Gramm. Bittet man seine Kollegen aus der organischen Chemie dagegen um ein paar hundert Gramm, dann wird es schon schwierig, von Tonnen ganz zu schweigen. Die Methoden, mit denen organische Chemiker ihre – wirklich großartigen – chemischen Synthesen durchführen, funktionieren ganz gut im Maßstab von Milligramm oder vielleicht einigen Gramm. Will man größere Mengen herstellen, dann treten auf einmal ganz neue Probleme auf. Deshalb gibt es eine weitere Disziplin der Chemie, die man technische Chemie nennt. Die technische Chemie kümmert sich darum, das was die organische, anorganische oder Bio-Chemie im Labor herstellt, in großen Mengen herzustellen.[17] Eine der großen Herausforderungen dabei sind die Transportprozesse. Wenn man nur wenige Milligramm herstellt, dann ist das alles kein Problem. Sollen jedoch größere Mengen zügig umgesetzt werden, dann treten ganz neue Effekte auf, die man im Labor gar nicht bemerkt hat. Ein Transportprozess ist der Wärmetransport. Beispielsweise muss die Reaktionswärme vom Ort der Reaktion weggeführt werden. Arbeitet man im Labor in sehr großer Verdünnung, dann ist das kein Problem, weil sich das Reaktionsmedium durch die Reaktionswärme kaum erhitzt. Arbeitet man bei höherer Konzentration, dann erwärmt sich die Mischung schon deutlich stärker. Wenn man dann außerdem eine größere Menge hat, dann sind die Wege, die die

---

[17] Hierfür gibt es ein eigenes Studienfach, das sich Chemieingenieurwesen nennt. Chemieingenieure sind unter anderem für die technische Chemie, also die Herstellung großer Mengen mit vertretbarem Aufwand, zuständig. Daneben kümmern sich Chemieingenieure darum, das Produkt am Schluss rein zu erhalten. Chemische Synthesen laufen nämlich oft in Lösungsmitteln ab, die abgetrennt werden müssen. Außerdem hat man oft Nebenprodukte oder nicht umgesetzte Ausgangsstoffe, die man abtrennen muss. Mit all diesen Fragestellungen befasst sich das Chemieingenieurwesen.

Wärme nehmen muss, zudem noch deutlich länger. Es kommt zu einer lokalen Überhitzung. Darum kümmert sich die technische Chemie. Ganz analog kümmert sich die technische Chemie um den Stofftransport. Die Edukte müssen schließlich zum Ort der Reaktion gelangen. In unserem Fall: Aminosäuren müssen dahin gelangen, wo Proteine zur Wiederherstellung zerstörter Haut gebraucht werden. Dabei haben wir es nicht mit einem Päckchen aus Aminosäuren zu tun, das einfach von A nach B bewegt werden kann. Selbst in diesem Fall hätten wir das oben schon angesprochene Problem, dass man durch das ziemlich zähe Kollagen hindurch müsste. Doch Aminosäuren werden nicht im Paket transportiert, sondern einzeln. Und in der Chemie bedeutet einzeln wirklich einzeln. Jedes Molekül muss einzeln an seinen Bestimmungsort gelangen.

Der Transport von Molekülen, die nicht in einem größeren Paket verpackt sind, geschieht durch Diffusion. Wer die Geschwindigkeit des Stofftransports durch Diffusion beobachten will, der werfe einmal ein Stück Zucker in seinen Kaffee und warte. Wenn man nicht umrührt, dann ist der Kaffee in der Regel kalt, bevor sich der Zucker gleichmäßig in der Tasse verteilt hat. Genau das ist das Problem des Dermalregenerators. Wenn der Mechanismus der Diffusion diejenigen Stoffe, die zur Regeneration verletzter Haut benötigt werden, an Ort und Stelle bringen muss, dann dauert das eben etwas. Der Transport der benötigten Stoffe an die richtige Stelle ist einer der Gründe dafür, dass eine Wunde nicht binnen Sekunden heilt, sondern weshalb es Tage oder Wochen dauert. Die Geschwindigkeit des Stofftransports ist eine der wesentlichen Schwierigkeiten beim Bau eines Dermalregenerators. Und sie ist die große Herausforderung für jeden Formwandler, der schnell eine andere Gestalt annehmen will und sich nicht Tage oder Woche Zeit nehmen kann.

Um die ganze Geschichte noch etwas komplizierter zu machen, stellt der Stofftransport ein weiteres Problem dar. Was sollte eigentlich die Moleküle dazu bringen, sich nicht nur schnell, sondern vor allem in die richtige Richtung zu bewegen? Wie bringt ein Dermalregenerator oder ein Formwandler Stoffe dazu, dahin zu diffundieren, wohin sie sollen?

Denken wir nochmal an den Zucker in der Kaffeetasse zurück. Der Zucker löst sich im Lauf der Zeit auf. Chemisch gesehen verlassen seine Moleküle die feste Struktur der Zuckerkristalle, lösen sich im Wasser des Kaffees auf und diffundieren vom Zuckerkristall weg. Auf lange Sicht verteilt sich der Zucker so gleichmäßig in der Tasse. Was wir dagegen nicht beobachten können ist, dass die Zuckermoleküle plötzlich einfach zurück zum Zuckerkristall wandern. Die Ursache ist der früher schon einmal angesprochene Konzentrationsgradient. Die Moleküle diffundieren aus einem Bereich mit hoher Konzentration in einen

Bereich mit niedriger Konzentration. Nicht anders herum. Die Bewegungsrichtung der Diffusion ist nicht steuerbar. Sie folgt einfach nur der Änderung der Konzentration. Immer vom Bereich hoher Konzentration in den Bereich niedriger Konzentration.

Soll ein Dermalregenerator nun sehr schnell Defekte Zellmembranen und anderes durch die Synthese entsprechender Proteine reparieren, dann braucht er sehr große Mengen Aminosäuren unmittelbar am Ort der Proteinsynthese. Die Aminosäuren müssten sich also an bestimmten Orten anreichern. In anderen Worten: Es müssten Orte mit hoher Konzentration von Aminosäuren entstehen. Von einem Ort mit hoher Konzentration diffundiert der jeweilige Stoff aber weg. Das Letzte was passieren würde ist, dass die Aminosäuren an einen Ort in der Wunde diffundieren, an dem ihre Konzentration höher ist als im Rest des Körpers. Wenn sie das jedoch nicht tun, dann lässt sich die Wunde nicht binnen Sekunden heilen. Hier macht die Chemie sowohl dem Konstrukteur eines Dermalregenerators als auch einem Formwandler, der sich schnell verwandeln will, das Leben schwer.

Neue Materialien im 23. und 24. Jahrhundert

5

5.1 Wie viele Elemente gibt es eigentlich?

Verterium, Tritonium, Veridium, Element Nummer 247. Die Liste der chemischen Elemente, die einem bei Star Trek begegnen, ist lang. Nun ist die Liste der Elemente, die einem im täglichen Leben begegnen, ebenfalls nicht gerade kurz. Wir atmen Sauerstoff und fördern dabei zusätzlich Stickstoff in unsere Lungen hinein und wieder heraus. Wir handhaben oft Dinge, die aus Eisen oder Aluminium hergestellt sind. Wir kennen metallische Gegenstände, die mit Zink oder Chrom überzogen sind. Wir hören oft von Wasserstoff und Kohlenstoff. Wir benutzen tragbare Elektrogeräte in denen Batterien auf Basis von Lithium verbaut sind. Die gesamte Materie ist letzlich aus Atomen aufgebaut und jedes Atom lässt sich einem Element zuordnen. Teilweise besteht ein Stoff aus Atomen mehrerer Elemente. Wenn verschiedene Atome ein gemeinsames Molekül bilden, dann bezeichnen wir das als Verbindung. Verschiedene Metallatome, die einen metallischen Werkstoff bilden, nennen wir Legierung. Viele Stoffe, mit denen wir tagtäglich umgehen, sind keine Reinstoffe, selbst wenn sie so aussehen. Solche Mischungen, die wie Reinstoffe aussehen, bezeichnet man als homogen. Doch auch Mischungen lassen sich wieder auf Elemente zurückführen. Das sind zum Teil Mischungen, die aus verschiedenen elementaren Stoffen bestehen (wie zum Beispiel Luft). Zum Teil sind es Mischungen, die aus Verbindungen bestehen (wie zum Beispiel Salzwasser). Aber selbst das lässt sich alles wieder auf Elemente zurückführen.

Wie viele Elemente gibt es eigentlich? Und gibt es für deren Zahl eine Obergrenze? Kann es überhaupt beliebig viele (bisher unbekannte) Elemente geben?

Die klassische Chemie ging früher bekanntlich von vier Elementen aus: Erde, Wasser, Luft und Feuer. Die Vorstellung von vier Elementen galt nicht nur im Mittelalter, sondern bis weit in die Neuzeit hinein. Entwickelt wurde sie allerdings schon in der Antike. Diese Auffassung hatte schon im alten Griechenland Vorläufer.[1] Die sogenannten vorsokratischen Philosophen gingen von einem einzelnen Urstoff aus, von dem sich alles ableitet. Thales hielt das Wasser für diesen Urstoff und Anaximenes hielt die Luft dafür. Heraklit dagegen ging davon aus, dass Feuer der Urstoff sein müsste. Seine Überlegung rührt daher, dass sich alles im Universum ständig wandelt. Das Feuer schien ihm dem am besten zu entsprechen, weswegen er es zum Urstoff erklärte.

Im fünften Jahrhundert vor Christus entwickelten griechische Philosophen wie Empedokles daraus schließlich die Lehre von den vier Elementen. Unter anderem Plato und Aristoteles trugen zu deren Weiterentwicklung bei. Der Gedanke hinter der Vier-Elemente-Lehre war, dass verschiedene Stoffe verschiedene Eigenschaften haben. Manche sind fest. Andere sind flüssig. Manche sind gasförmig. Für jeden dieser Zustände, so meinte man, bedürfe es eines Elements. Festmstoffe können bekanntlich schmelzen. Hier war die Vorstellung, dass solche Stoffe aus Erde und Wasser bestehen. Heute beschreiben wir fest, flüssig und gasförmig nicht mehr als Ausprägungen einzelner chemischer Elemente, sondern als Aggregatzustände. In dieses Schema passt dann im Übrigen sogar das Feuer. Als vierten Aggregatzustand bezeichnet man manchmal das sogenannte Plasma. Ein Plasma ist erstmal ein Gas. Die einzelnen Atome dieses Gases sind (in der Regel aufgrund einer hohen Temperatur) allerdings zerlegt in Elektronen und Atomkerne beziehungsweise Atomrümpfe (ein Atomrumpf ist ein Atom, das nur einen Teil seiner Elektronen abgegeben hat). Flammen haben einen plasmaartigen Charakter. Insofern bilden die vier klassischen Elemente tatsächlich die Aggregatzustände ganz gut ab.

Die Vorstellung von nur vier Elementen hat einen gewissen Charme. Man hatte damit ein Modell, das scheinbar die komplette Chemie erklären konnte. Alles was man neu findet, ließ sich irgendwie auf die vier Elemente zurückführen. Doch schon in der Antike gab es Überlegungen, den Kreis der Elemente zu erweitern. So suchten nicht erst die Alchemisten nach dem fünften Element, der Quintessenz („quinta essentia", dem fünften Seienden). All diese Gedanken sind wissenschaftshistorisch äußerst spannend. Mit der tatsächlichen Funktionsweise der Chemie haben sie trotzdem wenig zu tun.

---

[1] Die drei im Folgenden genannten Philosophen stammten aus Milet beziehungsweise Ephesus. Diese Orte befinden sich nicht in Griechenland, sondern sämtlich in der heutigen Türkei. Kulturell gehörten sie zu dieser Zeit jedoch zum griechischen Kulturraum.

Wie wir heute wissen, besteht die Materie aus Atomen. Die ersten Gedanken in diese Richtung gehen ebenfalls bis zu griechischen Philosophen der Antike zurück. Die moderne Vorstellung von Atomen, von denen es verschiedene Sorten gibt, wurde dann, beginnend im 17. Jahrhundert mit Robert Boyle, von Gelehrten wie Bernoulli und Dalton entwickelt. Doch wie viele Sorten von Atomen gibt es eigentlich?

Zunächst einmal ist die Zahl der Atomarten sehr groß. Allerdings gehören zwei verschiedene Atomarten nicht gleich zwingend zu zwei verschiedenen Elementen. Ein Atomkern (oder Nuklid) wird zunächst einmal durch zwei Parameter bestimmt. Die Zahl der Protonen und die Zahl der Neutronen. Tendenziell gilt, dass mit steigender Zahl der Protonen die Zahl der Neutronen ebenfalls steigt. Das ist freilich keine Zwangsläufigkeit. Es gibt durchaus Atomkerne, die die gleiche Zahl an Neutronen haben, sich jedoch in ihrer Protonenzahl unterscheiden. Solche Nuklide werden als Isotone bezeichnet. Andersherum gibt es Atomkerne, die die gleiche Anzahl an Protonen besitzen, sich aber in der Anzahl der Neutronen unterscheiden. Solche Nuklide werden als Isotope bezeichnet. Außerdem gibt es noch den Fall, dass zwei Atomkerne sich sowohl in der Anzahl der Protonen als auch der Anzahl der Neutronen unterscheiden. Die Summe aus beiden (die sogenannte Nukleonenzahl) ist allerdings gleich. Solche Nuklide werden als Isobare bezeichnet. In einem dieser drei Fälle gehören die Atome zum gleichen Element. In Welchem?

Die Überlegungen zu den Protonen und Neutronen gehören zur Kernchemie. Vielfach wird die Frage nach dem Aufbau der Atomkerne einfach komplett der Physik zugeschlagen. Das ist aber etwas vereinfacht, obwohl sich die Chemie in der Regel tatsächlich nicht so sehr für den Aufbau der Atomkerne interessiert. Was die Chemie interessiert, sind die Verbindungen, die zwischen Atomen bestehen. Dementsprechend entscheiden die chemischen Bindungseigenschaften darüber, welche Atome zum gleichen chemischen Element gehören und welche nicht. Welcher dieser beiden Faktoren beeinflusst diese Bindungen zwischen Atomen? Die Neutronenzahl oder die Protonenzahl?

Vermittelt wird die chemische Bindung weder von Protonen noch von Neutronen. Die Ursache von chemischen Bindungen ist, dass sich Elektronen auf bestimmte Arten zwischen Atomkernen verteilen. Kommt es zu einer Konzentration von Elektronen zwischen Atomkernen, dann hat man es mit einer sogenannten kovalenten Bindung zu tun. Verteilen sich Elektronen nicht in einem kleinen Bereich zwischen zwei Atomkernen, sondern über den kompletten Festkörper hinweg, dann bezeichnet man das als metallische Bindung. Kommt es zu einer Umverteilung von Elektronen, sodass eines der Atome „zu wenige" und das andere „zu viele" Elektronen hat, dann ziehen sich die entgegengesetzt elektrisch

geladenen Atome gegenseitig an. Man spricht von ionischer Bindung. In jedem
Fall sind es immer die Elektronen, die die chemischen Eigenschaften bestimmen.
Zum gleichen Element sollten deshalb Atome gezählt werden, die die gleiche
Elektronenzahl aufweisen. Die Neutronen im Atomkern beeinflussen die Elek-
tronen so gut wie gar nicht. Die Neutronenzahl fällt damit ebenfalls weg. Die
Protonen beeinflussen die Elektronen andererseits ganz enorm. Die positiv gelade-
nen Protonen ziehen die negativ geladenen Elektronen an. Um elektrisch neutral
zu sein, muss ein Atom pro Proton genau ein Elektron haben. Die Protonen-
zahl bestimmt also die Elektronenzahl und damit die chemischen Eigenschaften.
Zwei Atome mit gleicher Protonenzahl haben deshalb die gleichen chemischen
Eigenschaften. Sie gehören deshalb zum gleichen chemischen Element.

Die Zahl der chemischen Elemente ist deshalb deutlich kleiner als die Gesamtzahl der Arten von Atomkernen. Fast alle Elemente besitzen verschiedene
Isotope. Die Neutronenzahl lässt sich allerdings nicht beliebig variieren. Enthält der Atomkern pro Proton zu viele oder zu wenige Neutronen, dann wird er
instabil. Das bedeutet, dass er durch radioaktive Zerfälle in ein anderes Nuklid
umgewandelt wird. Das Verhältnis von Neutronen- zu Protonenzahl steigt mit
steigender Protonenzahl etwas an. Es kommt bei schweren Elementen also auf
ein Proton im Schnitt mehr als ein Neutron. Das ändert aber nichts daran, dass
die Zahl der Isotope eines Elements begrenzt ist. Bei einigen Elementen (wie beispielsweise Fluor) tritt in der Natur sogar nur ein einziges Isotop auf. Die Zahl
der Elemente ist hingegen vom Grundsatz her nicht begrenzt.

Die Protonenzahl kann zunächst jede natürliche Zahl sein. Angefangen bei 1
(Wasserstoff) über 2 (Helium), 3 (Lithium) und so weiter. Bis man irgendwann
bei 92 (Uran) angekommen ist. Dann ist erstmal Schluss. Mehr Elemente findet man in der Natur nicht. Alle schwereren Elemente kann man nur künstlich
herstellen.[2] Die künstliche Herstellung dieser Transurane genannten Elemente ist
nicht nur ziemlich aufwendig. Es gibt noch ein weiteres Problem: Sie sind instabil. Sie sind also radioaktiv und zerfallen in leichtere Elemente. Im Normalfall
tun sie das unter Aussendung von Alphastrahlung. Radioaktive Isotope gibt es
zwar von so gut wie jedem Element. Bis einschließlich Element 82 (Blei) gibt es
aber fast immer mindestens ein stabiles Isotop. Alle Elemente, die mehr Protonen enthalten als Blei, sind radioaktiv und zwar mit all ihren Isotopen.[3] Je höher

---

[2] Strenggenommen ist das nicht ganz korrekt. Die Elemente mit den Nummern 93 (Neptunium) und 94 (Plutonium) kommen auf der Erde tatsächlich in winzigen Spuren natürlich
vor. Die Mengen sind jedoch so klein, dass man diese beiden Elemente in der Regel zu den
künstlichen Elementen rechnet.

[3] In der älteren Literatur wird Bismut, Element Nummer 83, ebenfalls noch zu den stabilen
Elementen gerechnet. Das lässt sich damit erklären, dass das stabilste Bismut-Isotop zwar

man in der Ordnungszahl geht, desto instabiler werden die Elemente. Deswegen kommen keine Transurane auf der Erde vor. Vielleicht gab es bei der Entstehung des Sonnensystems mal schwerere Elemente als Uran auf der Erde. Diese sind allerdings längst radioaktiv zerfallen. Die Transurane müssen deswegen künstlich hergestellt werden. Im Fall der nächstschwereren Elemente geht das noch im klassischen Kernreaktor. Beschießt man Uran mit Neutronen, dann kann es nicht nur zur Kernspaltung kommen. Es können auch schwerere Elemente gebildet werden. So entstehen in Kernreaktoren beispielsweise die Elemente 93 (Neptunium) und 94 (Plutonium). Werden die richtigen Plutoniumisotope von Neutronen getroffen, dann wandeln sie sich erst in das nächstschwerere Plutoniumisotop um und dann durch Beta-Zerfall in ein Isotop von Element 95 (Americium). Werden Plutoniumkerne von Alphateilchen getroffen, dann kann dabei Element 96 (Curium) entstehen. Man ahnt vielleicht schon, dass der Prozess zunehmend schwieriger wird.

Irgendwann ist dann Schluss mit der Elementerzeugung als Nebenprodukt im Kernreaktor. Für noch schwerere Elemente muss man schließlich auf Teilchenbeschleuniger zurückgreifen. Vereinfacht gesagt sind das (sehr große) Apparate, mit denen man einzelne Nuklide aufeinander schießt, sodass sie mit sehr hoher Geschwindigkeit aufeinandertreffen. Hohe Geschwindigkeit bedeutet viel Energie. So können neue, noch schwerere Elemente entstehen. Man merkt schon, dass es immer aufwendiger wird. Außerdem erhält man natürlich nicht wirklich viele Atome des neuen Elements, wenn man die Atomkerne einzeln aufeinander schießen muss.

Zum großen Aufwand für die Herstellung kommt noch dazu, dass die neuen Elemente immer instabiler werden. Selbst wenn es gelingt sie herzustellen, dann dauert es nicht besonders lange, bis sie wieder zerfallen. Während das stabilste Uranisotop (Element 92) noch eine Halbwertszeit von mehreren Milliarden Jahren hat, sind es bei Element 95 (Americium) schon nur noch ein paar hundert Jahre. Bei Element 100 (Fermium) sind es noch knapp hundert Tage. Bei Element 105 (Dubnium) bringt es selbst das stabilste Isotop nur noch auf eine Halbwertszeit von etwa einer halben Minute. Von Element 110 (Darmstadtium[4]) scheint das stabilste Isotop immerhin eine ganze Minute mittlere Lebensdauer zu besitzen.

---

radioaktiv ist, seine Halbwertszeit ist allerdings erheblich größer als das bisherige Alter des Universums. Die Aussage, dass es ein stabiles und damit nicht radioaktives Bismut-Isotop gibt, ist deshalb zwar formal falsch, praktisch gesehen aber richtig.

[4] Ja. Das Element mit der Ordnungszahl 110 heißt tatsächlich Darmstadtium und ist benannt nach der hessischen Stadt Darmstadt. Dort hat das *Helmholtzzentrum für Schwerionenforschung* (ehemals *Gesellschaft für Schwerionenforschung*) seinen Sitz in der neben Darmstadtium noch eine Reihe weiterer Elemente erstmalig hergestellt wurden. Ausgehend von

Bei Element 115 (Moscovium) sollte man den Zerfall des Atomkerns innerhalb von weniger als einer Sekunde erwarten.

Vom Grundsatz her ist die Zahl der Elemente nicht beschränkt. Rein mathematisch lässt sich die Zahl der Protonen beliebig erhöhen. Die Elemente werden nur immer instabiler. Die neuen Elemente, die bei Star Trek auftauchen, dienen in der Regel als Werkstoffe, um spezielle Geräte daraus herzustellen. Das wird allerdings etwas schwierig, wenn innerhalb von Sekunden oder sogar Sekundenbruchteilen bereits die Hälfte des Elements radioaktiv zerfallen ist. Gibt es nicht vielleicht doch eine Chance stabilere, neue Elemente zu finden?

Aus dem Schalenmodell des Atomkerns (analog zum Schalenmodell des Atoms, das in der Chemie eine große Rolle spielt) lässt sich voraussagen, dass bestimmte Kombinationen aus Protonen- und Neutronenzahl besonders stabile Atomkerne ergeben. Im Fall der besonders stabilen Transurane spricht man von „Inseln der Stabilität". Die entsprechenden Nuklide sollten besonders stabil sein. Für das Element mit der Protonenzahl 114 wird eine solche Insel der Stabilität vorhergesagt. Und tatsächlich: Fleronium, so der Name des Elements, hat sich als besonders stabil erwiesen. Sein stabilstes Isotop bringt es auf eine Halbwertszeit von immerhin 5 s. Verglichen mit seinen direkten Nachbarn im Periodensystem, die es bestenfalls auf eine Lebenserwartung von ein paar hundert Millisekunden bringen, ist das richtig viel. Dieses Fleronium-Isotop besitzt neben seinen 114 Protonen 171 Neutronen. Für das bis heute noch nicht erzeugte Fleronium-Isotop mit 184 Neutronen werden nochmal deutlich höhere Stabilitäten vorhergesagt. Dass sich ein technisch verwertbares Material aus einem Fleronium-Isotop gewinnen lässt, scheint indes sehr unwahrscheinlich. Selbst wenn die Halbwertszeit ein paar Tage oder sogar Jahre betrüge, wäre das für eine praktische Anwendung als Werkstoff noch viel zu wenig.

Aber gehen wir einfach mal davon aus, dass es noch weitere Elemente gibt, die wirklich stabil sind. Eine wirkliche Obergrenze für die Protonenzahl eines Elements gibt es schließlich nicht. Wenn es gelingt, weitere stabile Elemente zu finden, dann könnte man damit sicherlich großartige Sachen machen. Was man tatsächlich genau damit machen kann, das lässt sich jetzt nur eingeschränkt sagen, da wir die chemischen Eigenschaften dieser neuen Elemente noch gar nicht kennen. Die kennen wir im Übrigen nicht mal wirklich genau für die meisten uns bereits bekannten Transurane. Das überrascht letztlich nicht wirklich, denn wie soll man chemische Reaktionen mit etwas durchführen von dem man nur ein paar einzelne Atome hergestellt hat? Und diese Atome existieren dann obendrein nur

---

diesem Standort hat außerdem Element 108 den Namen Hassium (latinisiert für *Hessen*) erhalten.

ein paar Minuten, Sekunden oder gar nur Millisekunden. Gewisse Vorhersagen über ihre chemischen Eigenschaften lassen sich aus ihrer Position im Periodensystem der Elemente ableiten. Elemente, die dort untereinanderstehen, haben ähnliche Eigenschaften. So lässt sich für Element 118 (Oganesson) vermuten, dass es wahrscheinlich nicht sonderlich reaktiv ist, da es zur achten Hauptgruppe gehört. Die Elemente, die über ihm stehen sind alle Edelgase. Viel mehr als solche Spekulationen über die chemischen Eigenschaften stehen leider nicht zur Verfügung.

Wenn neue, stabile Elemente möglich sind, dann kann man sie auch herstellen. Eine fortgeschrittene Zivilisation müsste dazu gewaltige Teilchenbeschleuniger bauen. Die wahre Herausforderung wäre dabei wahrscheinlich gar nicht die grundsätzliche Herstellung. Wirklich schwierig wird es, einen solchen Prozess so zu realisieren, dass sich nennenswerte Mengen erzeugen lassen. Das dürfte wohl der Grund dafür sein, dass wir bei Star Trek eigentlich nie von Einrichtungen hören, in denen neue Elemente erzeugt werden. Stattdessen kommen immer wieder Bergbauanlagen vor, in denen solche Elemente auf fremden Himmelskörpern abgebaut werden. Oder – was ebenfalls öfters vorkommt – die Scanner entdecken irgendwo ein neues Element. In beiden Fällen treten die neuen Elemente natürlich auf. Können weitere chemische Elemente irgendwo im Weltraum natürlich auftreten?

Um diese Frage zu beantworten, müssen wir uns zunächst ansehen, wie die natürlich vorkommenden Elemente eigentlich entstehen. Fangen wir ganz unten an. Bei dem Element mit einem einzigen Proton und keinem Neutron im Atomkern: Wasserstoff. Nun, Wasserstoff ist das einzige Element, bei dem der Atomkern nicht als solcher entstehen muss. Er ist einfach nur ein Proton. Natürlich musste das Proton auch irgendwie entstehen. Das ist von seiner Natur her jedoch ein ganz anderer Prozess. Die Frage führt zur Entstehung des Universums zurück und ist an sich durchaus spannend. Die Entstehung von Elementarteilchen wie den Protonen hat aber eigentlich nichts mehr mit Chemie zu tun. Chemisch gesehen müssen wir uns nur die Frage stellen, wie aus Protonen Wasserstoff wird. Das lässt sich damit erklären, dass Protonen positiv und Elektronen negativ geladen sind. Sie ziehen sich deshalb gegenseitig an. Ein einzelnes Proton fängt sich früher oder später ein einzelnes Elektron ein. Zusammen bilden sie ein Wasserstoffatom. Trifft das Wasserstoffatom auf ein anderes Wasserstoffatom, dann bilden sie eine chemische Bindung. Ein Wasserstoffmolekül ist entstanden. Das ist Wasserstoff, wie wir ihn kennen. So funktioniert der Weg vom einzelnen Atomkern zum „richtigen" chemischen Element bei allen Elementen. Die verbleibende Frage ist dann nur noch, wie die Atomkerne der anderen Elemente entstehen.

Im Fall von Helium ist das recht gut bekannt. Die Kernfusion im Inneren der Sonnen wandelt die ganze Zeit Wasserstoff in rauen Mengen in Helium um. Deshalb ist Helium nach Wasserstoff das zweithäufigste Element im Universum.[5] Doch warum geht die Kernfusion in vielen Sternen nicht weiter? Warum verschmelzen Heliumkerne in der Sonne nicht weiter miteinander (oder mit Wasserstoffkernen)? Warum stoppt der Prozess beim Helium und geht nicht weiter zu Lithium, Beryllium und so weiter?

Das liegt daran, dass Helium sehr stabil ist. Das gilt nicht nur für seine (nicht vorhandene) chemische Reaktionsneigung. Es gilt genauso für seine kernchemischen Eigenschaften. Helium zerfällt nicht radioaktiv und es verschmilzt fast genauso ungern mit anderen Atomkernen zu schwereren Nukliden.

Die Bildung von Helium durch Kernfusion in der Sonne geht deshalb so gut, weil es energetisch auf einem deutlich niedrigeren Energieniveau liegt als Wasserstoff. Bei der Fusion von Wasserstoff zu Helium wird deshalb sehr viel Energie frei. Das gilt zunächst einmal für die Fusion fast aller leichten Elemente. Eine Ausnahme ist dabei indes Helium. Wird Helium weiter zu Lithium oder Beryllium fusioniert, dann wird dabei keine Energie frei. Würde man Lithium- oder Berylliumkerne weiter fusionieren, dann würde wieder Energie frei. Der Vorgang bleibt zunächst aber beim Helium hängen, das ein sehr niedriges Energieniveau hat. In seine Fusion müsste man Energie hineinstecken. Erst Kohlenstoff (Element Nummer 6) besitzt dann wieder ein niedrigeres Energieniveau als Helium. Da kommt man jedoch nur mit mehreren Fusionsschritten von Helium aus hin. Deswegen geht es nach Helium in der Kernfusion kaum weiter. Sterne erzeugen deshalb in erster Linie Helium.

Das heißt allerdings nicht, dass es gar nicht weitergehen kann. Ab einem gewissen Punkt ihrer Entwicklung fangen Sterne an, Helium weiter zu schwereren Elementen zu fusionieren. Ist man den Weg bis zum Kohlenstoff gegangen, dann wird bei der Fusion schließlich unter dem Strich wieder Energie frei. Weitere Elemente können entstehen. Zumindest bis zu einem gewissen Punkt. Bei einer Protonenzahl von 26 sind wir beim stabilsten Element angelangt: Eisen. Dieses Metall ist nicht nur mechanisch sehr stabil. Es ist auch kernchemisch unheimlich stabil. Würde man Eisenatome zu schwereren Atomen verschmelzen, dann müsste man wieder Energie zuführen. Deswegen neigen Elemente mit Protonenzahlen kleiner 26 eher zur Kernfusion. Elemente mit Protonenzahlen größer 26

---

[5] Das Helium, mit dem wir auf der Erde Ballons füllen, stammt indes nicht von der Sonne, sondern aus Erdgas. Bei radioaktiven Zerfällen im Erdinneren (konkret: Alpha-Zerfällen) wird jeweils ein Heliumkern vom zerfallenden Atomkern ausgesandt. Der Heliumkern fängt sich zwei Elektronen ein und sammelt sich (sofern es nicht in die Atmosphäre und aus dieser schließlich in den Weltraum entweicht) als Helium im Erdgas an.

tendieren hingegen zur Kernspaltung. Energetisch gesehen versuchen Atomkerne gewissermaßen sich Eisen anzunähern. Elemente mit größeren Ordnungszahlen entstehen deshalb eigentlich nicht bei der Kernfusion. Eigentlich! Denn irgendwo müssen die 66 Elemente schließlich herkommen, die in der Natur vorkommen und mehr Protonen im Atomkern haben als Eisen.

Werden schwerere Elemente mit Neutronen beschossen, dann können sie sich durch folgende Beta-Zerfälle in schwerere Elemente umwandeln. Bei einem Beta-Zerfall wandelt sich ein Neutron im Atomkern in ein Proton um. Dabei gibt es ein als Beta-Teilchen bezeichnetes Elektron (und ein Antineutrino) ab. So können sich langsam schwerere Elemente bilden. Sogar jenseits der 26er-Grenze des Eisens. In geringem Umfang passiert das in Sternen. Wirklich große Mengen schwerer Elemente entstehen so im Normalfall jedoch nicht. Und sehr viel schwerere Elemente als Eisen kommen auf diese Weise auch nicht heraus. Wirklich große Mengen (und wirklich schwere Elemente) können in Supernovae entstehen. Die unbekannten, stabilen Elemente, auf die die Raumschiffe der Sternenflotte immer wieder im Weltall treffen, könnten in einer Super-Supernova entstanden sein. Nein, das ist kein Schreibfehler. Da soll tatsächlich zweimal „Super" stehen. Was man sich unter einer solchen Doppel-Supernova vorzustellen hat, das weiß ich selbst nicht. Es ist aber klar, dass es etwas nochmal deutlich Heftigeres als eine Supernova, wie wir sie kennen, bräuchte, um neue stabile Elemente zu bilden.

Die Tatsache, dass bis heute keine stabilen Transurane in der Natur gefunden wurden, zeigt, dass eine einfache Supernova sie nicht bilden kann. Sie mag durchaus in der Lage sein, Transurane zu bilden. Da deren Halbwertszeiten erheblich kürzer sind als das Alter des Sonnensystems, sind sie allerdings schon so weit zerfallen, dass ihre Reste unterhalb der Nachweisgrenze liegen. Würden die bekannten Prozesse zur Bildung schwerer Elemente wirklich stabile Transurane bilden, dann wären diese noch immer da. Da sie es nicht sind, braucht es offensichtlich etwas deutlich stärkeres als eine Supernova. Was auch immer das sein mag: In unserem Teil der Galaxis hat es bisher nicht stattgefunden.

Exkurs

Biologische Entstehung von Elementen
Im Jahr 2371 kommt die USS Voyager zu einem Planeten mit einem Ringsystem. In diesem Ringsystem finden sie ein neues Element. Die Protonenzahl dieses Elements ist mit 247 schon beeindruckend genug. Noch beeindruckender ist, wie dieses Element entsteht. Der deutsche Titel der 9. Episode der

1. VOY-Staffel bezieht sich zwar nicht darauf, passt aber auch hierauf ganz gut: *„Das Unvorstellbare"*.

Wie sich herausstellt, entsteht dieses Element bei der Verwesung der Leichname der Vhnori. Deren Tote werden auf Asteroiden abgelegt, die das Ringsystem des Planeten bilden. Das ist ein wirklich bemerkenswerter Vorgang. Verwesung ist nämlich ein Vorgang, bei dem kleine Lebewesen wie Bakterien einen toten Körper chemisch umwandeln. Bei einer chemischen Reaktion ändert sich an den Elementen freilich nichts. Wenn der Körper zum Zeitpunkt des Todes aus X Atomen Kohlenstoff, Y Atomen Sauerstoff, Z Atomen Wasserstoff (und so weiter) bestand, dann bestehen die Zersetzungsprodukte immer noch aus X Atomen Kohlenstoff, Y Atomen Sauerstoff, Z Atomen Wasserstoff (und so weiter). Die Elemente befinden sich nach der Verwesung in ganz anderen chemischen Verbindungen. Tendenziell bilden sich bei der Verwesung kleinere Moleküle, als urtümlich im lebenden Organismus vorhanden waren. Die Elemente mögen außerdem anders im Raum verteilt sein (einiges geht zum Beispiel in die Gasphase über). Die Gesamtzusammensetzung bleibt, zumindest was die Elemente angeht, aber unverändert.

Es stellt sich tatsächlich die Frage, wie die Verwesung der Vhnori ein neues Element bilden soll. Leben auf dem Asteroiden Bakterien mit eingebautem Teilchenbeschleuniger? Das wäre auf jeden Fall eine faszinierende biologische Entdeckung. Wahrscheinlicher erscheint dagegen, dass es sich um gar keine biologische Verwesung handelt. Theoretisch denkbar wäre es, dass auf den besagten Asteroiden eine Strahlung vorhanden ist, die eine Elementumwandlung auslöst. Wir hätten es dann nicht mit einer biologischen Verwesung zu tun, sondern mit einer (bislang unbekannten) strahlungsinduzierten, chemischen Verwesung.

Es blieben dennoch noch drei Fragen: Erstens, welches (wahrscheinlich selbst sehr schwere) Element befindet sich im Körper der Vhnori und kann als Ausgangspunkt für die Bildung von Element 247 dienen? Zweitens, wenn auf dem Asteroiden eine solche Strahlung herrscht, warum haben die Scanner der Voyager das nicht bemerkt? Und drittens, warum hat das Außenteam diese Strahlung überlebt? Die Stärke der Neutronenstrahlung müsste tödlich sein.◄

5.2 Materialien, die nicht aus chemischen Elementen bestehen

Alle Stoffe sind aus Elementen zusammengesetzt. Manchmal ist es nur ein Element. Meistens sind es mehrere. Die einzelnen Atome werden durch chemische Bindungen zusammengehalten. Zwischen den einzelnen Molekülen herrschen intermolekulare Wechselwirkungen, die beispielsweise verhindern, dass eine Flüssigkeit verdampft oder dass Plastik auseinanderfließt. Zustande kommen all diese Bindungen durch die elektrische Anziehung. Konkret sind es die Anziehungen zwischen den positiv geladenen Atomkernen und den negativ geladenen Elektronen. Die Elektronen verteilen sich dazu so, dass eine Bindung zustande kommt. Das gilt sowohl für die Bindungen zwischen Atomen in einem Molekül oder metallischen Festkörpern als auch für die Wechselwirkung zwischen unterschiedlichen Molekülen.

Diese chemischen Bindungen können sehr stark sein. Man denke nur an einen Diamanten. Durch die kovalente Bindung zwischen Kohlenstoffatomen wird dieser zum härtesten bekannten Material. Doch könnte es noch stabilere Materialien geben?

Selbst die stärkste chemische Bindung zwischen Atomen hat nur eine bestimmte Stärke. Mit Diamanten ist weitgehend ausgereizt, was an Festigkeit durch chemische Bindungen erreicht werden kann. Das ist zugegebenermaßen schon sehr viel. Chemische Bindungen können eben sehr stark sein. Nichtsdestotrotz ergibt sich, vereinfacht gesagt, eine maximal erreichbare Festigkeit, wenn man die Stärke aller chemischen Bindungen in einem Querschnitt aufaddiert.[6] Da Atome sehr klein sind, finden sich in einem Querschnitt sehr viele Bindungen zwischen Atomen. So können die bemerkenswerten Festigkeiten von Stoffen wie Diamant oder Karbonfasern zustande kommen. Viel mehr können die bekannten chemischen Bindungen allerdings dann nicht mehr bieten. Die Festigkeit von Materialien, egal aus welchen Elementen sie bestehen mögen, kann nicht beliebig groß werden.

Doch da muss doch noch mehr gehen. Gibt es nicht irgendein Material, dessen Festigkeit noch höher ist als es die heute bekannten chemischen Bindungen

---

[6] Das ist in der Tat sehr vereinfacht ausgedrückt. Man muss allein schon bedenken, dass es verschiedene Kriterien für Festigkeit gibt. Es kann einen erheblichen Unterschied machen, ob man an einem Material zieht, es zusammendrückt oder es verdreht. Die Vorstellung von der Summe aller Bindungen über einen Querschnitt wäre lediglich eine Annäherung an die Zugfestigkeit. Über andere Festigkeitsparameter sagt sie (zumindest direkt) noch nicht so viel aus.

erlauben? Die Helden aus Star Trek treffen vereinzelt auf einen Stoff, der so stabil ist, dass selbst die modernsten Waffen des 23. und 24. Jahrhundert sich daran die Zähne ausbeißen: Neutronium.

Schon Captain Kirk machte in der 6. Episode der 2. TOS-Staffel, *„Planeten-Killer"*, damit Bekanntschaft. Die Hülle des als Planeten-Killers bekannten, unbemannten Waffensystems besteht aus Neutronium. Dieses macht es völlig immun gegen jeglichen Beschuss. Da es sich um einen Planeten-Killer handelt (und das System obendrein ziemlich wahllos seiner Bestimmung nachgeht), erweist sich das als ernsthaftes Problem. Schließlich kann der Planeten-Killer nur aufgehalten werden, indem man ein Raumschiff von der Größe der Enterprise in seine Öffnung fliegen lässt. Zum Glück steht mit der USS Constellation gerade ein zweites Raumschiff zur Verfügung, das man für dieses Selbstmordkommando verwenden kann.

Über hundert Jahre später machen Kira und Garak in der letzten Folge der Serie, der 26. Episode der 7. DS9-Staffel, *„Das, was du zurückläßt, Teil II"*, Erfahrung mit Neutronium. Um den Krieg mit dem Dominion zu beenden, müssen sie ins Zentralkommando auf Cardassia Prime eindringen. Da man keinen Schlüssel hat, will man es mit einer Bombe versuchen, die die Tür öffnen soll. Nur stellt sich heraus, dass besagte Tür aus Neutronium besteht und eine Bombe hier nicht mal eine Beule verursachen würde. Sie brauchen deshalb einen anderen Plan.

Im Lauf der Geschichte von Star Trek kommt es zu einer ganzen Reihe von Begegnungen mit Neutronium oder Neutroniumlegierungen. Doch was ist eigentlich Neutronium? Beim Blick in das Periodensystem der Elemente findet man jedenfalls kein Element dieses Namens.

Chemische Elemente sind etwas, das durch das Zusammenspiel von Protonen im Atomkern und Elektronen in der Atomhülle gekennzeichnet ist. Das ist es, was die chemischen Eigenschaften bestimmt. Die Neutronen sind dabei eher nebensächlich. Stellen wir uns trotzdem einmal einen Atomkern vor, dessen Protonenzahl bei null liegt. Wenn die Neutronenzahl nun größer null ist (sonst wäre schließlich gar nichts da), dann hätte man einen Atomkern, der keine Protonen enthielte. Das zugehörige Atom hätte dementsprechend auch keine Elektronen. Da die Neutronen keine elektrische Ladung aufweisen, können sie nämlich keine Elektronen binden. Das hat zwei Konsequenzen: Zum einen sind chemische Bindungen, wie wir sie kennen, unmöglich. Ohne Elektronen, die Anziehung zwischen positiv geladenen Atomkernen vermitteln, funktioniert keine der bekannten chemischen Bindungsarten.[7] Zum anderen könnten die Abstände zwischen den

---

[7] In der 2. Episode der 1. PIC-Staffel, *„Karten und Legenden"*, gibt ein Android auf die Frage, was braun und klebrig sei, unter anderem zur Antwort: „Mit Bosonen angereichertes Nanopolymer". Wie man einen Stoff, sei es ein Nanopolymer oder etwas anderes, mit

Atomkernen sehr klein werden. Normalerweise kommen sich Atomkerne nicht beliebig nah. Das liegt einfach schlichtweg daran, dass sich die positiv geladenen Protonen in den Atomkernen abstoßen. Wenn der Atomkern nur aus einem Neutron bestünde, dann gäbe es diese Abstoßung nicht. Die „Atomkerne" könnten sich zu einem unglaublich dichten Material zusammenlagern. Dieses Material wird Neutronium genannt.

Die Idee zu einem solchen Stoff und die Benennung als Neutronium ist fast schon ein Jahrhundert alt. Der aus Estland stammende deutsche Chemiker Andreas Antropoff nahm sich in den 1920er-Jahren das von Meyer und Mendelejew entwickelte Periodensystem vor und tat etwas ähnliches wie wir im letzten Abschnitt. Auf der Suche nach neuen möglichen Elementen haben wir das Periodensystem gedanklich nach oben erweitert. Dabei haben wir überlegt, was passiert, wenn sich die Ordnungszahl (so bezeichnet man die Zahl der Protonen) immer weiter erhöht. Antropoff überlegte sich, was passiert, wenn man die Ordnungszahl unter 1 (Wasserstoff) senkt. Im Jahr 1925 reichte er einen Artikel bei der Fachzeitschrift *Angewandte Chemie* ein, der im Folgejahr unter dem Titel „Eine neue Form des periodischen Systems der Elemente" erschien. Darin schlug er eine modifizierte Anordnung der Elemente im Periodensystem vor. Diese hat sich nicht durchgesetzt. Sie hatte allerdings eine Besonderheit: Links neben Wasserstoff war noch ein Platz frei. Dieser Umstand brachte ihn dazu, über ein hypothetisches Element mit der Ordnungszahl 0 zu spekulieren. Für das Atom dazu schlug er den Begriff Neutron vor. Für das entsprechende Element regte er den Namen Neutronium an.

Bis heute ist es nicht gelungen, ein solches Element nachzuweisen. Es ist zwar längst allgemein anerkannt, dass es Neutronen gibt. Sowohl als Bestandteil von Atomkernen als auch als einzelnes Elementarteilchen ist seine Existenz unbestritten. In Atomkernen haben wir tatsächlich sogar die Situation, dass mehrere Neutronen – wie im hypothetischen Neutronium – verbunden sind. Dabei sind indes immer zusätzlich Protonen vorhanden. Über Neutronen, die sich verbinden, ohne dass ein Proton dabei wäre, wurde schon viel spekuliert. Nachgewiesen werden konnte so etwas bis heute nicht. Theoretische Berechnungen deuten außerdem darauf hin, dass es instabil wäre. Die Stärke der Bindung zwischen den einzelnen Neutronen wäre wohl sogar negativ. Doch welche Art von Bindung sollte

---

Bosonen anreichert, ist nach heutigem Stand noch völlig unklar. Bosonen sind allerdings diejenigen Elementarteilchen, die Kräfte zwischen Fermionen (worunter unter anderem Elektron, Proton und Neutron fallen) vermitteln. Bei mit Bosonen angereicherten Nanopolymeren könnte also eine ganz neue Art der Bindung vorliegen. Wie man sich diese vorzustellen hat, das sei einmal dahingestellt. Es würde aber zumindest erklären, warum es so klebrig ist.

Neutronium überhaupt zusammenhalten? Elektrostatische Anziehungen zwischen verschieden geladenen Teilchen gibt es darin schließlich nicht. In der Natur gibt es grundsätzlich vier Arten von Wechselwirkungen. Wechselwirkung kann sowohl bedeuten, dass sich Dinge gegenseitig anziehen, als auch, dass sie sich gegenseitig abstoßen. Es kann dabei auch zu einem Zusammenwirken von verschiedenen Kräften kommen. In solchen Fällen überwiegen bei einem größeren Abstand anziehende Kräfte und bei einem kleineren Abstand abstoßende. Das ist das Prinzip einer Bindung. Bindungen sind so gestaltet, dass sie Teilchen zusammenhalten (das ist die anziehende Kraft, die überwiegt, solange sich die Teilchen nicht zu nahe kommen). Gleichzeitig sorgen Bindungen dafür, dass die Teilchen nicht vollständig ineinander stürzen (das sind die abstoßenden Kräfte, die überwiegen, wenn die Teilchen sich zu stark annähern). In der Chemie werden Kräfte bekanntlich immer über die elektrische Wechselwirkung vermittelt. Aus dem täglichen Leben kennen wir noch eine zweite Wechselwirkung: die Gravitation. Diese hält als Schwerkraft Sonnensysteme zusammen und verhindert, dass wir einfach in den Weltraum hüpfen können. Daneben gibt es noch zwei weitere grundlegende Wechselwirkungen. Die starke und die schwache Wechselwirkung. Die starke Wechselwirkung hält die Atomkerne zusammen. Die elektrische Wechselwirkung zwischen den positiv geladenen Protonen würde den Atomkern sonst sofort zerreißen. Die schwache Wechselwirkung ist wiederum dafür verantwortlich, dass Atomkerne radioaktive Zerfälle erleben. Die Stärke all dieser Kräfte nimmt mit steigendem Abstand ab. Die elektrische Wechselwirkung und die Gravitation nehmen mit dem Quadrat der Distanz ab. Das bedeutet, dass bei doppelter Entfernung nur noch ein Viertel der Kraft wirkt. Das klingt erst einmal so als würden diesen beiden Wechselwirkungen nicht über allzu große Distanzen wirksam werden. Wie wir an der Gravitation, die Sonnensysteme und sogar Galaxien zusammenhält, sehen können, ist das aber nicht zwingend. Bei der starken und der schwachen Wechselwirkung wird die Kraft mit steigender Distanz nochmal erheblich schneller schwächer. Das führt dazu, dass die starke Wechselwirkung sich in der Regel kaum über den Atomkern hinaus auswirkt. Für die Chemie ist sie deshalb normalerweise nicht besonders interessant. Außer bei einem „Element" wie Neutronium.

In Neutronium sind die Abstände zwischen den „Atomen" nicht wie sonst in der Größenordnung von einigen Pikometern. Sie betragen nur einige Femtometer.[8] Man kann sich ein Stück Neutronium auf gewisse Weise als einen einzigen

---

[8] Während selbst das kleinste Atom, Wasserstoff, einen Durchmesser von „gewaltigen" 50 Pikometer, (ein Piko ist eine 1 mit elf Nullen davor bis zum Komma), ist sein aus einem einzelnen Proton bestehender Atomkern nur etwa 1,5 Femtometer groß (ein Femto ist eine 1 mit

riesigen Atomkern vorstellen. Die starke Wechselwirkung könnte dementsprechend Neutronium theoretisch zusammenhalten. Ein Material, dass von dieser
zwar kurzreichweitigen, aber unvorstellbar starken Kraft zusammengehalten wird,
sollte sagenhaft stabil sein. Zumindest was seine mechanische Festigkeit angeht.[9]

Die bloße Tatsache, dass viele Neutronen zusammengebracht werden, führt
jedoch noch lange nicht dazu, dass die starke Wechselwirkung sie wirklich
zusammenhält. Denken wir nochmal an die schweren Elemente aus dem letzten Abschnitt. Je mehr Nukleonen in einem Atomkern vorhanden sind, desto
instabiler wird er. Es ist also zumindest mehr als fraglich, ob es ein Material
wie Neutronium geben kann und ob es wirklich die sagenhaften mechanischen
Eigenschaften hat, die wir bei Star Trek erleben. Es gibt allerdings noch einen
Effekt, der Neutronium doch sehr fest machen könnte – selbst dann, wenn es die
starke Wechselwirkung nicht tut: die Gravitation.

Neutronium hätte eine unvorstellbare Dichte. Die Größenordnung der Dichte
dieses Materials dürfte etwa beim Zehn- bis Hundertbillionenfachen dessen liegen, was wir sonst so kennen. „Bleischwer" ist keine passende Metapher mehr.
Einen nachvollziehbaren Vergleich dafür gibt es schlichtweg nicht. Durch die
gewaltige Dichte, hat man unheimlich viel Masse in einem vergleichsweise kleinen Volumen. Ein Gegenstand wie eine Tür oder gar ein riesiges Raumschiff, wie
der Planeten-Killer, aus Neutronium hätte die Masse eines kleineren Himmels-
körpers (im Fall des Planeten-Killers entspräche die Masse sogar schon einem
ziemlich großen Himmelskörper). Nun haben Asteroiden oder kleine Planeten
bekanntlich keine wahnsinnig große Anziehungskraft. Das liegt aber daran, dass
sie wiederum zu groß sind. Ihre Masse ist zwar verglichen mit großen Himmelskörpern überschaubar. Ihr Durchmesser beträgt jedoch trotzdem einige Kilometer

---

13 Nullen davor bis zum Komma). Das Wasserstoffatom ist also mehr als 30.000-mal so groß
wie sein Kern – sofern man den Unterschied in Strecken ausdrückt. In Volumen ausgedrückt
ist es sogar mehr als 30 Billionenmal größer als das Proton in seinem Inneren. Ein Neutron
ist in etwa so groß wie ein Proton.

[9] Wie eine Legierung von Neutronium mit einem anderen Element aussehen soll, das bleibt
im Übrigen völlig ungeklärt. Die starke Wechselwirkung mag eine große Zahl von Neutronen vielleicht zu Neutronium verbinden. Eine Legierung ist eine Kombination mehrerer
metallischer Elemente. Der Bindungstyp ist die sogenannte metallische Bindung, bei der
die Elektronen über den gesamten metallischen Körper verteilt sind (daher die gute elektrische Leitfähigkeit von Metallen). Legierungen (wie alle Metalle) werden durch die elektrische Anziehungskraft zwischen diesen negativen Elektronen und den positiven Atomkernen
zusammengehalten und erhalten so ihre Festigkeit. Wie die metallische Bindung im Zusammenspiel mit den elektrisch neutralen Neutronen funktionieren soll, das bleibt weiterhin
unklar.

(oder sogar hunderte Kilometer). Wir erinnern uns, dass die Stärke der Gravitation mit dem Quadrat der Entfernung abnimmt. Ist die Masse eines Kleinplaneten auf die Größe der Eingangstür des cardassianischen Zentralkommandos konzentriert, dann ist der Abstand sehr klein. Von jedem Teil der Neutroniumtür würde ein enormes Gravitationsfeld ausgehen. Die Stärke der Anziehung bei der Gravitation hängt wiederum von der Masse des angezogenen Gegenstands ab. Da die anderen Teile der Tür auch aus Neutronium bestehen, hätten sie ebenfalls eine riesige Masse. Entsprechend stark würden sie sich gegenseitig anziehen. Die Neutroniumtür würde einfach durch die eigene Schwerkraft zusammengehalten werden. Es könnte dabei allerdings passieren, dass sie sich durch die eigene Schwerkraft zur Kugel verformt. Das wäre der gleiche Effekt, der Planeten und Sterne in eine Kugelform bringt. Darauf müsste der Architekt deshalb besondere Rücksicht nehmen.

Wir wissen bisher zwar noch nicht, ob es ein chemisches Element Neutronium wirklich geben kann. Außerdem wissen wir nicht wirklich genau, wie seine Eigenschaften wären und welche Bindung diese verursacht. Zwei praktische Probleme können wir dennoch jetzt schon ansprechen. Das erste ist wieder die Gravitation. Diese Kraft mag Neutronium zusammenhalten. Die Gravitation wirkt aber nicht nur zwischen den einzelnen Neutronen. Sie wirkt genauso zwischen den Neutronen und ihrer Umgebung. Wenn man eine Tür mit der Masse eines Kleinplaneten baut, dann stellt sich nicht nur die Frage, welcher Türöffner diese megatonnenschwere Tür öffnen soll. Es kommt noch das Problem dazu, dass alles andere genauso angezogen wird. Die Masse eines Kleinplaneten auf wenige Metern Entfernung würde eine solche Anziehung erzeugen, dass jeder, der in die Nähe der Neutroniumtür kommt so stark angezogen würde, dass er einfach daran festhinge und nie wieder wegkäme.

Das zweite Problem ist die Gewinnung von Neutronium. Neutronen können aus Protonen auf zwei Arten entstehen: Durch Aussendung eines Positrons oder durch Einfang eines Elektrons. Eine fortschrittliche Zivilisation mag imstande sein, das gezielt herbeizuführen. Anspruchsvoller wird dann schon das Kompaktieren der Neutronen zu Neutronium. Neutronen besitzen schließlich keine Ladung. Neutronenstrahlung ist deshalb schlecht lenkbar. Und selbst wenn sie dieses Problem in den Griff bekommen haben, bleibt noch die Frage, wo sie das Ausgangsmaterial hernehmen. Wir sprechen immerhin selbst bei kleineren Gegenständen aus Neutronium schon von ganzen Asteroiden, die man verarbeiten müsste. Die künstliche Herstellung von Neutronium wäre deshalb kaum praktikabel. Man müsste es also irgendwo in der Natur finden und abbauen. So wie man alle technisch eingesetzten chemischen Elemente in der Natur findet und nicht künstlich herstellt. So eine natürliche Quelle für Neutronium könnte es tatsächlich geben.

Am Lebensende sehr massenreicher Sterne entstehen schwarze Löcher. Die haben sogar eine noch höhere Dichte als Neutronium (sofern man bei schwarzen Löchern noch von einer Dichte sprechen kann). Kleinere Sterne wie unsere Sonne werden irgendwann zu weißen Zwergen. Chemisch gesehen bestehen weiße Zwerge vor allem aus Kohlenstoff und Sauerstoff. Hat der Stern etwas mehr Masse als unsere Sonne, ist aber zu klein für ein schwarzes Loch, dann kann an seinem Lebensende etwas anderes entstehen: Ein Neutronenstern.

Nachdem die Kernfusion im Stern zum Ende gekommen ist, wird keine Energie mehr frei. Dadurch nimmt der Strahlungsdruck ab, der sich bisher der Schwerkraft entgegengestellt hat. Der Stern kollabiert unter seinem eigenen Gewicht. In der Folge wird im Inneren alles enorm zusammengepresst. Dabei steigt wiederum die Temperatur stark an. Schließlich fangen die Protonen im Inneren an, die Elektronen einzufangen. Dabei wandeln sie sich in Neutronen um (und emittieren ein Neutrino).[10] Es entsteht ein Himmelskörper, der im Wesentlichen aus Neutronen besteht. Daher der Name Neutronenstern.

Gewissermaßen besteht so ein Neutronenstern damit aus Neutronium und man müsste dort nur eine Bergbaukolonie errichten. Wenn da nicht wieder gleich zwei Probleme wären. Das eine ist (mal wieder) die Gravitation. Auf einem Neutronenstern zu landen mag noch möglich sein. Dort zu arbeiten, ohne vom eigenen Körpergewicht zerquetscht zu werden, dürfte ein Ding der Unmöglichkeit sein. Anschließend gegen die Schwerkraft mit einem Frachtraum voller Neutronium zu starten, wäre dann schließlich völlig undenkbar.

Das zweite Problem ist die Rotation des Neutronensterns. Hier mag der geneigte Leser einwenden, dass Planeten doch auch rotieren und man trotzdem darauf landen kann. Das ist soweit erstmal richtig. Nur dreht sich ein Planet wie die Erde lediglich einmal am Tag um die eigene Achse. Bei einem Neutronenstern sind es einige hundert Mal. Und zwar pro Sekunde. Die Geschwindigkeit

---

[10] Über diesen Einfang von Elektronen durch Neutronen wurde schon Anfang des 20. Jahrhunderts spekuliert. Antropoff befasste sich auch mit dieser Frage. In einem Artikel von 1924 mit dem Titel „Zur Umwandlung von Quecksilber in Gold" erörtert er diese Möglichkeit. Unter dem Strich kam er zu dem Schluss, dass dies in den meisten Fällen nicht möglich sei, weil sonst bestimmte Isotope in der Natur vorkommen müssen, weil Argon in der Luft sonst bei Blitzschlägen durch Elektronen in diese Chlorisotope umgewandelt müsste. In diesem Artikel kommt er letztlich zum Schluss, dass die Gewinnung von Gold aus Quecksilber die einzige Umwandlung eines chemischen Elements auf diese Weise wäre, die man zum damaligen Zeitpunkt nicht ausschließen könne. Heute wissen wir, dass auch die Herstellung von Gold sich auf diese Weise nicht realisieren lässt. Das wäre nicht Chemie, sondern Alchemie.

an der Oberfläche liegt in Äquatornähe bei mehreren zehntausend Kilometern in der Sekunde. Eine Landung würde deshalb höchstens in der Nähe der Pole funktionieren. Da dort die Zentrifugalkraft wegfällt, die der Gravitation etwas entgegenwirkt, würden die Probleme mit der Schwerkraft andererseits nochmal deutlich drängender.

Neutronium mag vielleicht wirklich eine grandiose Festigkeit besitzen. Es gibt indes doch so viele Probleme, dass man versteht, warum dieses Wundermaterial selbst in der Zukunft von Star Trek letztlich nur sehr selten Verwendung findet.

Exkurs

Goldgepresstes Latinum

Nach dieser Diskussion von Materialien, die nicht auf chemischen Elementen basieren, wollen wir nochmal zu den chemischen Elementen zurückkehren. Vor allem zu einem der Elemente, die wir nur aus Star Trek kennen. Es soll um ein Element gehen, das die Ferengi über alles schätzen: Latinum.

Für die Ferengi geht der Gewinn über alles und Latinum ist ihre Währung. In ihrem Leben orientieren sie sich an den Erwerbsregeln. Das ist eine Sammlung von Leitsätzen, die von den Ferengi mit geradezu religiöser Inbrunst hochgehalten werden. In der 16. Episode der 4. DS9-Staffel, *„Der Streik"*, erfahren wir, dass Erwerbsregel 263 lautet: „Lass niemals Zweifel Deine Lust nach Latinum trüben". Und aus der 20. Episode der 5. DS9-Staffel, *„Liebe und Profit"*, wissen wir: „Latinum hält länger als Wollust" (Erwerbsregel 229).

Verglichen mit wertlosem Gold ist Latinum besonders begehrt. Grund genug sich dieses Element mal etwas genauer anzusehen. Latinum ist ganz offensichtlich ein Element. Woher wir das wissen? Mir fällt zwar keine Episode ein, in der explizit gesagt würde, dass es ein Element ist. Letztlich kann es aber nur eines sein. Latinum dient als Währung, weil es nicht replizierbar ist. Jede chemische Verbindung wäre dagegen replizierbar. Aus anderen Verbindungen oder aus den zugrunde liegenden Elementen lässt sich eine Verbindung herstellen. Insbesondere stabile Verbindungen lassen sich in der Regel leicht herstellen. Latinum ist offensichtlich sehr stabil. Abgesehen davon, dass es sonst als Grundlage einer Währung ungeeignet wäre, erfahren wir in der 26. Episode der 2. DS9-Staffel, *„Der Plan des Dominion"*: „Die Natur ist vergänglich, aber Latinum wird immer bestehen" (Erwerbsregel 102).

Diese Eigenschaft kann Latinum letztlich nur besitzen, wenn es ein Element ist. Eine Verbindung wäre kaum so stabil und dabei nicht zu replizieren. Dass es ein Element ist, lässt sich außerdem aus dem Namen ableiten. Die Endung -um deutet auf ein metallisches Element. Die meisten chemischen

Elemente sind Metalle. Das gilt vor allem für die schwereren Elemente. Da wir Latinum bis heute nicht kennen, muss es ein sehr schweres Element sein. Sein Atomkern müsste nach heutigem Stand mindestens 119 Protonen enthalten[11]. Diese hohe Protonenzahl lässt einerseits die Stabilität wieder etwas fraglich erscheinen. Andererseits passt es wiederum zu einer Aussage aus der 16. Episode der 1. VOY-Staffel, *„Erfahrungswerte"*. Darin beschwert sich der Bolianer Chell, dass sein Rucksack so schwer wäre, als wäre er voll mit Latinumbarren. Der Umstand, dass der Atomkern viele Protonen (und damit auch Neutronen) enthält, führt zwar nicht zwangsläufig dazu, dass die Dichte eines Elements hoch ist. Es heißt erstmal nur, dass das Gewicht der einzelnen Atome hoch ist. Sofern der Stoff allerdings kein Gas ist, kann man im Normalfall davon ausgehen, dass schwere Atome zu einer hohen Dichte führen.

Eine Besonderheit von Latinum ist sein Aggregatzustand. Es ist flüssig. Fast alle Metalle sind bei Raumtemperatur fest. Es gibt nur eine Ausnahme: Quecksilber. Wie Latinum glänzt es silbrig und schmilzt bereits bei $-38{,}8\,°C$. Dummerweise ist Quecksilber ziemlich giftig. Allein schon deswegen eignet sich Quecksilber nicht wirklich als Zahlungsmittel. Latinum hingegen scheint weitgehend ungiftig zu sein. Zumindest für Lurianer. In der 12. Episode der 6. DS9-Staffel, *„Wer trauert um Morn?"*, bewahrt der Lurianer Morn reines, flüssiges Latinum in einem seiner Mägen auf. Das spricht nicht gerade für eine gefährliche Toxizität.

Der Umstand, dass es flüssig ist, ist andererseits wieder recht unpraktisch für die Handhabung. Aus diesem Grund pressen die Ferengi Latinum in wertloses Gold. Dementsprechend ist meistens von „goldgepresstem Latinum" die Rede. Wie dieses Pressen geschieht, wird leider nie erklärt. Wahrscheinlich geht es dabei gar nicht um einen Vorgang unter hohem Druck, sondern es bezeichnet einfach nur den Umstand, dass Latinum an Gold gebunden ist. Von einer Art chemischer Verbindung kann man wohl in der Tat ausgehen. Vom Grundsatz her wäre es zwar denkbar, dass flüssiges Latinum sich in einer Kammer im Inneren eines Goldbarrens befindet. Ein vergleichsweise weiches Material wie Gold scheint dafür jedoch nicht wirklich gut geeignet zu sein. Die Gefahr des Auslaufens wäre dann doch zu groß. Außerdem würde Gold nur unnötiges Gewicht verursachen, das man mit sich herumschleppen müsste. Wenn es nur um eine Art Kapsel ginge, dann hätte man höchstwahrscheinlich

---

[11] Der Umstand, dass es mindestens 119 Protonen haben muss, leitet sich daraus ab, dass das schwerste (zum Zeitpunkt der Abfassung dieses Buchs) bekannte Element Oganesson 118 Protonen hat. Realistisch müssen es sogar noch mehr sein. Das (noch nicht erzeugte) Element 119 wäre ein Alkalimetall und damit sehr reaktiv. Latinum macht bei Star Trek jedoch einen eher reaktionsträgen Eindruck.

ein anderes Material gewählt. Selbst wenn Gold in der Zukunft wertlos und damit wohl günstig zu haben sein mag, so wären andere Materialien einfach sinnvoller dafür.

Deutlich plausibler scheint daher eine Verbindung von Latinum und Gold. Latinum lässt sich in die Gitterstruktur des Golds integrieren. Dabei muss man nicht einmal wirklich pressen. Schmelzen reicht im Grunde genommen schon. Mischt man flüssiges Gold und flüssiges Latinum und lässt es wieder erstarren, dann erhält man eine Legierung. Solange der Latinumanteil nicht zu hoch ist, wäre die entstehende Legierung bei Raumtemperatur fest. Sie bestünde aus Gold und Latinumatomen, die sämtlich eine feste Position in einem Kristallgitter haben.[12]

Die Einlagerung eines Elements in das Kristallgitter eines anderen Elements kann auf verschiedene Arten geschehen. Zum einen können sich die Fremdatome in Zwischenräumen zwischen den Wirtsatomen befinden. Leichte Elemente, mit kleinen Atomen, lagern sich so mitunter in die Atomgitter schwerer Elemente ein. Zum anderen können die Fremdatome die Positionen von Wirtsatomen einnehmen. In diesem Fall befände sich auf einigen Positionen, auf denen sich sonst Goldatome befänden, dann Latinumatome. Da Latinum ein bisher unbekanntes und damit logischerweise schweres Element ist, scheint letztere Variante deutlich plausibler. Die Latinumatome dürften schlichtweg zu groß für die Zwischenräume zwischen den Goldatomen sein.

Da der Latinumanteil im goldgepressten Latinum scheinbar sehr gering ist, dürften die Barren weitgehend wie Goldbarren aussehen. Damit stellt sich die Frage nach der Echtheitsprüfung. Es scheint kaum denkbar zu sein, dass die Ferengi allein auf ein eingeprägtes Siegel einer vertrauenswürdigen Ausgabestelle vertrauen. Immerhin besagt Erwerbsregel 239, wie wir in der 25. Episode der 4. DS9-Staffel, *„Quarks Schicksal"*, erfahren: „Hab keine Angst davor, ein Produkt falsch zu etikettieren". Die Ferengi müssen also irgendeine Möglichkeit haben zu prüfen, ob das wertlose Gold wirklich Latinum enthält. Wie sie das tun, erfahren wir nicht. Es muss aber nicht zwingend besonders schwierig sein.

Bringt man in das Atomgitter eines Metalls ein anderes Element ein, dann ändert sich die elektronische Struktur. Diese Änderungen sind oft nur sehr gering. Sie können jedoch mitunter ganz beträchtlich sein. Man denke nur an das Dotieren von Halbleitern. Das ist gewissermaßen die chemische

---

[12] Der Begriff Kristall sollte in diesem Zusammenhang nicht irritieren. Kristalle sind nicht nur die funkelnden, eckigen Dinger, die man aus der Mineralogie kennt. Von einem Kristall spricht man allgemein, wenn die einzelnen Atome feste Positionen besitzen, die nach einem strikten Ordnungsprinzip angeordnet sind.

Grundlage der Elektronik. Wenn man Silizium winzige Mengen an Phosphor oder Aluminium zusetzt, dann steigt seine elektrische Leitfähigkeit erheblich an.[13] Ein Fremdatom auf Hunderttausend Wirtsatome kann bereits einen beträchtlichen Effekt haben. Wir wissen zwar eigentlich nichts über die elektronische Struktur von Latinum. Man darf allerdings davon ausgehen, dass sie einen beträchtlichen Effekt auf irgendeine leicht prüfbare Eigenschaft des Golds hat. Andernfalls wäre die Echtheitsprüfung sehr schwierig. Das wäre sehr unwahrscheinlich. Immerhin lassen sich Ferengi-Geschäftsmänner mit Sicherheit nicht so einfach übers Ohr hauen.◄

5.3 Das Mischungsverhältnis von Materie und Antimaterie

Für die Energieversorgung von Raumschiffen der Sternenflotte scheint Antimaterie eine große Rolle zu spielen. Jedes Elementarteilchen besitzt ein Antiteilchen. Zum Proton gibt es ein Antiproton, zum Neutron gibt es ein Antineutron, zum Elektron gibt es ein Antielektron (besser bekannt als Positron), zu jedem Neutrino gibt es ein entsprechendes Antineutrino und so weiter. Ein Sonderfall ist das Photon, das „Lichtteilchen". Dieses ist sein eigenes Antiteilchen. Das Universum besteht praktisch nur aus Materie. Antimaterie kommt im Universum so gut wie nicht vor. Das ist ganz gut so, denn wenn Materie und Antimaterie zusammentreffen, dann vernichten sie sich sofort gegenseitig und wandeln sich in Energie um; aus unserer aktuellen Sicht ein sehr gefährlicher Umstand. Andererseits könnte sie als gewaltige Energiequelle dienen, was für interstellare Raumschiffe sicherlich vorteilhaft wäre.

Nun mag jemand einwenden, dass Antimaterie doch eher eine Frage der Physik und nicht der Chemie sei. Das ist nicht ganz falsch. Trotzdem lohnt es sich einmal, mit den Augen der Chemie auf das Thema zu blicken. Manche Dinge, die aus physikalischer Sicht eindeutig erscheinen, relativieren sich dann nämlich.

---

[13] Man sollte allerdings nicht beide Elemente gleichzeitig zusetzen. Phosphor bewirkt in Silizium eine sogenannte n-Dotierung. Dabei tragen zusätzliche Elektronen, die durch den Phosphor eingebracht wurden, zur Leitfähigkeit bei. Aluminium führt zu einer p-Dotierung. Dabei bewirkt gewissermaßen das Fehlen eines Elektrons die Erhöhung der Leitfähigkeit. Statt eines Elektrons wird beim Stromleiten gewissermaßen die (Loch genannte) Elektronenlücke transportiert. Gibt man beide Elemente zu Silizium dazu, dann heben sich die beiden Effekte gegenseitig wieder auf. Das zusätzliche Elektron des Phosphors füllt die vom Aluminium verursachte Lücke.

In der 19. Episode der 1. TNG-Staffel, „*Prüfungen*", erhalten wir Einblick in eine Aufnahmeprüfung zur Sternenflottenakademie. Eine der Fragen, die den Bewerbern dort gestellt wird, handelt vom richtigen Mischungsverhältnis zwischen Materie und Antimaterie im Antrieb eines Raumschiffs. Dabei werden Parameter wie der Schiffstyp, die Weite der Reise und die Größe der Tanks angegeben. Die Antwort ist schließlich: eins zu eins. Denn die Menge an Materie, die von Antimaterie umgesetzt wird, ist genau gleich der Menge an Antimaterie. Die Aufgabe mit ihren detaillierten Angaben war eine Fangfrage. Es muss immer auf dieses Mischungsverhältnis hinauslaufen. Es ist dabei egal, um welchen Schiffstyp es sich handelt, wie weit die Reise geht oder wie voll die Tanks sind. Die Physik gibt da eine klare Antwort. Die Chemie sagt dagegen: Ganz so einfach ist es unter Umständen nicht.

Um das Problem zu verstehen, lohnt es sich ein bisschen, die chemischen Grundlagen der Verbrennung zu betrachten. Die Verbrennung von Kohlenwasserstoffen stellt heutzutage immer noch das Rückgrat der Energietechnik dar. Genauso wie es in einigen Jahrhunderten vielleicht Antimateriereaktionen sein werden. Nehmen wir als einfaches Beispiel einmal die Verbrennung von Erd- oder Biogas. Deren Hauptbestandteil ist Methan und wir tun jetzt einfach mal so, als bestünde unser Brennstoff nur aus Methan. Die Verbrennung läuft dann gemäß folgender chemischer Reaktionsgleichung ab:

$$CH_4 + 2\,O_2 \rightarrow CO_2 + 2\,H_2O$$

Jedes Methanmolekül wird mit zwei Sauerstoffmolekülen zu einem Kohlenstoffdioxidmolekül und zwei Wassermolekülen umgesetzt. Dieses Zahlenverhältnis bezeichnet man als Stöchiometrie der Reaktion. Das stöchiometrische Mischungsverhältnis zwischen Methan und Sauerstoff ist demnach eins zu zwei. Es braucht immer exakt doppelt so viel Sauerstoff wie Methan. In der Praxis verbrennt man Brennstoffe selten in reinem Sauerstoff, sondern verwendet Luft. Das ist billiger und praktischer. Trockene Luft besteht zu etwa 21 % aus Sauerstoff. In der Realität ist Luft selten wirklich trocken. Es ist immer etwas Wasserdampf vorhanden. Dieser Wasseranteil ist allerdings nicht konstant, sondern unterliegt gewissen Schwankungen. Gerade bei hohen Temperaturen kann er jedoch recht hoch werden. In der Folge sind die Anteile der anderen Gase an der Luft geringer. Wir wollen jetzt einfach mal so tun, als bestünde die Luft zu 20 % aus Sauerstoff. Zum einen tragen wir damit dem Umstand Rechnung, dass in der realen Luft Wasserdampf vorliegt. Zum anderen lässt es sich so deutlich einfacher rechnen (20 % Sauerstoffanteil entspräche genau einem Fünftel der gesamten

Luftmenge). Wenn man pro Liter Methan zwei Liter Sauerstoff braucht[14], dann braucht man zwei mal fünf, also zehn Liter Luft. Dieses Verhältnis ist damit das stöchiometrische Mischungsverhältnis. Es entspricht gewissermaßen unserem Eins-zu-Eins-Mischungsverhältnis von Materie und Antimaterie.

Technische Verbrennungsprozesse werden indes fast nie mit einem stöchiometrischen Mischungsverhältnis realisiert. Stattdessen wird in der Regel ein deutlicher Luftüberschuss verwendet. Man spricht von magerer Verbrennung. Der Luftüberschuss wird durch die Luftzahl Lambda beschrieben. Diese gibt das Verhältnis von tatsächlicher Luftmenge zur stöchiometrisch benötigten Luftmenge an. Mischt man Luft und Brennstoff genau im stöchiometrisch richtigen Verhältnis, dann ist Lambda gleich eins. Verbrennt man ein mageres Gemisch, also mit einem Luftüberschuss, dann ist Lambda größer eins. Bei einem fetten Gemisch, was einem Luftmangel entspräche, wäre Lambda kleiner eins. Doch warum setzt man in der Praxis fast immer magere Gemische ein? Was ist der Grund für den Luftüberschuss?

Bei der Verbrennung eines Kohlenwasserstoffs wird dieser mit Sauerstoff zu Kohlenstoffdioxid und Wasser umgesetzt. Zumindest im Fall vollständiger Verbrennung. In der Realität läuft die Reaktion nicht vollständig ab. Das Produkt ist deshalb nicht einfach nur eine Mischung aus Kohlenstoffdioxid und Wasser (plus Stickstoff, der in Luft in großen Mengen vorhanden ist, aber an der Reaktion nicht teilnimmt). Die Produktmischung enthält daneben auch Reste des nicht umgesetzten Brennstoffs sowie Sauerstoff, der diese Reste eben nicht oxidiert hat. Selbst diejenigen Teile des Brennstoffs, die oxidiert wurden, sind nicht unbedingt vollständig oxidiert. Bei der vollständigen Oxidation nimmt jedes Kohlenstoffatom zwei Sauerstoffatome auf. Es entsteht Kohlenstoffdioxid (CO_2). Bei einer teilweisen Oxidation nimmt das Kohlenstoffatom nur ein Sauerstoffatom auf. Es entsteht Kohlenstoffmonoxid (CO).

Eine solche unvollständige Verbrennung ist unerwünscht. Zum einen wird der Energieinhalt des Brennstoffs nicht vollständig ausgenutzt. Zum anderen sind Kohlenstoffmonoxid und Methan noch deutlich stärkere Treibhausgase als Kohlenstoffdioxid. Zum dritten ist Kohlenstoffmonoxid giftig. Es ist deshalb wichtig, eine möglichst vollständige Verbrennung zu erreichen. Eine Möglichkeit, die man dazu hat, ist ein Luftüberschuss. Wird die Luftzahl Lambda über den Wert von eins erhöht, dann steht für jedes Kohlenstoffatom des Brennstoffs nicht nur

---

[14] Genau genommen gibt uns die Stöchiometrie die Molverhältnisse, also das Verhältnis der Molekülzahlen der einzelnen Stoffe, an. Wenn wir die Stoffe aber als ideale Gase betrachten, was hier eine vernünftige Annahme ist, dann gilt, dass bei gleicher Temperatur und gleichem Druck gleiche Volumina auch die gleiche Anzahl an Molekülen enthalten. Wir können deshalb ohne Weiteres Molverhältnis durch Volumenverhältnis ersetzen.

ein Sauerstoffmolekül zur Verfügung, sondern mehrere. Die Wahrscheinlichkeit, dass das Kohlenstoffatom nicht oder nur teilweise oxidiert wird, sinkt dadurch. Dadurch wird eine vollständigere Verbrennung erreicht. Durch die Verwendung des Luftüberschusses kommt es gleichzeitig dazu, dass der Sauerstoff nicht vollständig umgesetzt wird. Im Grunde genommen ist das aber mehr oder minder egal. Die Luft wurde einfach aus der Umgebung entnommen und wird wieder an diese zurückgegeben. So sehr die Freisetzung von Kohlenstoffdioxid in die Luft ein Problem sein mag, so irrelevant ist das Ansaugen und wieder Ablassen von Luft. Als Nachteil eines hohen Luftüberschusses ergibt sich lediglich, dass der zusätzliche Sauerstoff (und mit ihm der begleitende Stickstoff) aufgewärmt werden muss. Dadurch wird die Energieausnutzung unter Umständen etwas geschmälert. Das ist aber ein geringer Preis dafür, dass man dadurch eine unvollständige Verbrennung vermeidet.

Nun zurück zum Mischungsverhältnis von Materie und Antimaterie. Um in den Begriffen der Verbrennung zu sprechen, stellt die Antimaterie den Brennstoff dar. Die Materie entspricht dem Oxidator, sprich: dem Sauerstoff. Lässt man eine größere Menge Antimaterie auf Materie treffen, dann gilt es, das Analogon zu einer unvollständigen Verbrennung zu vermeiden. Die gegenseitige Auslöschung von Materie und Antimaterie verläuft, anders als die Verbrennung, nicht als chemische Reaktion. Chemische Reaktionen brauchen Zeit. Das ist einer der Gründe, die zur unvollständigen Verbrennung führen. Bei der Reaktion von Materie und Antimaterie gibt es diese Beschränkung so nicht. Ein anderer Effekt sollte jedoch bedacht werden. Bei der Reaktion wird viel Energie frei. Das gilt für die Verbrennung und noch viel mehr für die Materie-Antimaterie-Auslöschung. Dadurch drängt die Mischung auseinander. Im Extremfall kommt es zur Explosion. Gelingt es das Ganze zu kontrollieren, dann fliegt einem zwar nicht zwingend gleich alles um die Ohren, die freiwerdende Energie trägt aber trotzdem dazu bei, dass die Abstände zwischen den Teilchen größer werden. Dadurch wird deren Begegnung unwahrscheinlicher. Im Fall der Verbrennung trägt das zu unvollständiger Verbrennung bei. Im Fall der Materie-Antimaterie-Reaktion führt es dazu, dass nicht alle Antimaterieteilchen durch Materieteilchen neutralisiert werden. Selbst wenn es gelingt, die Strahlen von Materie und Antimaterie durch irgendwelche Kraftfelder so zusammenzudrücken, dass sie sich nicht ausdehnen, wird trotzdem nicht jedes Antimaterieteilchen zwingend mit einem Materieteilchen kollidieren. Ein Teil der Antimaterie wird deshalb nicht neutralisiert.

Der Umstand, dass deshalb eine Art „Abgas" entsteht, in dem sich nichtumgesetzte Materie befindet, ist erstmal wenig problematisch. Der Umstand, dass ein Abgas mit nichtumgesetzter Antimaterie entsteht, kann sich dagegen zu einem ernsthaften Problem entwickeln. Physikalisch mag es deshalb erstmal absolut richtig sein, dass das Verhältnis von Materie zu Antimaterie eins zu eins sein muss. Technisch ist es dagegen nicht ganz so einfach. Um die entsprechenden Probleme zu lösen, könnte es eine Option sein, sich an der Chemie zu orientieren und analog zum Luftüberschuss bei der Verbrennung einen Materieüberschuss in den Antimaterieenergiesystemen einzusetzen. Andernfalls besteht das Risiko, dass nichtumgesetzte Antimaterie übrigbleibt. Diese wird sich in der Folge zwar mit Materie gegenseitig auslöschen. Das geschieht dann aber nicht im Inneren der Reaktionskammer, wo es eigentlich passieren soll. Stattdessen sind unkontrollierte Auslöschungen (mit entsprechenden Energiefreisetzungen) außerhalb des Reaktors zu befürchten. Dann ist es auch wieder egal, ob es um ein Schiff der Galaxy-Klasse geht, wie weit die Reise gehen soll und wie groß oder voll der Tank ist – das Schiff würde die unkontrollierte Energiefreisetzung sowieso wahrscheinlich nicht überleben. Wenn die Kandidaten für die Sternenflottenakademie also einen gewissen Materieüberschuss in der Prüfung angeben, dann sollte der Korrektor das eigentlich akzeptieren (zumindest so lange eine gute Begründung mit angegeben wird, was aufgrund des Zeitdrucks zugegebenermaßen eine Herausforderung wäre).

Besonders eindrucksvolle Chemikalien 6

6.1 Corbomit oder Kirks chemischer Lieblingsbluff

Wenn Captain Kirk in einer aussichtslosen strategischen Situation nicht mehr weiter weiß, dann versucht er gern mal das Spiel zu wechseln. Wenn er keinen vernünftigen nächsten Schachzug mehr parat hat, dann bedient er sich beim Poker. Sprich: Er blufft. Gleich zweimal bedient er sich dieses Tricks und behauptet, dass die Enterprise eine chemische Substanz namens Corbomit an Bord habe.

Was soll Corbomit sein? Der Begriff soll ganz offensichtlich ein chemischer Trivialname sein. Neben der Verwendung von Trivialnamen kann man chemische Stoffe systematisch benennen. Diese systematischen Namen haben den Vorteil, dass man die chemische Struktur des Stoffs kennt, sobald man den Namen hört oder liest. Selbst wenn man den Stoff eigentlich noch gar nicht kennt. Nehmen wir als Beispiel mal den Stoff 2-Isopropyl-5-methylcyclohexanol (Abb. 6.1). Der Name bedeutet, dass das Molekül zunächst einmal auf einem Cyclohexanmolekül basiert. Das sind sechs Kohlenstoffatome (der griechische Wortbestandteil „hex" bedeutet sechs), die eine Kette bilden. Diese Kette ist wiederum zu einem Ring geschlossen (darum „cyclo"). An diesem Cyclohexanmolekül befindet sich eine Hydroxylgruppe. Das sagt uns die Endung „ol". Außerdem befinden sich am Ring noch zwei weitere funktionelle Gruppen: eine Isopropylgruppe und eine Methylgruppe. Deren genaue Position im Molekül wird durch die Zahlen angegeben. Zur Zählung beginnt man bei der Hydroxylgruppe. Die Position am Cyclohexanring, an der diese angebracht ist, erhält die Nummer 1. Von dort ab zählt man die einzelnen Positionen im Uhrzeigersinn am Ring ab. Da die Isopropylgruppe sich gleich an der nächsten Position befindet, trägt sie die Nummer 2. An den nächsten beiden Positionen befindet sich nichts, sodass die Methylgruppe erst die

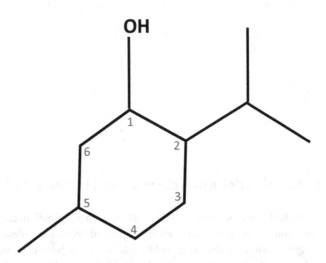

Abb. 6.1 Strukturformel von 2-Isopropyl-5-methylcyclohexanol (Menthol); an den End-punkten jeder Linie befindet sich, sofern dort keine andere Atomsorte eingetragen ist, jeweils ein Kohlenstoffatom plus genauso viele Wasserstoffatome, dass das Kohlenstoffatom mit genau vier Atomen verbunden ist; die Zahlen im Ring sind als Hilfe eingetragen, um das Abzählprinzip für die Bezeichnung der Positionen zu erklären

Nummer 5 erhält. An der letzten Position, Nummer 6, bei der man auf dem Ring wieder in direkter Nachbarschaft zur Hydroxylgruppe ist, befindet sich ebenfalls keine weitere funktionelle Gruppe mehr. Deshalb ist diese Nummer genau wie 3 und 4 nicht vergeben.

Diese Methodik der systematischen Namen ist sehr hilfreich. Chemiker müssen sich nicht ganz so viele Namen merken und man hat gleich für jede neuentdeckte Substanz einen Namen. Wirklich praktisch sind Namen wie 2-Isopropyl-5-methylcyclohexanol trotzdem nicht. Deswegen hat man für viele häufig verwendete Stoffe Kurznamen. Man spricht von den sogenannten Trivial-namen. Im Fall von 2-Isopropyl-5-methylcyclohexanol lässt sich die Substanz damit viel einfacher bezeichnen indem man einfach Menthol sagt. Wenn man nicht weiß, was Menthol ist, dann kann man aus dem Trivialnamen leider nichts über die chemische Natur ableiten. Man muss sich andererseits aber auch nur einen deutlich kürzeren Namen merken. Außerdem wird das gesamte Schreiben und Sprechen über chemische Stoffe deutlich vereinfacht.[1]

Captain Kirk gibt für Corbomit keinen systematischen Namen an, sondern verwendet nur den Trivialnamen. Aus gutem Grund: Er kennt ihn schließlich selbst nicht, denn Corbomit existiert überhaupt nicht. Den Stoff hat er sich nur ausgedacht. Das Ganze ist nämlich ein Bluff und er pokert in der Tat ziemlich hoch damit. Denn die Behauptungen, die er über das imaginäre Corbomit anstellt, sind sehr gewagt.

Schon in der ersten Staffel der Originalserie nutzt er seine Erfindung, um aus einer ausweglosen Situation zu entkommen. In der 3. Episode der 1. TOS-Staffel, „Pokerspiele", ist die Enterprise unwissentlich in das Gebiet der sogenannten Ersten Föderation eingedrungen. Besagte Erste Föderation ist wiederum wenig begeistert davon und droht nun das Sternenflottenraumschiff zu zerstören. Um sich auf den Tod vorzubereiten, erhält die Crew zehn Minuten Zeit. Als die Zeit voranschreitet und alle sonstigen Optionen ausgereizt sind, verlegt sich James Kirk aufs Bluffen. Und so behauptet er, dass die Enterprise eine Substanz namens Corbomit mitführe. Dieses Corbomit würde, sofern die Enterprise zerstört würde, die gleiche Menge an Energie freisetzen und so das angreifende Raumschiff ebenfalls zerstören. Balok, der Kommandant des Raumschiffs der Ersten Föderation, beißt offenbar an. Er ist zumindest soweit verunsichert, dass er erstmal von der Zerstörung der Enterprise absieht. Schließlich gelingt es Kirk, die Streitigkeiten friedlich beizulegen und sogar diplomatische Kontakte mit einem Austauschprogramm zu etablieren. Entscheidend war dafür zunächst einmal aber sein Bluff mit dem Corbomit.

Balok wusste natürlich nicht, ob Captain Kirk die Wahrheit sagt oder nur versucht, ihn zu täuschen. Doch hätte er es wissen können?

Es stellt sich die Frage, was passieren würde, wenn es Corbomit tatsächlich gäbe. Würde es genauso viel Energie freisetzen, wie zur Zerstörung der Enterprise eingesetzt wurde, dann fragt man sich immer noch, warum das die Fesarius (Baloks Schiff) mit zerstören sollte. Wie sollte Corbomit die Energie denn zielgerichtet wieder zur Fesarius zurückspiegeln? Die Energie würde sich wohl eher in Form einer Explosion gleichmäßig in alle Richtungen verteilen. Und selbst wenn die Energie komplett auf das angreifende Schiff träfe. Die Fesarius ist um

---

[1] Wer den systematischen Namen von Menthol schon lang findet (oder noch nicht lang genug), der sehe sich einmal den systematischen Namen von Penicillin F an: (2S,5R,6R)-6-[[(E)-hex-3-enoyl]amino]-3,3-dimethyl-7-oxo-4-thia-1-azabicyclo[3.2.0]heptan-2-carboxylsäure. Spätestens hier wird klar, warum Trivialnamen in der Chemie so wichtig sind. Und dabei ist das nur die Spitze des Eisbergs. Systematische Namen können, vor allem in der Biochemie, beliebig kompliziert werden.

ein Vielfaches größer als die Enterprise. Die Chancen sollten nicht so schlecht stehen, dass sie sehr viel mehr aushält. Hätte Balok etwas mehr über die Physik hinter Kirks Behauptung nachgedacht, dann hätte ihm auffallen können, dass es eine leere Drohung ist. In diesem Buch soll es aber nicht um Physik, sondern um Chemie gehen. Hätte etwas mehr chemisches Grundverständnis Balok ebenfalls dazu bringen können, den Bluff zu durchschauen?

Anscheinend ist Balok nicht mit dem Born-Haber-Zyklus vertraut (oder wie auch immer bei seinem Volk dieses grundlegende Naturgesetz der Chemie heißen mag). Dieses Prinzip wird normalerweise verwendet, um den Energieumsatz einzelner Reaktionsschritte zu bestimmen. So kompliziert müssen wir das hier gar nicht betrachten. Für uns ist lediglich eine wesentliche Grundannahme wichtig: Aus einer chemischen Reaktion kriegt man exakt genau so viel Energie heraus, wie man in ihre Umkehrung hineinstecken würde.

Stellen wir uns das an einem einfachen Beispiel vor, das in Abb. 6.2 veranschaulicht ist. Nehmen wir ein einfaches Alkan wie Hexan. Hexan lässt sich sehr gut verbrennen. Dabei reagiert es mit Sauerstoff und bildet Kohlenstoffdioxid und Wasser. Wie allgemein bekannt sein dürfte, ist Feuer heiß. In anderen Worten: Bei der Verbrennung wird Energie in Form von Wärme frei. Die Reaktion ist exotherm. Die Energiemenge, die bei der Reaktion frei wird, hängt von der konkreten

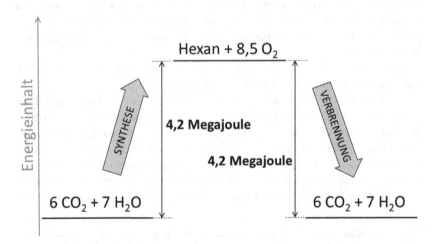

Abb. 6.2 Energieumsatz bei der Synthese von Hexan aus Kohlenstoffdioxid und Wasser und der anschließenden Verbrennung; der Energieumsatz von Hin- und Rückreaktion ist der gleiche (nur das Vorzeichen unterscheidet sich)

Reaktion ab. Verbrennt man 1 mol Hexan (das entspricht etwa 86 g), dann wird dabei eine Energiemenge von 4,2 Megajoule frei (das ist etwas mehr als eine Kilowattstunde). Als Produkte der Reaktion entstehen 6 mol Kohlenstoffdioxid und 7 mol Wasser.

Aus Kohlenstoffdioxid und Wasser lässt sich wieder Hexan und Sauerstoff gewinnen. Das ist nicht ganz einfach. Chemisch gesehen muss man dabei über sehr viele Schritte gehen. Pflanzen tun etwas Ähnliches. Sie wandeln in der Photosynthese Kohlenstoffdioxid und Wasser in Zucker und Sauerstoff um (was wiederum in sehr vielen Einzelschritten geschieht). Um das tun zu können, müssen sie der Reaktion Energie zuführen. Im Fall der Photosynthese geschieht das in Form von Licht. Ein Traubenzuckermolekül unterscheidet sich im Wesentlichen von einem Hexanmolekül darin, dass es sechs Sauerstoffatome enthält. In der Photosynthese wird also nicht der gesamte Sauerstoff vom Kohlenstoffdioxid entfernt. Um von Traubenzucker zu Hexan zu kommen, braucht man nochmal einiges an Energie. Summiert man die gesamte Energiemenge, die man netto hineinstecken muss, um 6 mol Kohlenstoffdioxid und 7 mol Wasser in 1 mol Hexan und 8,5 mol Sauerstoff umzuwandeln, dann kommt man auf 4,2 Megajoule. Exakt die gleiche Energiemenge, die bei der Verbrennung frei wurde.

Es spielt dabei überhaupt keine Rolle, welchen Weg man geht, um wieder zum Hexan zu gelangen. Man könnte über Traubenzucker gehen und den dann in Hexan umwandeln. Man könnte alternativ das Wasser durch Elektrolyse zu Wasserstoff und Sauerstoff spalten. Den Wasserstoff könnte man dann mit dem Kohlenstoffdioxid in einer unter dem Namen Fischer-Tropsch bekannten Reaktion weiter zu Hexan umsetzen. Außerdem entstünde eine Menge Wasser, das man der Elektrolyse wieder zuführen könnte. Eine weitere Variante könnte sein, dass man Wasser nicht durch Elektrolyse spaltet, sondern das thermisch macht. Dabei zersetzt man Wasser durch Wärmezufuhr bei sehr hohen Temperaturen. Letztlich ist es egal, wie man es macht, entscheidend für uns ist nur eines: Die gleiche Energiemenge, die man in der Verbrennung freisetzt, muss der Synthese zugeführt werden. Das bedeutet nicht, dass bei keinem der Syntheseschritte Wärme freigesetzt werden könnte. Die Fischer-Tropsch-Reaktion ist beispielsweise recht exotherm. Es wird also Wärme frei. Die Wärme, die beispielsweise in die thermische Wasserspaltung gesteckt werden muss, kompensiert das aber wieder. Die Nettowärmezufuhr ist die gleiche. Diese Unabhängigkeit des Energieumsatzes vom Reaktionsweg ist als Satz von Hess bekannt. Am Ende sind es bei unserem Hexanzyklus immer 4,2 Megajoule an Wärme, die bei der Synthese netto zugeführt werden müssen. Und es sind 4,2 Megajoule, die bei der Verbrennung frei werden.

Ein Stoff wie das imaginäre Corbomit würde sicher nicht einfach verbrennen. Zumindest nicht mit elementarem Sauerstoff. Das wäre viel zu langsam, um ein angreifendes Schiff mit zu zerstören. Um explosionsartig zu reagieren, ist bei Sprengstoffen der Sauerstoff direkt im Sprengstoff enthalten. Im Fall von TNT (Trinitrotoluol) sind es die drei Nitrogruppen, die Sauerstoff unmittelbar für die Reaktion zur Verfügung stellen. Im Fall von klassischem Schießpulver, das Captain Kirk im Kampf gegen den Gorn in der 19. Episode der 1. TOS-Staffel, *„Ganz neue Dimensionen"*, zusammenmixt, ist es der Salpeter. Salpeter ist chemisch letztlich nichts anderes als ein Nitratsalz. Sowohl die Nitrogruppe in einem organischen Molekül als auch das Nitration in einem anorganischen Salz, sind eine Verbindung aus Sauerstoff und Stickstoff. Diese ist recht instabil. Zersetzt sie sich, dann stellt sie Sauerstoff zur Verfügung. Geschieht das im Inneren des Brennstoffs, dann muss kein Sauerstoff langwierig von außen herantransportiert werden. Die Reaktion kann deshalb schlagartig ablaufen und eine Explosion verursachen. Ähnlich müsste es bei Corbomit sein. Denn würde die Reaktion langsam ablaufen, dann könnte die dabei freiwerdende Energie kaum das angreifende Schiff zerstören.

Was Corbomit chemisch genau sein soll und welche Reaktion es ausführen soll, das bleibt offen. Vermutlich hat nicht mal Captain Kirk eine Vorstellung davon. Der eigentliche Schwachpunkt an Kirks Bluff ist indes ohnehin die Sache mit der Energiebilanz. Für jedes Megajoule, das man in die Synthese steckt, kriegt man ein Megajoule in der Rückreaktion heraus. Das passt doch perfekt zu Kirks Behauptung, dass Corbomit genau die gleiche Menge an Energie freisetzen würde, die zur Zerstörung der Enterprise aufgewandt wurde. Oder etwa nicht?

Es würde dann funktionieren, wenn sich Corbomit beim feindlichen Beschuss bilden würde. Dazu müsste die gesamte Energie des Angriffs absorbiert und Corbomit damit gebildet werden. Alternativ könnte Corbomit auch durch die Energie des Angriffs zersetzt werden. Das hängt allein davon ab, welche Reaktion Energie aufnimmt und welche Energie abgibt. Die Bildung von Corbomit oder seine Zersetzung? Die energieaufnehmende (endotherme) Reaktion muss als erstes ablaufen. Als zweites muss die Reaktion wieder rückwärts ablaufen, um die Energie freizusetzen. Tun wir einfach mal so, als würde sich Corbomit beim Absorbieren der Energie zersetzen und bei der Wiederfreisetzung neu bilden. Andersherum würde die Argumentation aber letztlich genauso funktionieren.

Zunächst einmal gibt es eine Obergrenze an Energie, die vom Corbomit aufgenommen werden könnte. Die Zersetzung bedarf einer gewissen Energiemenge. Das ist im Wesentlichen die Reaktionsenthalpie. Also der Unterschied im Energieniveau zwischen Corbomit und seinen Zersetzungsprodukten. Dazu kommt eventuell nochmal etwas Energie, um das Corbomit auf Reaktionstemperatur zu bringen. Die Erwärmung kostet schließlich ebenfalls Energie. Je mehr Energie zugeführt wird, desto mehr Corbomit kann zersetzt werden. Vereinfacht gesagt bedeutet die doppelte Menge an Energie die doppelte Menge an Corbomit. Die maximal absorbierbare Energiemenge ist damit durch die Menge an Corbomit vorgegeben. Kirks Behauptung, dass das Corbomit sämtliche vom Gegner eingesetzte Energie des Angriffs absorbieren und wieder freisetzen würde, steht demnach auf wackligen Beinen. Sie mag stimmen. Allerdings nur bis zu einem gewissen Punkt, der von der Menge an eingelagertem Corbomit vorgegeben wird. Für das 23. Jahrhundert scheint das jedoch sehr fraglich. Man bedenke nur, dass in der Zukunft Antimateriewaffen wie Photonentorpedos von Raumschiffen eingesetzt werden. Die dabei freiwerdenden Energiemengen sind gewaltig. Man bräuchte deshalb eine riesige Menge an Corbomit. Es klingt bei Kirk zwar so, als wäre die Corbomitvorrichtung ein kleines Gerät, das irgendwo auf dem Schiff versteckt ist. Tatsächlich müsste eher das halbe Raumschiff aus Corbomit bestehen.[2]

An dieser Stelle könnte jetzt jemand einwenden, dass die Reaktion des Corbomit gar nicht zwingend in zwei Schritten ablaufen müsste. Corbomit könnte sich doch einfach zu irgendwelchen anderen Stoffen zersetzen – ohne wieder in seinen Ausgangszustand zurückzukehren. So wie sich TNT beispielsweise in Stickstoff, Wasserstoff, Kohlenstoffmonoxid und Kohlenstoff zersetzt. Tatsächlich wäre das sogar viel plausibler. Es würde jedoch nicht zu Captain Kirks Behauptung passen. Ein Explosivstoff explodiert oder er explodiert nicht. Ein bisschen explodieren funktioniert nicht so richtig gut. Genau hier liegt der entscheidende Unterschied.

Ein klassischer Explosivstoff ließe sich durch feindlichen Beschuss zweifelsohne zünden. Soweit würde das zu Captain Kirks Behauptung passen. Hat die Zersetzung eines Sprengstoffs erst einmal begonnen, dann gibt es allerdings kein Halten mehr. Um die Explosion auszulösen, muss man von außen Energie zuführen. Dieser Zündfunke setzt eine Kettenreaktion in Gang. Chemische Reaktionen laufen ab und setzen Energie frei. Sehr viel Energie! Diese Energie zündet die restlichen Teile des Sprengstoffs. Die Stärke einer Explosion hängt nur von der Menge des Sprengstoffs ab. Die Größe des Zündfunkens spielt keine Rolle. Ist die zugeführte Energiemenge zu klein, dann kommt es nicht zur Zündung.

---

[2] Die Menge an Corbomit könnte deutlich kleiner sein, wenn es sich um eine kernchemische, also nukleare Reaktion handelt. Dann könnte man mit deutlich weniger Material sehr viel mehr Energie bereitstellen. Abgesehen davon, dass Kirks Formulierung aber eher nach einer klassischen chemischen Reaktion klingt, würden die angestellten Überlegungen letztlich genauso gelten.

Sobald die zugeführte Energiemenge groß genug ist, kommt es zur Zündung. Ein größerer Zündfunken führt dann aber zu keiner stärkeren Explosion.[3]

Soll Corbomit genauso viel Energie freisetzen, wie bei der Zerstörung des Raumschiffs eingesetzt wurde, dann kann dabei nicht einfach nur eine exotherme Reaktion ablaufen. Eine solche Reaktion würde nicht einfach stoppen, wenn das Maß der zugeführten Energie erreicht ist. Corbomit müsste also tatsächlich erst durch eine endotherme Reaktion die Energie absorbieren. Diese Reaktion müsste dann in einem zweiten Schritt wieder rückwärts ablaufen. Dabei würde wieder die vorher absorbierte Energiemenge frei. Anders wäre die von Captain Kirk skizzierte Wirkung von Corbomit nicht zu erklären.

Wenn sich Corbomit jedoch so einfach schlagartig zersetzen lässt, dann stellt sich die Frage, warum es anschließend sofort wieder schlagartig aus seinen Zersetzungsprodukten gebildet werden sollte? Es ist durchaus möglich, dass Reaktionen vorwärts und rückwärts ablaufen. Das ist chemisch eigentlich eher die Regel als die Ausnahme. Die Richtung, in die eine Reaktion abläuft, hängt allerdings von den jeweils herrschenden Bedingungen ab. In der Praxis sind das meist die Höhe der Temperatur und des Drucks. Herrschen Bedingungen, die zur Zersetzung von Corbomit führen, dann sollte die Rückreaktion nicht unmittelbar im Anschluss ablaufen. Würde die Rückreaktion stark verzögert ablaufen, dann wäre die Drohung mit der Corbomitvorrichtung indes ziemlich schwach. Der Angreifer könnte sich rechtzeitig entfernen.

Hätte Kirk also einfach behauptet, dass Corbomit bei der Zerstörung des Schiffs eine gewaltige Explosion auslöst, dann wäre das deutlich plausibler gewesen. Nur schien ihm dieser Bluff wohl nicht bedrohlich genug. Deshalb wollte er anscheinend noch einen draufsetzen, um Balok wirklich zu verunsichern. Er hatte Glück, dass Balok offenbar im Chemieunterricht nicht wirklich gut aufgepasst hat. Aber so wie es aussieht, wollte Balok fast schon getäuscht werden. Wie sich am Ende herausstellt, ist er doch ein recht freundlicher Zeitgenosse und nicht wirklich auf Zerstörung aus.

Nach diesem Zwischenfall scheint James T. Kirk über die Sache mit dem Corbomit nochmal etwas gründlicher nachgedacht zu haben. Dabei sind ihm offenbar seine Fehler aufgefallen. Die grundsätzliche Idee scheint es ihm trotzdem angetan zu haben, zumindest als Ausweg in ansonsten ausweglosen Situationen.

Schon in der zweiten Staffel der Serie greift er wieder darauf zurück. In der 11. Episode der 2. TOS-Staffel, *„Wie schnell die Zeit vergeht"*, hat er seinen

---

[3] Eine weitere Frage, die sich stellt, ist, wie das Corbomit eigentlich zwischen einem Angriff und beispielsweise einem Ionensturm unterscheiden kann? Hätte die Enterprise wirklich einen Stoff wie Corbomit dabei (oder würde sogar zu großen Teilen daraus bestehen), dann würde sie ständig in der Gefahr schweben, sich aus Versehen selbst zu zerstören.

Bluff nur etwas überarbeitet. Aufgrund einer bis dahin unbekannten Krankheit altert die Crew der Enterprise rasend schnell. Infolgedessen übernimmt Commodore Stocker das Kommando der Enterprise. Er mag zwar ranghöher sein als Captain Kirk. An Kompetenz reicht er hingegen nicht annähernd an den wahren Captain heran. Seine Unerfahrenheit im Führen von Raumschiffen veranlasst ihn schließlich dazu, den kürzesten Weg zu nehmen: Durch die Neutrale Zone. Das ist bekanntlich keine gute Idee. Im Handumdrehen sind die Romulaner da. Die Romulaner sind natürlich gar nicht begeistert. Die Folge ist absehbar: Sie wollen die Enterprise zerstören.

Zum Glück kehrt Captain Kirk (mittlerweile genesen) gerade noch rechtzeitig auf die Brücke zurück, um die Lage zu retten. Und er greift auf seinen alten Trick zurück. Nur ist der mittlerweile etwas ausgefeilter. Er befiehlt einen Funkspruch an das Kommando der Sternenflotte abzuschicken. Verschlüsselt, doch mit einem Code, von dem er weiß, dass die Romulaner ihn längst geknackt haben. In diesem Funkspruch behauptet er, dass er sich gezwungen sähe, die Enterprise und die romulanischen Angreifer zu zerstören. Und zwar mithilfe der neuartigen Corbomitvorrichtung. Er hat zwar offensichtlich immer noch keine Ahnung, welcher Stoff eine solche Explosion auslösen und welche Reaktion die entsprechende Energie liefern soll. Die Romulaner unterhalten allerdings offenbar keine diplomatischen Beziehungen zur Ersten Föderation und hören so zum ersten Mal von Corbomit. Wenn sie sich einfach mal hingesetzt und durchgerechnet hätten, wieviel Energie ein chemischer Stoff maximal freisetzen kann, dann hätten sie darauf kommen können, dass ihnen bei den Distanzen zwischen Raumschiffen im Weltall keine Gefahr droht. Nur hören sie gerade zum ersten Mal von Corbomit und müssen schnell entscheiden. Das Risiko wollen sie dann doch lieber nicht eingehen und ziehen sich zurück.

Ob James Kirk (oder ein anderer Captain der Sternenflotte) noch öfter auf den Trick mit dem Corbomit zurückgegriffen hat (beziehungsweise zurückgreifen wird), ist nicht bekannt. Wahrscheinlich ist es aber bei diesen beiden Malen geblieben. Allzu oft sollte man sich eben doch nicht darauf verlassen, dass der Gegner im Chemieunterricht nicht richtig aufgepasst hat.

6.2 Das Molekül der Moleküle

Selbst die Borg kennen so etwas wie Sehnsucht. Für ihr kollektives Bewusstsein gibt es eine Sache, die für sie absolute Perfektion bedeutet. Und Perfektion ist für die Borg alles. Deshalb erobern sie nicht nur fremde Zivilisationen. Sie zwingen sie sogar so in ihr Kollektiv, dass deren Verstand Teil ihres gemeinsamen Geistes wird. Alles nur, um alles von ihnen zu lernen. Sie haben nur eine Motivation dabei: Sie wollen noch besser werden. Sie wollen noch näher an die absolute Perfektion gelangen. Es gibt eine Sache, die für sie all das ausdrückt, wonach sie streben, weswegen sie erobern und assimilieren. Die Manifestation der absoluten Perfektion bei größter Komplexität. Diese großartigste Sache, die sich die Borg vorstellen können, ist nichts anderes als ein Molekül. Das Omega-Molekül.

In der 21. Episode der 4. VOY-Staffel, *„Die Omega-Direktive"*, erfahren Fans von Star Trek, was selbst die meisten Sternenflottenoffiziere nicht wissen. Über hundert Jahre zuvor hat die Föderation an einem Molekül geforscht, das eine unerschöpfliche Energiequelle darstellen sollte. Es gab nur ein Problem: Das Molekül war instabil. Es zerfiel und setzte dabei unglaublich viel Energie frei. Die Energiemenge war nicht nur so groß, dass die beteiligten Wissenschaftler ums Leben kamen. In einem ganzen Raumsektor wurde in der Folge der Subraum zerstört. Selbst ein Jahrhundert später kann dort noch immer kein Raumschiff mit Warpantrieb fliegen. Dieses gefährliche Wissen wurde strengster Geheimhaltung unterworfen. Sternenflottenoffiziere erfahren erst bei ihrer Beförderung zum Captain davon. Die dazugehörige, streng geheime Vorschrift trägt den Namen dieses Moleküls: Die Omega-Direktive. Benannt nach dem letzten Buchstaben des griechischen Alphabets.

Was für eine Chemikalie ist dieses Omega-Molekül? Wie kann ein einzelnes Molekül so viel Energie wie ein Warpkern enthalten? Und wie kann es den Subraum eines ganzen Sektors oder sogar Quadranten zerstören?

Fangen wir einmal mit der Frage an, was das Omega-Molekül eigentlich ist. Viel erfahren wir nicht. Captain Janeway zeigt allerdings einmal ein Bild davon. Ein zugegebenermaßen etwas verschwommenes Bild. Aus Sicht der Macher der Episode ist diese unscharfe Darstellung durchaus nachvollziehbar. Denn immerhin wissen sie selbst nicht genau, wie ein Omega-Molekül genau aussehen soll. Da ist ein nicht ganz scharfes Bild durchaus hilfreich. Aus chemischer Sicht sind unscharfe Bilder von Molekülen andererseits nicht nur ärgerlich. Schließlich würden wir gern wissen, wie dieses Super-Molekül genau aussieht. Es ist außerdem sehr ungewöhnlich, dass das Bild eines Moleküls unscharf ist. Denn Moleküle werden nicht fotografiert, sondern gezeichnet. Wir hatten in einem der vorherigen Kapitel bereits gesehen, warum es nicht so einfach ist, eine Photographie von einem Molekül aufzunehmen, auf der man die einzelnen Atome genau erkennen kann. Aus diesem Grund sind Abbildungen von Molekülen immer Zeichnungen. Im Grunde genommen sogar sehr einfache Zeichnungen. Moleküle werden als einfache Strichzeichnungen dargestellt. Die Striche bezeichnen dabei nicht die Atome, sondern die Bindungen zwischen ihnen. An das Ende eines jeden

Strichs muss man sich – sofern nichts anderes angegeben ist – ein Kohlenstoffatom denken. Um die Übersichtlichkeit zu wahren, werden Wasserstoffatome und die Bindungen zu ihnen in der Regel ausgelassen. Alle anderen Atome werden durch das zugehörige Elementsymbol dargestellt. Also zum Beispiel Cl für Chlor, N für Stickstoff oder S für Schwefel. Das Bild aus der Sternenflottendatenbank, das Kathryn Janeway ihren Führungsoffizieren zeigt, ist dagegen ein etwas unscharfes Bild einer kugelförmigen Struktur, in deren Mitte sich zusätzlich noch etwas zu befinden scheint.

Kugelförmige Moleküle sind durchaus bekannt. Und sie scheinen selbst in jüngerer Zeit schon Menschen zu faszinieren. Im Jahr 1996 gab es den Nobelpreis für Chemie für deren Entdeckung. Keine zwei Jahre später wurde besagte Voyager Episode „Die Omega-Direktive" gedreht. Der Umstand, dass es für die Entdeckung dieser Kugelmoleküle sogar einen Nobelpreis gab, deutet an, dass sie für die irdische Wissenschaft des späten 20. Jahrhunderts eine ähnliche Bedeutung hatten wie das Omega-Molekül für die Borg. Sie erhielten aber nicht den Namen Omega-Moleküle, sondern wurden Fullerene genannt.[4]

Fullerene sind eine Modifikation des Kohlenstoffs. Kohlenstoff tritt bekanntlich in verschiedenen Formen auf. Das gilt nicht nur für die vielen chemischen Verbindungen, die er mit anderen Stoffen eingeht. Selbst elementarer Kohlenstoff existiert in verschiedenen Formen, Modifikationen genannt. Die beiden wichtigsten und bekanntesten sind Diamant und Graphit. Beide Materialien bestehen einzig und allein aus Kohlenstoff. Eines davon ist kristallklar und unheimlich hart. Das andere ist schwarz und ziemlich weich. Der Unterschied liegt allein in der chemischen Bindung. Im Diamanten ist jedes Kohlenstoffatom mit vier anderen Kohlenstoffatomen verbunden. Die vier Bindungen sind so ausgerichtet, dass sie jeweils den maximalen Abstand voneinander einnehmen. So ergibt sich eine als Tetraeder bekannte Struktur. Eine Bindung zeigt nach oben. Eine zeigt vorne schräg nach unten. Eine zeigt, leicht nach hinten gekrümmt, links schräg nach unten. Und eine zeigt, leicht nach hinten gekrümmt, rechts schräg nach unten. Je nachdem wie man darauf sieht, kann jede der vier Bindungen jede der beschriebenen Bindungen sein. Die anderen Bindungen sind dann trotzdem genauso angeordnet. Diese perfekte Struktur mit genau ausgerichteten Bindungen macht Diamant so hart.

Im Graphit hingegen ist jedes Kohlenstoffatom nur mit drei anderen Kohlenstoffatomen verbunden. In einer Ebene liegend ergibt sich ein Winkel von

---

[4] Benannt sind die Fullerene nicht nach einem ihrer Entdecker, sondern nach einem Architekten: Richard Buckminster Fuller. In dessen Architektur spielten geodätische Kuppeln eine große Rolle, die ein bisschen wie riesige Fullerenmoleküle aussehen.

genau 120 Grad zwischen den Bindungen. Blickt man von oben auf die Ebene, dann hat man ein Muster aus zusammenhängenden, regelmäßigen Sechsecken vor sich. Jede dieser Ebenen ist ebenfalls wieder sehr stabil. Das gilt aber nur für den Zusammenhalt innerhalb einer Ebene. Zwischen den Ebenen besteht keine direkte Bindung. Das bedeutet allerdings nicht, dass die einzelnen Ebenen im Graphit überhaupt nicht verbunden wären. Vereinfacht gesagt ist eine der vier Bindungen des Kohlenstoffs noch übrig. Drei davon bestehen, ganz ähnlich zu den vier Verbindungen im Diamant, zu Nachbarkohlenstoffatomen. Die vierte ist dagegen nicht direkt zu einem einzelnen anderen Atom ausgerichtet. Die Elektronen, welche die vierte Bindung darstellen sollten, wirken zwischen den einzelnen Ebenen. Dadurch, dass die Elektronen nicht in einer sogenannten Sigma-Bindung zwischen zwei Atomen fixiert sind, können sie sich relativ frei bewegen. Diese Elektronen bilden ein sogenanntes Pi-System. Daher rührt die gute elektrische Leitfähigkeit von Graphit. Diese Elektronen bewirken zusätzlich einen gewissen Zusammenhalt zwischen den einzelnen Lagen der Kohlenstoffebenen. Deswegen fallen die einzelnen Ebenen des Graphits nicht einfach auseinander.

Isoliert man einzelne Kohlenstofflagen aus dem Graphit, so erhält man eine weitere Kohlenstoffmodifikation, die man Graphen nennt. Ausgehend von Graphen lassen sich gedanklich weitere Modifikationen ableiten. Stellen wir uns eine Lage aus Graphen vor und rollen diese auf. Das tun wir nicht so, dass wir sie wie einen Teppich aufrollen. Wir bilden also keine Spirale. Stattdessen verknüpfen wir sie wieder, sodass eine Röhre entsteht. Diese Modifikation bezeichnet man als Kohlenstoffnanoröhren. Kohlenstoffnanoröhren wurden kurz nach den Fullerenen entdeckt und haben schnell großes Interesse auf sich gezogen. So wurden sie unter anderem als Speichermaterial für Wasserstoff vorgeschlagen. An der großen Oberfläche der Kohlenstoffnanoröhren sollten sich Wasserstoffmoleküle anlagern. Dieser Vorgang wird als Adsorption bezeichnet (mit „d", nicht mit „b"). Nach einer vielversprechenden ersten Veröffentlichung dazu Ende der 1990er-Jahre nahmen sich verschiedene Forschergruppen des Themas an. Sie publizierten dann teilweise sogar Messergebnisse mit noch höheren Aufnahmekapazitäten. In den folgenden Jahren wurden die gemessenen Wasserstoffaufnahmekapazitäten, die veröffentlicht wurden, aber immer kleiner. Um das Jahr 2010 herum war klar, dass die realistischen Aufnahmekapazitäten nur sehr klein sind. Die hohen Werte aus den älteren Veröffentlichungen basierten offenbar auf Messfehlern. Als Wasserstoffspeicher eignen sich Kohlenstoffnanoröhren wohl nicht.[5]

---

[5] Vergleiche hierzu: Chang Liu, Yong Chen, Cheng-Zhang Wu, Shi-Tao Xu, Hui-Ming Cheng, „Hydrogen storage in carbon nanotubes revisited", *Carbon*, 2010, 48, 2, 452–455.

Rollt man eine Graphenlage nicht einfach auf, sondern wölbt sie in allen Richtungen nach oben, dann ergibt sich eine Kugel. Das Resultat ist dann ein Fulleren. Technisch lassen sich Fullerene freilich so nicht herstellen. Die Kohlenstoffatome in Graphen sind ausschließlich zu regelmäßigen Sechsecken angeordnet. Diese Sechsecke sind planar. Das heißt, dass sich mit ihnen nur eine Ebene bilden lässt. Um eine Wölbung zu erhalten, braucht es zusätzlich noch Fünfecke. „Entrollt" man ein Fulleren gedanklich, dann erhält man ein Netz von Kohlenstoffatomen, das aus regelmäßigen Fünf- und Sechsecken besteht. Fullerene gibt es in unterschiedlicher Größe. Sie können zum Beispiel aus 60, 70, 76, 80, 82 oder sogar bis zu 94 Kohlenstoffatomen bestehen. Einer der bekanntesten Vertreter ist wahrscheinlich das Fulleren aus 60 Kohlenstoffatomen. Diese sind so in regelmäßigen Fünf- und Sechsecken angeordnet, dass das Molekül an einen Fußball erinnert.

Noch ein paar Details

Das Omega-Molekül in der Darstellung aus der Sternenflottendatenbank besteht nicht nur aus einer Kugel. Zusätzlich scheint sich noch etwas in seiner Mitte zu befinden. Das erinnert an eine kuriose Sonderform der Fullerene, die als endohedraler Komplex bezeichnet wird. Im Inneren einer Fullerenkugel können Atome anderer Elemente eingeschlossen sein. Diese sind nicht durch klassische chemische Verbindungen an die Kugelinnenseite gebunden. Festgehalten werden sie schlichtweg dadurch, dass das Fremdatom im Inneren eingesperrt ist. Auf diese Art lässt sich beispielsweise eine Art „Verbindung" der Edelgase Helium oder Neon erzeugen.

Dabei ist ein Helium- beziehungsweise Neonatom im Inneren eines Fullerens gefangen. Da es sich um keine konventionelle chemische Verbindung handelt, bedient man sich einer etwas improvisierten Schreibweise. Die entsprechenden endohedralen Komplexe werden als $He@C_{60}$ beziehungsweise $Ne@C_{60}$ geschrieben. Einen wirklichen praktischen Nutzen besitzen die endohedralen Komplexe wohl nicht. Eine gewisse wissenschaftliche Coolness hat diese chemische Spielerei aber trotzdem.◄

Wir sehen, dass kugelförmige Moleküle durchaus möglich sind. Soweit ist das Omega-Molekül also erstmal keine unrealistische Angelegenheit. Auch die Faszination der Borg dafür ist nichts völlig Abwegiges. Auf der Erde des 20. Jahrhunderts gab es eine ähnliche Faszination darüber, wie ein Nobelpreis aus der jüngeren Vergangenheit zeigt. Viel mehr wissen wir allerdings nicht über das Omega-Molekül. Wir erfahren noch, dass für die Herstellung ein Mineral namens

Boronit benötigt wird. Boronit sollte nicht mit Bornit verwechselt werden. Bornit ist ein auf der Erde recht häufig vorkommendes Mineral aus der Gruppe der Sulfide. Das bedeutet, dass es sich um ein Salz handelt, dessen Anion ein zweifach negativ geladenes Schwefelatom ist. Bornit verfügt jedoch nicht nur über ein einzelnes Kation, sondern enthält neben Kupfer noch ein bisschen Eisen. Dieses Bornit ist offensichtlich nicht weiter mit Boronit verwandt. Die in ihm enthaltenen drei Elemente sind alle nichts Besonderes. Wenn Eisen, Kupfer oder Schwefel überhaupt im Omega-Molekül vorkommen, dann könnte man diese genauso gut aus vielen anderen Quellen gewinnen.

Letztlich wissen wir über Boronit noch weniger als über das Omega-Molekül. Wir wissen nur eben, dass man es als Rohstoff für Omega-Moleküle braucht. Was sagt uns das über Boronit?

Zwei mögliche Erklärungen für die Rolle von Boronit bei der Omega-Synthese könnte es geben. Erklärung eins wäre, dass das Omega-Molekül ein (uns heute noch nicht bekanntes) Element enthält. Boronit wäre dann schlichtweg ein Erz, aus dem dieses Element gewonnen würde. Erklärung zwei wäre, dass Boronit Vorstufen der Omega-Synthese enthält. Vom Grundsatz her lässt sich jede chemische Verbindung aus den zugrunde liegenden Elementen synthetisieren. Diese Synthese wäre in den meisten Fällen nur sehr aufwendig. Deswegen beginnt man chemische Synthesen gern bei Vorstufen. Damit ist gemeint, dass man Verbindungen verwendet, die als Bausteine für das größere und komplexere Zielmolekül dienen können. In der Natur lassen sich Vorstufen für viele chemische Synthesen finden. Teilweise lassen sich solche Stoffe aus Erdöl isolieren (was ein weiterer Grund ist, weswegen es nicht klug ist, Erdöl in großen Mengen einfach zu verbrennen). Viele komplexe Zwischenstufen lassen sich daneben in der Biologie finden. Wenn man bei einer chemischen Synthese nicht bei den Elementen anfangen muss, sondern wesentliche Strukturelemente des Zielmoleküls bereits besitzt, dann ist die Synthese schlichtweg deutlich einfacher. Man spart sich nämlich den ersten Teil des Weges.

Das würde bedeuten, dass Boronit aus Molekülen besteht, die quasi Fragmente eines Omega-Moleküls sind. Man würde sich den Aufwand für die Herstellung des aus Boronit gewonnenen Fragments sparen. Stattdessen könnte man gleich zur eigentlichen Synthese des Omega-Moleküls übergehen. Anders als beim Fall, dass Boronit ein benötigtes Element enthält, wäre Boronit dann nicht zwingend für die Herstellung von Omega-Molekülen erforderlich. Man müsste halt die entsprechende Zwischenstufe selbst synthetisieren. Es könnte allerdings durchaus sein, dass der Aufwand für die Gesamtsynthese ohne diese Vorstufe so groß wäre, dass sie völlig unpraktikabel wird.

Soweit, was wir über die Herstellung von Omega-Molekülen und deren Struktur sagen können. Schwerpunktmäßig geht es in der Episode jedoch nicht um deren Herstellung, sondern um ihre Wirkung. Hier stellen sich ähnliche Fragen wie beim Corbomit, das wir im letzten Abschnitt diskutiert haben.

Omega-Moleküle beinhalten offenbar eine unvorstellbare Menge an Energie. Für den Energieinhalt wird kein genauer Wert angegeben. Wir erfahren lediglich, dass ein einzelnes Molekül so viel Energie enthält wie ein Warpkern. Wir wissen zwar nicht, wie viel Energie in so einem Warpkern steckt. Es ist offensichtlich aber sehr viel. Der Zerfall eines einzelnen Moleküls scheint die Explosion einer Atombombe bei Weitem in den Schatten zu stellen. Immerhin kann die Energiemenge sogar den Subraum zerstören. Kann ein einzelnes Molekül so viel Energie enthalten? Und wenn ja, was hätte das für Konsequenzen?

Sehen wir uns zunächst einmal die Konsequenzen an. Hier ist das, was wir in der Episode erfahren, durchaus plausibel. Wir hören nämlich, dass das Molekül sehr instabil ist und schnell zerfällt. Das passt zu einem sehr energiereichen Molekül. Die Stabilität einer chemischen Verbindung hängt in hohem Maß von ihrem Energieniveau ab. Je energiereicher ein Stoff ist, desto instabiler ist er. Vereinfacht gesagt, streben alle Stoffe einem Minimum an Energie zu.[6]

Stellen wir uns ein einfaches Beispiel vor. Denken wir an eine Knallgasmischung: Eine Gasmischung aus zwei Teilen Wasserstoff und einem Teil Sauerstoff. Vergleichen wir den Energieinhalt der Mischung mit Wasser, dem Produkt ihrer Reaktion, dann stellen wir fest, dass der Energieinhalt von Wasserstoff und Sauerstoff deutlich höher ist als der von Wasser. Das merkt man an der großen Menge Wärme, die bei der Reaktion frei wird. Die Knallgasmischung ist chemisch recht instabil. Sie lässt sich schon durch einen kleinen Funken zünden. Dabei wandelt sie sich in Wasser um und setzt viel Energie frei. Umgekehrt ist das Produkt sehr stabil. Wasser zersetzt sich nicht einfach wieder zu Sauerstoff und Wasserstoff. Das ist zwar möglich. Dabei muss allerdings viel Energie zugeführt werden. Von selbst zerfällt das Wassermolekül nicht. Deswegen sind

---

[6] Der bei einer bestimmten Temperatur und einem bestimmten Druck stabile Zustand ist dann erreicht, wenn eine Energiegröße, die man als Gibbs-Energie G (oder Freie Enthalpie) bezeichnet, den kleinstmöglichen Wert annimmt. Dieser Zustand bezeichnet man als Gleichgewicht. Das ist beispielsweise wichtig, wenn man die Gleichgewichtskonstante berechnen will. Die Gleichgewichtskonstante beschreibt, welche Zusammensetzung ein System im Reaktionsgleichgewicht hat. Aus der Differenz der Gibbs-Energien von Produkten und Edukten lässt sich die Gleichgewichtskonstante bestimmen.

die Edukte (Wasserstoff und Sauerstoff) deutlich instabiler als das Produkt (Wasser). Der Unterschied ist das unterschiedliche Energieniveau.[7] Genauso ist es beim Omega-Molekül. Dieses Molekül enthält sehr viel Energie und ist entsprechend instabil. Die Probleme der Föderation und der Borg beim Stabilisieren der Omega-Moleküle sind also durchaus plausibel.

Etwas anders sieht es mit der Energiemenge aus. Man fragt sich schon, wie ein einzelnes Molekül so viel Energie enthalten soll. Mit am meisten Energie wird in der Regel bei der Totaloxidation frei. Dahinter verbirgt sich nichts anderes als die Verbrennung. Die Energiemenge, die beim Verbrennen eines Moleküls frei wird, hängt von einer Reihe von Faktoren ab. Der wesentliche Punkt ist aber die Anzahl der oxidierbaren Atome im Molekül. So wird bei der Verbrennung eines Alkans mit zwei Kohlenstoffatomen (Ethan, C_2H_6) pro Mol eine Energiemenge von 1560 Kilojoule frei. Verbrennt man ein Alkan mit vier Kohlenstoffatomen (Butan, C_4H_{10}), dann sind es schon 2877 Kilojoule. Bei zehn Kohlenstoffatomen (Decan, $C_{10}H_{22}$) werden schon fast 7000 Kilojoule pro Mol frei. Die Reihe ließe sich beliebig weiter fortsetzen. Je mehr Atome ein Alkanmolekül hat, desto mehr Energie wird bei seiner Verbrennung frei. Das Omega-Molekül ist offensichtlich ein sehr großes Molekül. So wirklich viel kann man auf dem Display nicht erkennen. Es scheint jedoch deutlich größer zu sein als ein Fulleren. Doch selbst wenn es tausende oder sogar zehntausende Atome enthielte, die Energiemenge reicht wohl kaum zur Zerstörung des Subraums. Selbst wenn das Omega-Molekül etwa 60 Trilliarden Kohlenstoffatome enthielte (das wäre ein Mol und wöge 12 g), dann würde deren Verbrennung nur etwa 393 Kilojoule an Energie freisetzen. Damit ließen sich auf der Erde 1000 kg nicht ganz vierzig Meter hochheben. Das ist schon einiges. Der Energieinhalt eines Warpkerns ist aber doch etwas anderes.

Der Zerfall des Omega-Moleküls scheint keine Verbrennung zu sein. Die meisten anderen chemischen Reaktionen liefern indes eher weniger denn mehr Energie als die Verbrennung. Der reine Zerfall eines instabilen Moleküls kann etwas Energie freisetzen. Diese Energiemenge ist aber überschaubar. Selbst wenn

---

[7] Wie man am Beispiel der Knallgasmischung sieht, bedeutet ein hohes Energieniveau nicht zwingend, dass sich ein Stoff sofort zersetzt. Wie im Fall des Knallgases braucht es erst einen Auslöser wie den Zündfunken. Zustände wie das Knallgas bezeichnet man deshalb als metastabil. An sich besitzen sie ein sehr hohes Energieniveau und die Umwandlung in die Produkte würde die Stabilität erhöhen. Die Umwandlung verläuft chemisch aber über Zwischenprodukte, die auf einem nochmal deutlich höheren Energieniveau liegen als die Edukte. Dadurch ist das energiereiche Knallgas erstmal scheinbar stabil. Wird ihm jedoch genügend Energie zugeführt, dann können die Zwischenprodukte in ausreichenden Mengen gebildet werden. Die Reaktion kennt dann kein Halten mehr und läuft explosionsartig ab.

das Molekül sehr instabil ist, wird dabei nicht beliebig viel Energie frei. Chemische Verbindungen enthalten einfach nicht genügend Energie dafür. Und was wäre, wenn man davon ausginge, dass der Zerfall des Omega-Moleküls keine chemische Reaktion ist?

Zunächst einmal wäre diese Erklärung nicht wirklich plausibel. Es wird schließlich immer wieder der Charakter als Molekül betont. Seine Chemie muss demnach eine zentrale Rolle spielen. Wenn es ein nuklearer Prozess wäre, dann würde dieser nicht durch einen chemischen Vorgang ausgelöst (auch wenn man Vorgänge in den Atomkernen in der sogenannten Kernchemie behandelt). Aus Boronit könnte theoretisch schließlich irgendein unbekanntes Element gewonnen werden, welches ungeheuer energiereich ist. Dessen Zerfall oder Nichtzerfall würde zum einen aber nicht davon beeinflusst werden, in welchem Molekül es sich befindet. Zum anderen setzen radioaktive Zerfälle zwar viel Energie frei. Nichts davon wäre jedoch mit dem Energieinhalt eines Warpkerns vergleichbar und könnte den Subraum zerstören. Selbst wenn die spezielle Anordnung der Atome im Omega-Molekül so wäre, dass die richtigen Elemente so zusammengeführt werden, dass die Atomkerne eine Art Kernfusion machen würden (wie auch immer das funktionieren sollte?): Die Energiemenge wäre immer noch überschaubar. Selbst bei einem sehr großen Molekül wären es relativ wenige Kerne, die fusionieren. In heutigen Wasserstoffbomben fusionieren erheblich mehr Atomkerne. Und trotzdem reichen Wasserstoffbomben nicht aus, um den Subraum zu zerstören.

Die hypothetische Obergrenze für die Energiemenge, die beim Zerfall von Omega-Molekülen frei werden könnte, wird letztlich von Einsteins Allgemeiner Relativitätstheorie vorgegeben. Der Zusammenhang $E = m \cdot c^2$ sagt uns bekanntlich, dass bei der Umwandlung der Materie in Energie die Masse ausschlaggebend ist. Da die Lichtgeschwindigkeit c sehr hoch ist und deren Quadrat erst recht, ist es sehr viel Energie, die schon bei recht wenig Masse frei wird. Doch selbst wenn wir es mit einer vollständigen Annihilation der Materie zu tun haben, dann wird genau so viel Energie frei, wie bei der Umsetzung der halben Masse an Antimaterie mit Materie (die Hälfte, weil zur Masse der Antimaterie noch die Masse der Materie dazu kommt). Selbst wenn Omega-Moleküle recht groß sein mögen, die Zerstörung eines Sonnensystems ist dann doch eine andere Größenordnung und Antimaterieexplosionen kennt man bei Star Trek ja schließlich auch. Die sind zwar gefährlich, aber nicht mit dem zu vergleichen, was wir beim Omega-Molekül erleben.

Die letzte Frage im Zusammenhang mit dem Omega-Molekül haben wir so ähnlich ebenfalls schon beim Corbomit gehabt. Was passiert eigentlich mit der Energie, wenn man die Omega-Moleküle vernichtet?

Der (letztlich auch durchgeführte) Plan besteht ja darin, sie mit irgendwelchen Geräten aus dem 24. Jahrhundert zu zerstören und so unschädlich zu machen. Nur muss die Energie dann irgendwo hin. Der Grundsatz von der Energieerhaltung gilt schließlich selbst im Delta-Quadrant. Und zwar für alle Moleküle. Es wäre durchaus denkbar, dass man die Omega-Moleküle kontrolliert zersetzt. Dabei würde man entsprechend den Zerfall verlangsamt ablaufen lassen. Die Energie würde nicht schlagartig freigesetzt. Das wäre durchaus sinnvoll, da es die Zerstörungen, die sonst aufträten, verhindert oder zumindest begrenzt. Man müsste dazu die Energie unter kontrollierten Bedingungen ableiten. Die Vernichtung der Omega-Moleküle an Bord der Voyager geschieht jedoch binnen weniger Sekunden. Die Geschwindigkeit der Energiefreisetzung kann dabei deshalb nicht besonders gering sein. Wohin all diese Energie in so kurzer Zeit fließen soll und wie man eine derartige Leistung kontrollieren soll, das ist eine weitere Frage, die es im Lauf der Jahrhunderte bis zur Zeit von Captain Janeway noch zu beantworten gilt. Die heutige Wissenschaft und Technik vermag dafür jedenfalls noch keine Erklärung zu geben.

Quellenverzeichnis

Im Text referenzierte Episoden von Star Trek, geordnet nach Serien (innerhhalb der Serien nach Produktionsreihenfolge).
Zitationsweise: Deutscher Episodenname, *Englischer Originaltitel*; Drehbuchautor; Regisseur; Staffel, Episodennummer, Jahr der Erstausstrahlung, (*Referenzierendes Kapitel in diesem Buch*).

TOS:

„Der Käfig", *„The Cage"*; Gene Roddenbery; Robert Butler; 1. Pilotfilm aus dem Jahr 1964 (*Der Bussardkollektor oder das Einsammeln aus dem Vakuum*)

„Pokerspiele", *„The Corbomite Maneuver"*; Jerry Sohl; Joseph Sargent; S 1, E 3, 1966 (*Corbomit oder Kirks chemischer Lieblingsbluff*)

„Das letzte seiner Art", *„The Man Trap"*; George Clayton Johnson; Marc Daniels; S 1, E 5, 1966 (*Der Salzvampir von M-113; Wieso verwandelt sich ein toter Formwandler in seine natürliche Form?*)

„Ganz neue Dimensionen", *„Arena"*; Gene L. Coon (Story: Fredric Brown); Joseph Pevney; S 1, E 19, 1967 (*Corbomit oder Kirks chemischer Lieblingsbluff*)

„Horta rettet ihre Kinder", *„The Devil in the Dark"*; Gene L. Coon; Joseph Pevney; S 1, E 26, 1967 (*Horta oder Leben aus Silizium*)

„Metamorphose", *„Metamorphosis"*; Gene L. Coon; Ralph Senensky; S 2, E 2, 1967 (*Leben ohne Körper*)

„Planeten-Killer", *„The Doomsday Machine"*; Norman Spinrad; Marc Daniels; S 2, E 6, 1967 (*Materialien, die nicht aus chemischen Elementen bestehen*)

„Wie schnell die Zeit vergeht", *„The Deadly Years"*; David P. Harmon; Joseph Pevney; S 2, E 11, 1967 (*Corbomit oder Kirks chemischer Lieblingsbluff*)

„Tödliche Wolken", *„Obsession"*; Art Wallace; Ralph Senensky; S 2, E 18, 1967 (*Leben ohne Körper; Der Salzvampir von M-113*)

„Stein und Staub", „*By any other name*"; D.C. Fontana, Jerome Bixby (Story: Jerome Bixby);
Marc Daniels; S 2, E 21, 1968 (*Exkurs: Sehr schnelles Trocknen*)
„Das Jahr des roten Vogels", „*The Omega Glory*"; Gene Roddenberry; Vincent McEveety;
S 2, E 25, 1968 (*Ein durstiges Virus*)
„Das Gleichgewicht der Kräfte", „*Day of the Dove*"; Jerome Bixby; Marvin J. Chomsky; S 3,
E 11, 1968 (*Leben ohne Körper*)
„Seit es Menschen gibt", „*The Savage Curtain*"; Gene Roddenberry, Arthur Heinemann
(Story: Gene Roddenberry); Herschel Daugherty, S 3, E 22, 1969 (*Sehr heiße Außerir-
dische*)

TNG:

„Ein Planet wehrt sich", „*Home Soil*"; Robert Sabaroff (Story: Karl Guers, Ralph Sanchez,
Robert Sabaroff); Corey Allen; S 1, E 18, 1988 (*Horta oder Leben aus Silizium*)
„Prüfungen", „*Coming of Age*"; Sandy Fries; Mike Vejar; S 1, E 19, 1988 (*Das Mischungs-
verhältnis von Materie und Antimaterie*)
„Illusion oder Wirklichkeit?", „*Where Silence Has Lease*"; Jack B. Sowards; Winrich Kolbe;
S 2, E 2, 1988 (*Leben ohne Körper*)
„Die Thronfolgerin", „*The Dauphin*"; Scott Rubenstein, Leonard Mlodinow; Rob Bowman;
S 2, E 10, 1989 (*Einfach ein Anderer sein*)
„Augen in der Dunkelheit", „*Night Terrors*"; Pamela Douglas, Jeri Taylor (Story: Shari
Goodhartz); Les Landau; S 4, E 17, 1991 (*Ein Mond kreist*)
„Das Schiff in der Flasche", „*Ship in a Bottle*"; René Echevarria; Alexander Singer; S 6, E 12,
1993 (*Winzige Atome – Teil 2*)

DS9:

„Der Abgesandte", „Emissary"; Rick Berman, Michael Piller (Story: Michael Piller); David
Carson; S 1, E 1, 1993 (*Einfach ein Anderer sein*)
„Die Kohn-Ma", „*Past Prologue*"; Katharyn Powers; Winrich Kolbe; S 1, E 3, 1993 (*Einfach
ein Anderer sein*)
„Das "Melora"-Problem", „*Melora*"; Michael Piller, James Crocker, Steven Baum, Evan Car-
los Somers (Story: Evan Carlos Somers); Winrich Kolbe; S 2, E 6, 1993 (*Wasserstoff
atmen*)
„Der Plan des Dominion", „*The Jem'Hadar*"; Ira Steven Behr; Kim Friedman; S 2, E 26,
1994 (*Exkurs: Goldgepresstes Latinum*)
„Die Front", „Homefront"; Ira Steven Behr, Robert Hewitt Wolfe; David Livingston; S 4,
E 11, 1995 (*Wieso verwandelt sich ein toter Formwandler in seine natürliche Form?*)
„Die Muse", „*The Muse*"; René Echevarria (Story: René Echevarria, Majel Barrett-
Roddenberry); David Livingston; S 4, E 21, 1996 (*Leben ohne Körper*)
„Der Streik", „*Bar Association*"; Barbara J. Lee, Jenifer A. Lee (Story: Ira Steven Behr,
Robert Hewitt Wolfe); LeVar Burton; S 4, E 16, 1996 (*Exkurs: Goldgepresstes Latinum*)

„Quarks Schicksal", „*Body Parts*"; Hans Beimler (Story: Robert J. Bolivar, Louis P. DeSantis); Avery Brooks; S 4, E 25, 1996 (*Exkurs: Goldgepresstes Latinum*)

„Liebe und Profit", „*Ferengi Love Songs*"; Ira Steven Behr, Hans Beimler; René Auberjonois; S 5, E 20, 1997 (*Exkurs: Goldgepresstes Latinum*)

„Wer trauert um Morn?", „*Who Mourns for Morn?*"; Mark Gehred-O'Connell; Victor Lobl; S 6, E 12, 1998 (*Exkurs: Goldgepresstes Latinum*)

„Das winzige Raumschiff", „*One Little Ship*"; Bradley Thompson, David Weddle; Allan Kroeker; S 6, E 14, 1998 (*Winzige Atome*)

„Das, was du zurückläßt, Teil II", „*What You Leave Behind*"; Ira Steven Behr, Hans Beimler; Allan Kroeker; S 7, E 27, 1999 (*Materialien, die nicht aus chemischen Elementen bestehen*)

VOY:

„Der mysteriöse Nebel", „*The Cloud*"; Michael Piller, Tom Szollosi (Story: Brannon Braga); David Livingston; S 1, E 6, 1995 (*Leben ohne Körper*)

„Das Unvorstellbare", „*Emanations*"; Brannon Braga; David Livingston; S 1, E 9, 1995 (*Exkurs: Biologische Entstehung von Elementen?*)

„Erfahrungswerte", „*Learning Curve*"; Ronald Wilkerson, Jean Louise Matthias; David Livingston; S 1, E 16, 1995 (*Exkurs: Goldgepresstes Latinum*)

„Die Schwelle", „*Threshold*"; Brannon Braga (Story: Michael DeLuca); Alexander Singer; S 2, E 15, 1997 (*Das Überschreiten der Schwelle*)

„Die Gabe", „*The Gift*"; Joe Menosky (Story: Kenneth Biller, Jack Klein, Karen Klein, Scott Nimerfro, James Thornton); Anson Williams; S 4, E 2, 1997 (*Wenn Atome brennen*)

„Verwerfliche Experimente", „*Scientific Method*"; Lisa Klink (Story: Sherry Klein, Harry Doc Kloor); David Livingston; S 4, E 7, 1997 (*Winzige Atome – Teil 2*)

„Die Omega-Direktive", „*The Omega Directive*"; Lisa Klink (Story: Jimmy Diggs, Steve J. Kay); Victor Lobl; S 4, E 21, 1998 (*Das Molekül der Moleküle*)

„Dämon", „*Demon*"; Kenneth Biller (Story: André Bormanis); Anson Williams; S 4, E 24, 1998 (*Einfach ein Anderer sein*)

„Chaoticas Braut", „*Bride of Chaotica!*"; Bryan Fuller, Michael Taylor (Story: Bryan Fuller); Allan Kroeker; S 5, E 12, 1999 (*Leben ohne Körper*)

ENT:

„Gesetze der Jagd", „*Rogue Planet*"; Rick Berman, Chris Black, Brannon Braga (Story: Chris Black); Allan Kroeker; S 1, E 18, 2002 (*Einfach ein Anderer sein*)

„Regeneration", „*Regeneration*"; Phyllis Strong, Mike Sussman; David Livingston; S 2, E 23, 2003 (*Der Bussardkollektor oder das Einsammeln aus dem Vakuum*)

„Beobachtungseffekte", „*Observer Effect*"; Judith Reeves-Stevens, Garfield Reeves-Stevens; Mike Vejar; S 4, E 11, 2005 (*Leben ohne Körper*)

DSC:

„Wähle deinen Schmerz", „Choose your pain"; Kemp Powers (Story: Gretchen J. Berg, Aaron Harberts, Kemp Powers); Lee Rose; S 1, E 5, 2017 (*Exkurs: Sehr schnelles Trocknen* und *Einfach ein Anderer sein*)

„Alte Bekannte", „Saints of Imperfection"; Kirsten Beyer; David Barrett; S 2, E 5, 2019 (*Explosionen im Weltall*)

PIC:

„Karten und Legenden", *„Maps and Legends"*; Michael Chabon, Akiva Goldsman; Hanelle M. Culpepper; S 1, E 2, 2020 (*Exkurs: Goldgepresstes Latinum*)

Kinofilme:

„Star Trek VI: Das unentdeckte Land", *„Star Trek VI: The Undiscovered Country"*; Nicholas Meyer, Denny Martin Flinn (Story: Leonard Nimoy, Lawrence Konner, Mark Rosenthal); Nicholas Meyer; Uraufführung 1991 (*Der Bussardkollektor oder das Einsammeln aus dem Vakuum; Einfach ein Anderer sein*)

„Star Trek: Der Aufstand", *„Star Trek: Insurrection"*; Michael Piller (Story: Rick Berman, Michael Piller); Jonathan Frakes; Uraufführung 1998 (*Exkurs: Was könnte sonst noch explodieren?*)

Printed in the United States
by Baker & Taylor Publisher Services